"十三五"普通高等教育规划教材

基于三维设计的工程制图

第2版

郑嫦娥　霍光青　徐道春　于春战　编著

U0257911

机 械 工 业 出 版 社

本书是该教材的第 2 版，是在总结近几年工程制图教学改革成果的基础上编写的。本书遵循从三维立体到二维图形的认知规律，将经典的工程制图内容与计算机二维、三维辅助设计与绘图融为一体，将制图的方法与技术充分地体现出来。

　　本书共分为 7 章，内容分别为基本立体的造型与投影、常用结构的设计与表达、视图的读图方法、物体常用表达方法、零件图、钣金零件的设计与表达、装配及其表达方法。

　　本书以西门子公司 Solid Edge ST10 为平台，详细地介绍了从零件到装配的产品设计过程，将制图的知识融入到了产品的设计过程中。

　　本书可作为高等工科院校机械类、非机械类各专业的工程制图课程的教材，也可作为其他各类专业师生和广大工程技术人员的参考用书。

　　为配合教学，与本书配套的习题集同时出版。另外本书配有电子教案，需要的教师可以登录 www.cmpedu.com 免费注册，审核通过后下载，或联系编辑获取（QQ：2850823885，电话 010 – 88379739）。

图书在版编目（CIP）数据

基于三维设计的工程制图/郑嫦娥等编著. —2 版. —北京：机械工业出版社，2019.7（2024.8 重印）

"十三五"普通高等教育规划教材

ISBN 978-7-111-63012-8

Ⅰ.①基… Ⅱ.①郑… Ⅲ.①工程制图 – 计算机辅助设计 – 高等学校 – 教材 Ⅳ.①TB237

中国版本图书馆 CIP 数据核字（2019）第 123042 号

机械工业出版社（北京市百万庄大街 22 号　邮政编码 100037）

策划编辑：胡　静　责任编辑：胡　静　杨　璇

责任校对：炊小云　责任印制：单爱军

北京虎彩文化传播有限公司印刷

2024 年 8 月第 2 版第 4 次印刷

184mm×260mm · 19.75 印张 · 490 千字

标准书号：ISBN 978-7-111-63012-8

定价：59.00 元

电话服务　　　　　　　　　网络服务

客服电话：010 – 88361066　机 工 官 网：www.cmpbook.com

　　　　　010 – 88379833　机 工 官 博：weibo.com/cmp1952

　　　　　010 – 68326294　金 书 网：www.golden – book.com

封底无防伪标均为盗版　　机工教育服务网：www.cmpedu.com

前　　言

本书是《基于三维设计的工程制图》第 2 版，第 1 版出版于 2012 年 2 月，已经使用了 6 年，获得了"全国农林类优秀教材二等奖"和"北京林业大学优秀教学成果一等奖"。近年来，计算机技术与绘图技术显著进步。常用的操作系统经历了从 Windows XP 到 Windows 10 的发展，设计软件 Solid Edge 也从 ST4 发展到了 Solid Edge 2019。新的计算机几乎都是 Windows 10 操作系统，对应的设计软件从 ST6 开始不再支持 Windows XP 操作系统和 32 位处理器，学校的计算机房、教室的设备大部分更新到了 Windows 7 以上，计算机处理器芯片也多数更新到了 64 位。同时，造型与设计技术进步很大，同步设计与顺序设计的融合更加完善，协同设计、逆向设计逐步体现在了新的设计技术中。制图的标准有了一定的变化，对工程制图教学的要求也有了一定的提高。因原来使用的 ST3 软件无法安装到 Windows 10 的系统中使用，再版工作提上日程。

近年来随着课程增多，知识量扩大，许多专业再次精简了学时，因此教学过程中更新教材内容的迫切性也越来越大。经过编写组老师多次讨论，制订了第 2 版编写计划与目标。本教材的思想是精简平面图形的内容，将平面图形的绘制融入造型过程中，图样标准的内容放到工程图样生成过程中。删除了组合体一章，将其概念与内容融入基本造型的过程中，同时增加了常用结构的设计与表达一章，强调了设备上常用结构的设计与表达方法，既减少了学时又突出了重点。增加了视图的读图方法一章，进一步强调了教学过程中的第二个重点——"读图"。零件图一章安排更加细化，对于每一类零件，从结构特点、作用、尺寸标注、制造、材料等方面进行介绍。装配表达放在装配及其表达方法一章介绍，章节结构显得更加明确与清晰。钣金零件的设计与表达基本延续了第 1 版的风格，表达上更加简练。装配及其表达方法一章将装配环境、装配方法都作为独立一节加以介绍，强调三维装配的重要性，增加了框架、装配特征、运动仿真、装配图读图的内容，进一步加强了三维装配剖切、装配分解图、拆装动画的知识与介绍，力争加强前沿设计技术的介绍。

本书以 Solid Edge ST10 为平台介绍工程设计与表达的基本知识。该软件是西门子公司的设计软件之一，程序简洁、功能强大全面，拥有同步/顺序设计技术和 Parasolid 几何核心技术，这是别的软件所不具备的技术。任何其他软件导入的模型文件，在 Solid Edge 软件中都能够立刻进行编辑，这也是其他软件所不具备的先进技术。即使是工程图环境也拥有尺寸驱动、几何约束的先进技术，二维绘图的思想也不同于其他二维绘图软件，只需要绘制大概的草图，标注尺寸，加上几何约束即可。

相对于第 1 版来说，编写时增加了实例的难度，同时也强调了手工绘图的重要性；在轴测图与投影图部分，增加了徒手绘图的练习。与本书对应的习题集也同步进行了编写，相应地增加了题目的类型与题目的难度。

本书第 1、2 章由霍光青老师编写，第 3、4 章由郑嫦娥老师编写，第 5、6 章由徐道春老师编写，第 7 章由于春战老师编写。

相信通过本书的学习，读者可以体会到设计的真谛。设计是一种创造、设计是一种享受、表达好设计产品是体现设计水平的重要环节。

编　者

目　　录

第1章　基本立体的造型与投影

在工程设计中，任何复杂的结构体都是由简单的立体构成的。工程结构的表达一般是通过将立体向平面投射形成的图形来表达的。本章主要介绍基本立体的造型与投影方法，同时介绍平面图形的绘制方法。

1.1　投影

本节将介绍投影的概念、种类、特点。

1.1.1　投影概念

物体在光源的照射下在某个表面（平面或曲面）形成的图形称为投影，如图1-1所示。在投影图中可见的图线画成粗实线（——，宽度0.7mm或0.5mm），不可见的图线画成细虚线（－－－，宽度0.35mm或0.25mm，长画3~5mm，间隔约1mm），辅助线画成细实线（——，宽度同细虚线），对称中心线画成细点画线（－·—，宽度同细虚线，长画约15mm，间隔与短画约1mm）。本书的图例中空间元素表达用大写字母，投影用小写字母表示，如图1-1所示。

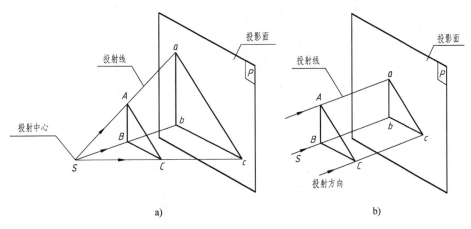

图1-1　中心投影与平行投影

a）中心投影　b）平行投影

光源的类型一般为点光源和平行光源，如图1-1所示。点光源形成的图形称为中心投影，平行光源形成的图形称为平行投影。投影的要素包括光源、物体、投影面。投影面一般为平面，特殊情况下为曲面（如球幕电影）。投影面的介质可以为固体，也可以为其他介质如水幕、光幕、云等。

1.1.2　中心投影与透视图

中心投影形成的图形一般称为透视图，根据物体放置的位置不同，透视图又分为一点透视、两点透视和三点透视。

一点透视是物体有一个主平面与投影面平行，如 XOZ 面，该面上的结构投射后 x 或 z

方向图线仍保持平行，而另一个轴方向（y轴）的图线在投影图中相交于一点，该点称为该轴线方向的灭点 F_y（或消失点），该点也是该方向图线无穷远处点的投影。一点透视相当于站在景物的正前方进行观察得到的图像，通常用于一个方向较长的结构表达，如大厅、地铁站、街道等。图1-2a所示为室内一点透视的图形。

两点透视是物体上有一个主轴如 z 轴与投影面平行，投射后 z 方向的直线没有交点，仍相互平行。另外两个主轴方向（x、y 轴方向），投射后所有 x 方向的直线相交于一点，称为 x 方向的灭点 F_x，所有 y 方向的直线相交于另一点，称为 y 方向的灭点 F_y。这两个灭点也是 x、y 方向无穷远处点的投影。两点透视相当于站在景物的侧面进行观察得到的图形，常用于表达空间有限的景物或结构，如室内设计、家具等。图1-2b所示为一个厂房外部的透视图。

三点透视是物体上三个主轴都与投影面相交，形成的透视图上有三个主向灭点，x、y、z 三个方向的直线分别交于这三个灭点 F_x、F_y、F_z。三点透视常用于表达较高的物体，如纪念塔、高楼等，如图1-2c所示。

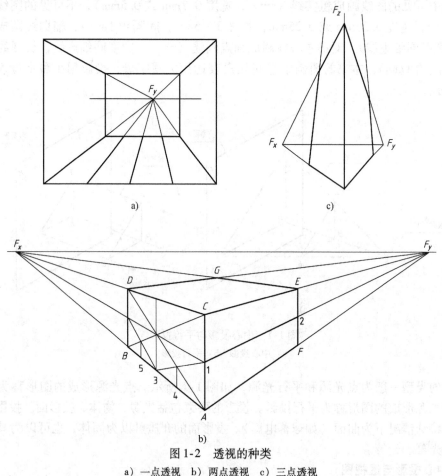

图1-2　透视的种类

a）一点透视　b）两点透视　c）三点透视

从图1-2可以看出，只要直线不平行于投影面，那么该直线上相同长度的线段投射以后将不再相等，存在近大远小的问题。对于图1-2b中 x 方向的 AB 直线来说，不能直接通过度量的方式找到中间的几个等分点，可以通过作图的方式（如对角线）来求出等分点 3、4、5 点。在高度方向上，由于 z 轴平行于投影面，因此可以直接通过度量方式找到对应的等分点。当然还有其他的作图方法（量点法），读者可以参考其他资料学习，本书不再进行详述。同样一点透视也是一样，可以通过对角线方式来等分，或通过距点法（距点 D）来作图。

　　总结：中心投影存在近大远小的特点，与画面相交的所有直线投影相交于该方向的灭点；根据物体放置的位置不同，分为一点透视、两点透视和三点透视；与投影面相交的图线不存在等比的性质，手工作图比较困难。

1.1.3　平行投影

　　当投射线相互平行时形成的投影称为平行投影。在平行投影中，当投射线倾斜于投影面时称为斜投影，如图 1-3a 所示；当投射线垂直于投影面时称为正投影，如图 1-3b 所示。

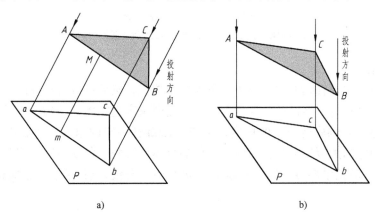

a)　　　　　　　　　　　　b)

图 1-3　斜投影与正投影

a）斜投影　b）正投影

　　从图 1-3 可以看出，对于平行投影来说，只要平面平行于投影面，投射前后图形大小不变，反映实形。当平面不垂直于投影面，投射后的图形与原图形类似，如三角形投射后还是三角形，五边形投射后仍为五边形，称为类似性。在图 1-3a 中可以看出 $AM:MB = am:mb$，即对于平行投影来说，投射前后点分线段的比值不变，称为等比性。由于平行投影具有等比性，因此手工绘图时度量比较方便，可以直接进行度量。

　　如果空间平面内有一线与投射方向平行，该平面投射后为一条直线，称为积聚性，如图 1-4 所示。

　　对于物体来说，一般采用正投影，如图 1-5a 所示。但是这样的话投影图相当于将立体压缩成了一张图片。因此一般来说正投影的立体感较差，一个投影也不能表达其在空间的形状，如图 1-5b 所示两个不同的物体投影图是一样的。如何解决这一问题呢，工程上采用了三种方法。第一种是将物体放置成倾斜的位置，再采用正投影，这样就可以在一个投影中反映物体的几个面的形状，称为正轴测图。它的特点是立体感强，但是结构复杂时仍不能完整表达。

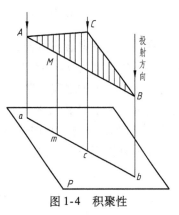

图 1-4　积聚性

第二种方法是用斜投影，形成的图形称为斜轴测图。第三种方法是采用若干个正投影的方式来进行表达，下面分别进行介绍。

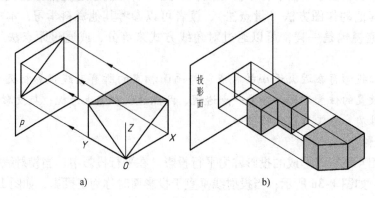

图1-5　物体的单面正投影

a）物体的正投影　b）两个物体的单面正投影相同

1.1.4　正轴测图

将物体上三个主要轴线方向相对于投影面倾斜放置，然后再进行正投影，得到的图形称为正轴测图。大多数的三维设计软件均采用正轴测图来表达物体的结构。正轴测图的生成可以理解为将物体绕Z轴旋转一定的角度，再绕X轴旋转一定的角度，然后再向竖直的投影面进行投射。教室的黑板相当于投影面，面前的物体旋转两个角度再进行观察。放正的物体如图1-6a所示，绕Z轴旋转θ角观察如图1-6b所示，再绕X轴旋转φ角如图1-6c所示。

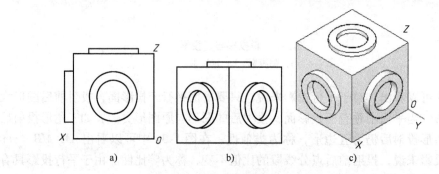

图1-6　轴测图的形成

a）XOZ平行投影面　b）物体绕Z轴旋转θ角　c）再绕X轴旋转φ角

在工程上考虑绘图方便，可以使正轴测图中的x、y轴与水平线成30°，z轴为竖直方向，旋转的角度为θ=45°和φ=35°15′51″。这样的轴测图称为正等轴测图，简称为正等测。正等轴测图三个轴之间的夹角互为120°（称为轴间角）。x、y、z三轴方向相对空间实长的倍数约为0.82，该数值称为轴向伸缩系数。x方向轴向伸缩系数用p表示，y方向轴向伸缩系数用q表示，z方向轴向伸缩系数用r表示。对于正等轴测图，$p=q=r=\cos\phi\approx0.82$。

正轴测投影与空间物体的坐标关系为

$$x' = X\cos\theta - Y\sin\theta$$
$$y' = -X\sin\theta\sin\phi - Y\cos\theta\sin\phi + Z\cos\phi$$

对于正等轴测图来说

$$x' = 0.7071(X - Y)$$
$$y' = -0.4082(X + Y) + 0.8165Z$$

轴测图中一般不画看不到的图线。因此手工绘图时一般要考虑先画结合面的图形，如图1-7所示，不可见的不画，画多的还需要删除。

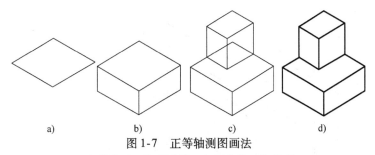

图1-7　正等轴测图画法
a）结合面　b）画底部　c）画上部　d）整理

对于物体上的圆，在正轴测图中都是椭圆，如图1-8所示。在1-8a所示的水平面上，先确定圆心位置，根据半径大小，画出56、78两条线段，得到椭圆上的4个点，椭圆的长短轴为水平和竖直直线，如果要求不高，可以直接画出椭圆。如果使用工具绘图，可以圆的外切正方形（投影是平行四边形）的顶点1、2为圆心，以15线段为半径画出上下两段圆（圆代替椭圆），再以3、4为圆心，35线段为半径画出左右两段圆弧，代替椭圆另外两段，这种方法也称为四心椭圆法。

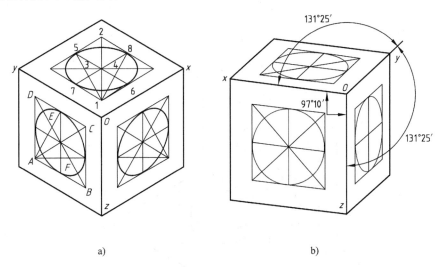

图1-8　正轴测图椭圆画法
a）正等轴测图　b）正二轴测图

从图1-8a可以看出，平行于坐标面上的圆的投影椭圆的短轴平行于不在该坐标面上的第三个轴，长轴垂直于这个轴，这个性质同样可以推广到其他类型的正轴测图，如图1-8b所示的正二轴测图。

手工作图时，对于圆柱两端的圆，直径相同则投影的椭圆大小也是一样的，可以平移复制，然后作切线完成圆柱的作图，对于孔的作图也是一样的。在图1-9a中，可以根据尺寸先画出 L 形的结构，再直接量取尺寸（实际上等于轴测图放大了 $1/0.82 = 1.22$ 倍），然后由尺寸确定出两个圆心的位置，画出两个半径方向的图线，通过直径上的四点和方向画出两个椭圆，通过两个圆心画出两条 y 和 z 方向直线，将两个椭圆平移到两线的端点 A、B，画出两圆的切线，删除不可见图线即可得到图 1-9b 所示的图形。图中圆的中心线使用了细点画线（—·—，宽度 0.35mm 或 0.25mm，长画约 15mm，间隔与短画约 1mm）。

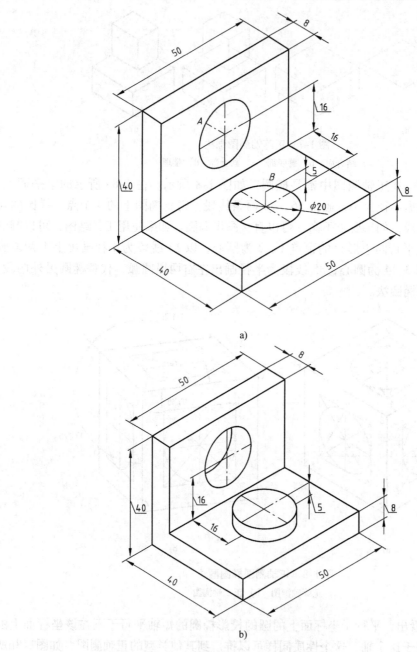

图 1-9　轴测图的画法

a) 直接量取尺寸，画出 L 形基本立体，x、y 轴与水平线成 30°　b) 平移椭圆、画切线、整理

练一练：在一张图纸上画出正等轴测图（图 1-10），绘图时量取对应尺寸，不用标注尺寸。

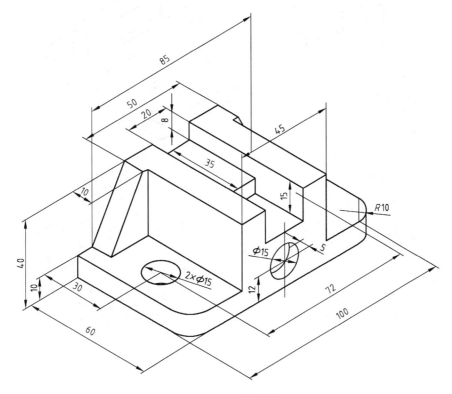

图 1-10　正等轴测图

分析：这是一个比较复杂的物体，为一个中间带凹槽，底部为平板的主体结构，再加一些孔、台、加强板结构；画图应该先画主体，然后再加次要的结构；设计过程也是一样，应当体现：先大后小、先主后次、先实（实体）后虚（孔槽）的原则。

步骤：

1）首先按没有圆角画出前部的图形，可以先画出中心线（细点画线），再向两侧对称画出，如图 1-11a 所示。

2）按照宽度画出该部分的轴测图，如图 1-11b 所示。

3）画出后部左侧的三角，右侧的部分同样应当画出，看不见的部分不画，如图 1-11c 所示。

4）画出圆孔，底面上的圆（投影为椭圆）看不见，可以不画。绘制椭圆时可以先找出水平、竖直方向直径上的四个点，近似画出。使用仪器绘图时可以使用四心圆弧来代替椭圆，参考图 1-8a 所示的绘图方法。

圆角的画法同圆的画法一样，徒手绘图可以近似画出。仪器绘图时，可以先在该部分量取半径尺寸，找到 *M*、*N* 两点，如图 1-11d 所示，然后过该两点作两条垂直于边线的直线，这两条直线交于 *F* 点，以 *F* 点为圆心，*FM* 为半径画圆弧代替投影中的椭圆。右侧椭圆弧的画法同左侧一样。

5）画出中间槽后部的台阶，如图 1-11e 所示。

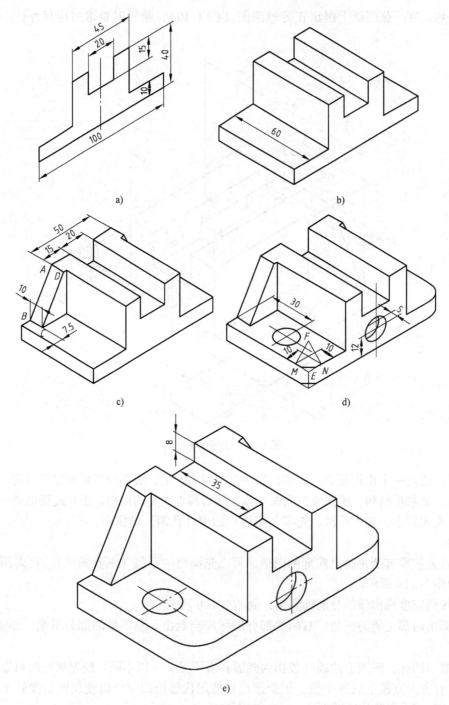

图 1-11　正等轴测图练习

a）按尺寸画出主要的结构　b）向后按宽度画出该部分轴测图

c）画出后面的结构，尺寸可以间接得到　d）画出圆孔、圆角的轴测图

e）画出中间槽后部的台阶，整理完成全图

在绘图时注意到正等轴测图有时还不能比较好地反映物体的结构，有的部分还看不见，说明观察的角度还不够好。在国家标准中还有一种较常用的轴测图是正二轴测图，简称为正

二测。

正二轴测图中 x 轴、z 轴的轴向伸缩系数相等，y 轴方向的轴向伸缩系数等于 x 轴轴向伸缩系数的一半，即 $p = r = 2q$，根据这一关系可以得出，物体投影前需要绕 Z 轴和 X 轴旋转角分别为 $\theta = 20°42'17''$，$\phi = 19°28'22''$。轴间角 $\angle xOz = 97°10'$、$\angle yOz = 131°25'$、$\angle xOy = 131°25'$，如图 1-8b 所示，$p = r = 0.9428$，$q = 0.4714$。实际作图时取 $p = r = 1$、$q = 0.5$。

正二轴测图坐标面上圆的投影椭圆的短轴的方向也是除该坐标面外另一轴的方向，如平行 xOy 坐标面的圆的投影椭圆的短轴的方向为 z 轴方向。

正二轴测图中坐标面上圆的投影椭圆作图一般不能用正等测中的四心椭圆法，只能用其他的近似画法作图。

相对于正等轴测图来说，正二轴测图的立体感更好一些，如图 1-12 所示。

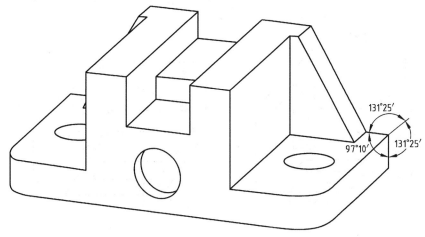

图 1-12　正二轴测图

1.1.5　斜轴测图

由于正等轴测图、正二轴测图中的椭圆手工绘图比较难，因此考虑有没有不用画椭圆的轴测图。根据平行投影的特点，只有当圆所在的平面平行于投影面时，才能够反映实际形状。可以想象，如果物体上只有一个方向有圆的结构，可以让该方向的平面平行于投影面，从相对于投影面倾斜的方向来进行投射，得到的图形就是斜轴测图。国家标准中给出了一种斜轴测图，称为斜二轴测图。

斜二轴测图（简称为斜二测）是另一种常用的轴测图表达方法，属于斜轴测图的一种，采用斜投影。它的特点是物体放置时，使其结构特征明显的一个面平行于投影面（如 xOz 面），则该面上图形的投影反映实形（投影等于实长，圆的投影还是圆），另一轴方向的投影长度缩短一半（投影长等于实长的一半），方向与水平线成 45°，倾斜方向自定，如图 1-13 所示。斜二轴测图常常用于一个方向上圆较多物体的表达。

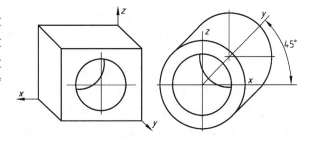

图 1-13　斜二轴测图

斜二轴测图由于一个面反映实际形状，另一个方向就是45°，绘图时长度缩短一半，所以手工绘图也很方便，适用于一个方向圆较多物体的立体图绘制。

1.1.6　三视图

单面正投影并不能反映物体的形状，因此在前面介绍了旋转物体进行观察的正轴测图（最常用的是正等测和正二测）以及沿倾斜方向观察的斜轴测图（最常用的是斜二测）。当然轴测图的使用也是有局限性的，在轴测图中不可见的图线是不画的，这就使得后面不可见的结构不能进行表达，因此轴测图表达物体时大多也是采用多角度、多轴测图方式进行表达。在工程表达中，为了便于看图，多采用多面正投影的方式组合进行表达，三视图就是用三个相互垂直的平面作为投影面，沿与三个平面垂直的方向进行三次投射，用三个投影图来表达对象，形成的三个投影图称为三视图，如图1-14a所示。

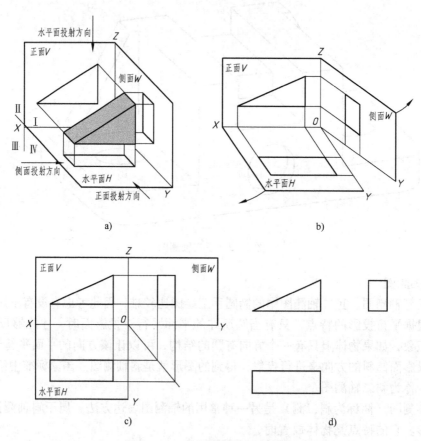

图 1-14　三视图投影体系与布置

a）三视图投影体系　b）视图展开方式　c）投影图与投影轴　d）视图放置

在图1-14a中，三个相互垂直的投影面为正立投影面（正面）V、侧立投影面（侧面）W、水平投影面（水平面）H，对应的三个投影轴是X、Y、Z轴。物体放在三个投影面前面的空间中，该空间也称为第Ⅰ分角，在图1-14a中用Ⅰ表示，Ⅱ、Ⅲ、Ⅳ分角分别位于第Ⅰ分角的后面、对角、下面的空间。我国和欧洲大多数国家采用第Ⅰ分角表达方式，美国、日本等采用第Ⅲ分角表达方式。

完整物体的正投影一般称为视图（View），物体在正立投影面上的投影称为正面投影或主视图，是从前面观察得到的图形；在侧立投影面上的投影称为侧面投影或左视图，是从左侧观察得到的图形；在水平投影面上的投影称为水平投影或俯视图，是从上向下观察得到的图形。

三个视图形成以后不能放在空间进行观察，一般都是展开在一个平面上进行表达，形成一张平面上三个图形表达的方式。视图展开方式如图 1-14b 所示，正立投影面上的主视图不动，将水平投影面上的俯视图绕 X 轴向下旋转 90°，与主视图形成一个平面，再将侧立投影面上的左视图绕 Z 轴旋转 90° 与主视图形成一个平面，如图 1-14c 所示。

从图 1-14c 可以看出，主视图与俯视图之间的连线与 X 轴垂直，两个视图之间具有竖直方向的对齐关系，称为**长对正**，主视图与左视图之间的连线为水平线，两个视图对应结构之间具有高度平齐的关系，称为**高平齐**，俯视图与左视图之间具有对应结构宽度相等的关系，称为**宽相等**。为了作图方便，在图 1-14c 中作了一条 45° 线，可以将俯视图的宽度转化到左视图上去，使之具有宽相等的关系，当然也可以直接用工具度量宽度方向的尺寸。

图中的坐标系反映了物体与坐标原点的位置关系，与物体本身的结构没有关系。同样投影面在图形中也没有必要画出，图 1-14c 中的连线反映了物体上对应结构之间的投影关系。为了图形清晰，连线在图形中也不必画出，这样图形中就只剩下了三个图形，即主视图、俯视图和左视图，如图 1-14d 所示。

注意：三个视图之间的位置关系必须保持，图形的比例也必须一样。

如图 1-15 所示，主视图反映了物体的上下左右关系、俯视图反映了物体的前后左右关系，左视图反映了物体的上下前后关系。实际表达物体时不用标注图名与方位关系，按照约定的布置方式进行布置就可以了，这一点非常重要。不对齐放置时就不能读懂相互之间的对应关系。

练一练：在一张图纸上徒手画出图 1-16a 所示物体的三视图。

对于图 1-16 所示的物体，可以分为两个部分，底部带缺口与孔的底板和右侧带孔与圆角的侧板。

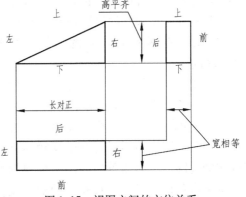

图 1-15 视图之间的方位关系

选择哪个方向作为主视图的投射方向比较合理呢？一般的原则是主视图尽可能多地表达物体的形状和相互之间的位置关系，同时其他视图中细虚线尽可能较少。还要考虑到视图比较容易布置以及物体放置比较平稳。再看看这个物体，从前向后投射，上下关系比较明确、放置平稳。

绘图顺序：

1）底板较大，应该先画底板，先按完整结构来画，如图 1-17 所示。

2）画出底板的缺口图形，再画出底板上圆孔的投影，主视图中为细虚线，注意先确定中心位置，先画中心线再画圆和对应的细虚线。左视图中需要量取宽度并对照主视图的高度画出，如图 1-18 所示。左视图中标注的尺寸是左视图绘图需要的尺寸，有些在俯视图已经

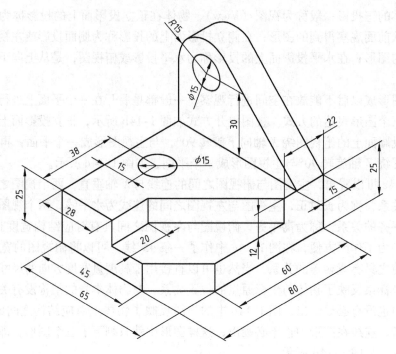

图 1-16　三视图练习

标注，实际标注尺寸时相同的尺寸只标注一次即可，尽量标注在反映结构最清晰的视图上。

　　3）画出右侧板的三视图，完成主图，如图 1-19 所示。

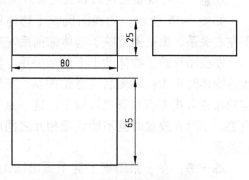

图 1-17　底板完整结构三视图

　　三视图是工程图学中介绍投影知识使用的投影系统，一个视图表达了两个方向的结构与形状，对于简单的物体用两个视图就可以表达一个物体的形状，因此使用时就要根据物体的结构选择使用的视图。物体简单的话用两个视图就可以了，甚至有些情况下物体具有相同的厚度，使用一个视图加辅助标注（标注上厚度）即可。简单的同心轴类零件也可以用一个视图，标注时加直径符号 φ 即可，而对于复杂的物体两个甚至三个视图也不能表达该物体的形状，此时就要采用其他的表达方法或用更多的视图来进行表达。

1.1.7　标高投影

　　在物体的水平投影上，加注某些特征面、线以及控制点高度数值的正投影称为标高投影。标高投影属于单面正投影，常用于建筑、水利、规划、测绘等行业上，在手机户外助手等应用程序的地图上也都采用了加等高线的地图，使用者可以根据地图判断哪里是断崖、哪里是河谷等，从而决定前进的方向。

　　等高线（Contour Line）是表示地势起伏的高度等值线。它是地面上高程相同的各相邻点连接形成的封闭曲线垂直投射到水平面上的图形。一组等高线可以显示地面的高低起伏，还可以根据等高线的疏密和图形判断地貌的形态类型和斜坡的坡度陡缓，因此熟悉等高线的

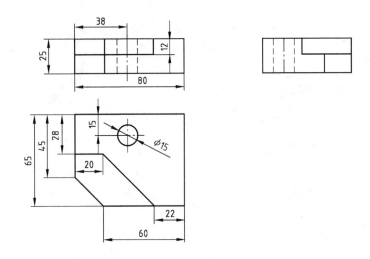

图 1-18　底板的三视图

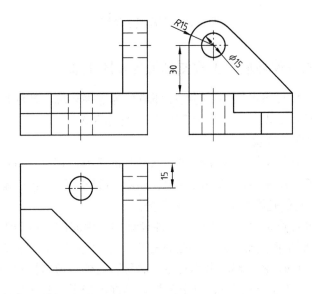

图 1-19　绘制三视图

特性对测绘和应用地形图是非常重要的，如图 1-20 所示。山脊：等高线向低处（数值小）的方向凸出；山谷：等高线向高处（数值大）的方向凸出；断崖：等高线很密，几乎重叠；缓坡：等高线间距较大；陡坡：等高线间距较小；山峰：等高线类似同心圆，中心数值大；洼地：等高线类似同心圆，中心数值小。

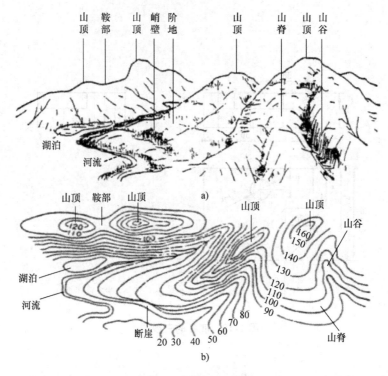

图1-20　等高线示意图

1.2　Solid Edge 的零件环境、工程图环境与视图生成

　　工程设计离不开绘图，Solid Edge 的设计环境分为零件环境、装配环境、钣金环境、工程图环境等。本节介绍 Solid Edge 的零件环境和工程图环境。

1.2.1　Solid Edge 的零件环境

　　Solid Edge 的零件环境是用来设计零件三维形状的工具。启动 Solid Edge 软件，选择左上角应用程序按钮 ▼→新建→GB Metric Part，如图1-21所示，由于版面限制，该图分为图1-21a、b两部分，它们是屏幕的左右两半部分。

　　Solid Edge 的零件环境是用来完成单一零件设计的。中间的区域为设计区，三个相互垂直的平面可以用来绘制平面图形。最上面是标题栏，左侧是应用程序按钮和保存、撤销、重做按钮，中间是 Solid Edge 名、环境名称与零件名称，右侧是窗口操作与关闭按钮。标题栏的下面是工具菜单（相当于选项卡），每个工具菜单都由若干工具选项组组成。屏幕底部左侧是提示区，右侧是显示控制区，负责图形缩小、放大等。在右侧底部还有一个显示控制立方体。屏幕左侧是资源查找器，显示坐标系、参考平面及造型过程。

　　练一练：打开 Solid Edge 零件环境，再打开 Solid Edge 安装目录下的 training 文件夹中的 block.par 文件，如图1-22所示。

　　显示控制操作内容如下。

　　1）显示/隐藏坐标轴。选择/取消图1-22所示左侧资源查找器中的"Base"项左侧复选框。

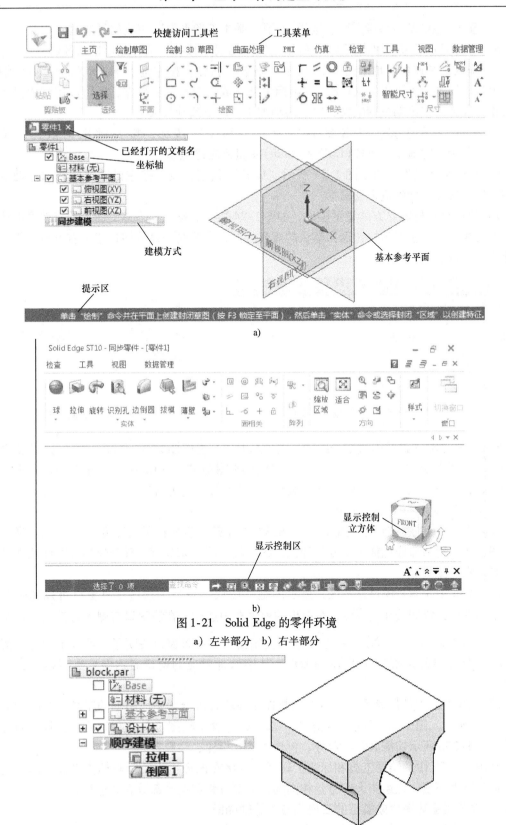

图 1-21　Solid Edge 的零件环境

a）左半部分　b）右半部分

图 1-22　Solid Edge 文件打开

2）显示/隐藏基本参考平面。选择/取消"基本参考平面"左侧的复选框。

3）选择显示区域。单击图1-23所示"窗口缩放"按钮，选择矩形显示区域。

4）缩放工具使用。单击图1-23所示"缩放"按钮，按左键上下拖动鼠标，可以缩小或放大显示模型；也可以按〈Ctrl〉+鼠标中键（或右键）进行操作；还可以用缩放滑尺进行操作；或者直接滚动鼠标滚轮，向上滚动缩小，向下滚动放大。

5）移动显示模型。单击图1-23所示"移动"按钮，按左键拖动鼠标，或按〈Shift〉+鼠标中键拖动，或按〈Ctrl〉+〈Shift〉+鼠标右键拖动。

6）旋转显示模型。单击图1-23所示"旋转"按钮，或者按左键选择旋转轴拖动鼠标旋转模型，或按鼠标中键拖动鼠标。

7）使用显示控制立方体显示模型，如图1-24所示。按下立方体的面，顶点就可以选择模型的观察方向。左下角按钮返回默认的观察方向，右侧箭头是旋转按钮，右下角是用菜单选择旋转工具。

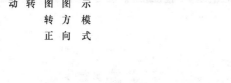

图1-23　Solid Edge的显示控制区　　　　　　图1-24　显示控制立方体

8）其他热键方式操作（〈Ctrl+英文首字母〉）。主视图方向〈Ctrl+F〉，俯视图方向〈Ctrl+T〉，左视图方向〈Ctrl+L〉，正等轴测图方向〈Ctrl+I〉，正二轴测图方向〈Ctrl+J〉，后方观察〈Ctrl+K〉，底部观察〈Ctrl+B〉，右方观察〈Ctrl+R〉。

1.2.2　Solid Edge的工程图环境

Solid Edge的工程图环境是绘制平面图形或根据模型生成视图的环境，如图1-25所示。

图1-25a所示部分包括了生成各种视图的工具。图1-25b所示部分包括尺寸标注和其他注释与观察的工具等。

图1-25a中左侧是窗口显示区，显示的是"图层"窗口。这些工具窗口可以通过单击窗口上端右侧的级联按钮（▼），在弹出的列表框中选择。在该窗口右侧还有自动隐藏按钮（中）和关闭窗口按钮（✕）。一般不应当关闭窗口，如果窗口关闭了，可以单击工具菜单"视图"，将弹出的如图1-26所示的图形，从中选择对应的窗口名称即可重新显示相应的窗口。

图1-26中的"绘制草图"工具菜单是在该环境直接绘制平面图形的工具，它的功能区如图1-27所示。图1-27a所示功能区左半部分，包含了绘图工具、几何关系工具、捕捉设置等。图1-27b所示功能区右半部分，包含了尺寸标注、注释等。

利用图1-27中的绘图工具和标注工具可以直接在该环境中绘制与标注平面图形。工程图环境与零件环境二维绘图大部分是相同的，该部分将和三维部分合并进行介绍。

1.2.3　在工程图环境生成模型的三视图与正等轴测图

视图是表达三维物体的主要方法之一，如果有了模型可在工程图环境直接生成物体的三

a)

b)

图 1-25　Solid Edge 的工程图环境

视图和其他需要的图形。生成三视图需要使用工程图环境中的"视图向导"工具。单击图 1-25a所示"视图向导"按钮。弹出选择模型对话框，选择 Solid Edge 安装目录下的 training 文件夹中的 block. par 文件，单击对话框底部的"打开"按钮，在绘图区顶部的命令条（图 1-28a）中单击"视图布局"按钮▥，弹出图 1-28b 所示对话框，在该对话框中单击"定制"按钮，弹出图 1-29 所示对话框，在该对话框按鼠标中键拖动（或使用其他工具）旋转到需要的方向，单击对话框顶部的"常规视图"按钮▥，或单击对话框右下角的显示控制立方体对应的面，可将物体转正，选择对话框右上角的"关闭"按钮，返回图 1-28b 所示对话框。

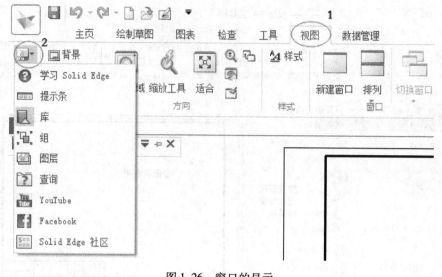

图1-26　窗口的显示

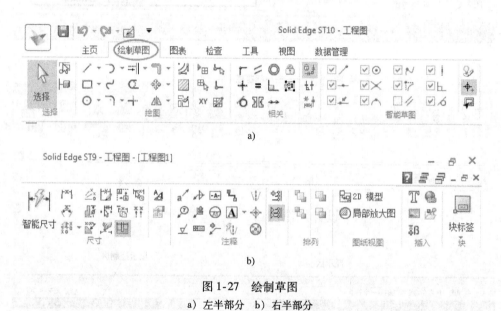

a)

b)

图1-27　绘制草图
a）左半部分　b）右半部分

选定主视图方向以后，在图1-28b所示的对话框中选择俯视图和左视图，单击"确定"按钮退出对话框，在命令条选择合适的比例（比例是图形与实际尺寸之间的比值，一般选择1:2、1:5、1:10缩小的比例或选择2:1、5:1、10:1放大的比例，也可以放置视图后，选择视图并在命令条修改比例），然后单击放置主视图，在主视图下方放置俯视图，在主视图右方放置左视图。三个视图生成以后，单击"主页"→"图纸视图"→"主视图"按钮，选择主视图，沿45°线的方向移动鼠标指针，就可以看到正等轴测图，单击放置正等轴测图，这样生成的正等轴测图和视图的比例是一样的，如图1-30所示。如果要求不一样的比例，可以选择正等轴测图，在命令条修改比例。

视图与轴测图生成以后，视图中需要画出回转体的轴线，圆的视图需要画出圆的中心线，可以使用"注释"工具栏的直线中心线工具（\|/）或圆中心线工具（✛）生成对应的

a)

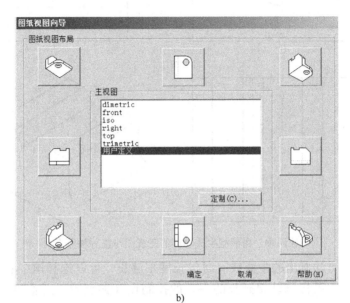

b)

图 1-28　视图向导

a）命令条　b）对话框

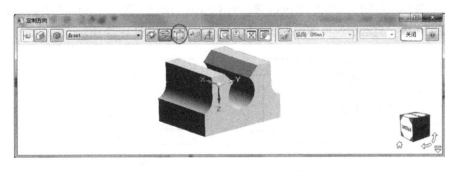

图 1-29　"定制方向"对话框

中心线。

直线中心线工具（\|/）有"用 2 点"和"用 2 条线"两个选项，"用 2 点"选项需要选择两个点画出中心线，两端自动延长一小段距离；"用 2 条线"选项是画出两条平行线或两条成角度直线的对称中心线，两端也自动延伸一小段距离。

练一练：选择 Solid Edge 安装目录中 training 文件夹中的 carb1. par 文件，生成该文件的三视图与正等轴测图，添加视图中的中心线。视图生成以后，选择某个视图并拖动，观察视图之间的长对正、高平齐、宽相等的投影关系，再选择一个视图，修改视图比例，观察其他视图比例的变化，如图 1-31 所示。

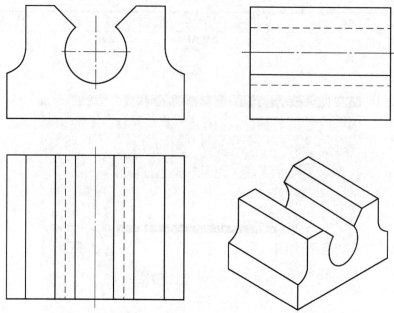

图1-30　由模型生成物体的三视图与正等轴测图

　　用"用2点"方法画出的中心线有时候长度不够长，可以选择该中心线，显示该中心线的四个控制点，用鼠标拖动想延长的一端的控制点（如点 B）到希望的长度（如点 C）即可，如图1-31所示。

　　视图也可以自动生成中心线，不用一条一条地去画，自动生成中心线的工具为 按钮，单击该按钮，再单击需要生成中心线的视图即可生成该视图的中心线。但是有时会生成不想要的中心线，如视图中的圆角就规定不画过圆心的中心线，所以一般不完整圆的中心线就可以不画。这些规则可以在自动创建视图中心线工具时进行设置，如图1-32所示。

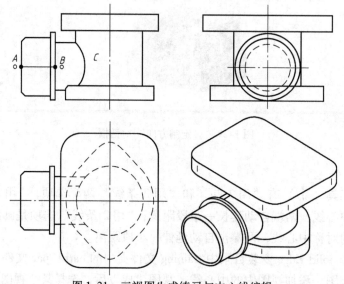

图1-31　三视图生成练习与中心线编辑

　　对于正二轴测图，一般在"图纸视图向导"对话框中（图1-28b）选择"主视图"列表

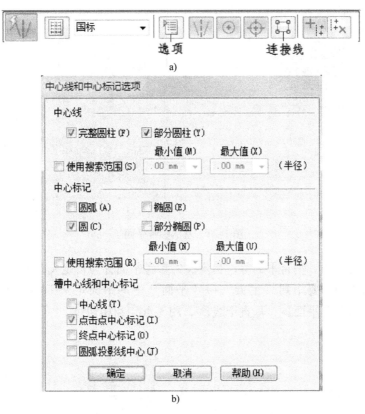

图 1-32 自动生成视图中心线命令条与选项对话框

a) 命令条 b) 选项对话框

框中的 dimetric 选项即可。斜二测 Solid Edge 没有提供，目前该软件不能生成斜二测轴测图。

1.3 草图绘制与尺寸标注

三维设计中，一般都是从平面图形开始的，这些平面图形称为草图。本节主要介绍草图的绘制、编辑。

1.3.1 绘图平面

1. 基本参考平面

在零件环境中，有三个相互垂直的坐标平面，称为基本参考平面，如图 1-33 所示。绘图时，可以将鼠标指针移动到这些平面上，用左键或〈F3〉键锁定该平面，绘图将限定在该平面中进行，按〈Ctrl + H〉可以将绘图平面转正，以便于绘图。

在绘图时，参考平面的显示有时并不一定有利于设计与绘图，可以选择图 1-33 所示"基本参考平面"前面复选框，取消基本参考平面的显示，此时可以将鼠标指针移动到对应的坐标轴所在区域，也可以锁定平面，操作方法相同，如图 1-34a 所示。相反也可以再次选择基本参考平面前面复选框，再次显示基本参考平面。图 1-33 中"Base"是坐标系的选择项，同样的方法也可以显示与隐藏坐标系，设计完成以后仅显示产品的图形即可。

2. 自定义参考平面

在设计过程中基本参考平面有时不能满足要求，可以建立与基本参考平面或模型表面有

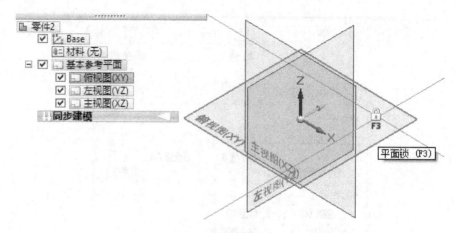

图 1-33　基本参考平面

关的平面，如平行平面、垂直平面等，自定义的参考平面称为自定义参考平面。

自定义参考平面需要用到"主页"→"平面"中的平面定义工具，如图 1-34b 所示。自定义参考平面有重合平面◻、垂直于线◻，用 3 点◻和相切◻。

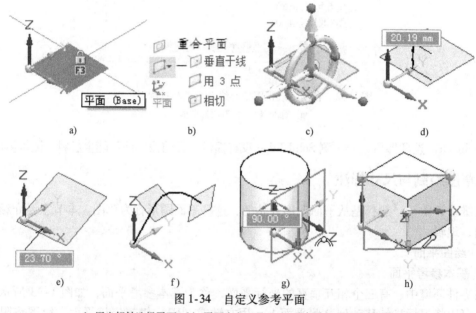

图 1-34　自定义参考平面

a) 用坐标轴选择平面　b) 平面定义工具　c) 重合平面　d) 平行平面
e) 旋转平面　f) 垂直于线平面　g) 相切平面　h) 三点平面

1）重合平面。定义一个和所选平面相同的平面，一般该命令是用于定义平行面的基础。如图 1-34c 所示，定义一个重合平面后显示一个方向盘。

2）平行平面。先用重合平面命令建立平面，选择显示出的方向盘上的移动方向（如果三个箭头所指方向不是你需要的方向，可以旋转箭头端的圆点拖动到指定的点，从而指定方向），拖动鼠标，在显示出的文本框输入移动的数据，即可建立平行平面。图 1-34d 所示为按下了向上的箭头移动鼠标指针显示的图形，在文本框中输入数据即可。

3）旋转平面。先用重合平面命令建立平面，将鼠标指针放在方向盘的中心圆点，拖动到旋转轴上，再把鼠标指针放在四周圆点上，按下并拖动，输入角度值，从而得到旋转平面。

4）垂直于线平面。首先要在平面上画出线，再单击"平面"中的"更多平面"按钮 🗔，在弹出的菜单中单击"垂直于线"按钮 🗔，捕捉特殊点或输入到端部的比例即可，如图 1-34f 所示。

5）相切平面。自定义相切平面必须要有曲面，如图 1-34g 所示的圆柱面，操作时单击图 1-34b 所示的"相切"按钮 🗔，再选择曲面，输入角度、捕捉模型或草图上的特殊点即可。

6）三点平面。自定义三点平面必须要有三个已知点，单击图 1-36b 所示的"用 3 点"按钮 🗔，再选择图 1-36h 所示模型中的 3 点即可。

1.3.2　基本图线绘制

绘制平面草图，必须单击"相关"选项组中的"保持关系"按钮 🗔。在同步环境绘制草图可以直接选择绘图命令，再选择绘图平面（鼠标指针移到平面上，锁定/解锁按〈F3〉键），开始绘图即可。在顺序设计环境可以单击"草图"按钮 🗔，再选择绘图参考平面，然后开始绘图。绘图时草图平面的方向不用特意选择，按下鼠标中键并拖动旋转到合适位置，单击底部"草图平面方向"按钮 🗔，或按〈Ctrl + H〉键，即可将平面正对观察者进行绘图，也可以直接在空间里绘图。

（1）直线的绘制

直线是最常用的图线。图 1-35a 所示为直线命令条，在命令条最左端是"直线"按钮，"直线"按钮的右侧是线型，默认为"自动"，用粗实线画出，在工程图环境可以切换为其他线型、颜色与宽度。在屏幕上单击直线的起点（可以捕捉端点、中点、圆心等），输入长度与角度（或捕捉屏幕上的已知点，也可以捕捉几何关系，如垂直与平行等）即可。直线绘制命令可以绘制一连串直线，右击结束绘图命令。当绘制的图形封闭时，自动结束直线命令。

1）绘制水平线。将鼠标指针放在起点的右侧或左侧，在其附近将显示水平关系图标与文字，表明此时单击或输入长度将画出水平直线。输入长度并按〈Enter〉键即可确定长度，单击确定方向，如图 1-35b 所示。

2）绘制竖直线。与水平线绘制相似，将鼠标指针放在起点上方或下方，输入长度，单击确定方向，如图 1-35c 所示。

3）绘制斜线。如图 1-35d 所示，选择起点并将鼠标指针放在直线倾斜的位置，输入长度，按〈Enter〉键，再输入角度即可。绘图时可以观察到：选择起点后，自动进入长度输入文本框，可以直接在键盘输入长度，按〈Enter〉键以后将自动进入角度输入文本框，直接输入角度即可，按〈Enter〉键将结束这一段直线的绘制，进入下一段图线的绘制。

4）绘制垂线。可以捕捉垂直的几何关系，如图 1-35e 所示，或画出直线后再添加垂直几何关系，单击垂直关系按钮 🗔 后，先选择要变化的线，再选择基准线。

5）绘制平行线。可以捕捉平行的几何关系，如图 1-35f 所示，或画出直线后再添加平行几何关系，单击平行关系按钮 🗔 后，先选择要变化的线，再选择基准线。

6）绘制切线。直线的起点和终点都可以是切点，绘图时鼠标指针放在曲线上近似切点位置，显示切点图标时单击即可捕捉切点。两圆的公切线也可以采用这种方式绘制。

绘图过程中还可以捕捉端点，如图 1-35i 所示。绘图中也可以将直线的起点、终点放在其他图线上，如图 1-35h、j 所示；还可以捕捉圆心、圆的象限点（上下左右四个特殊点）

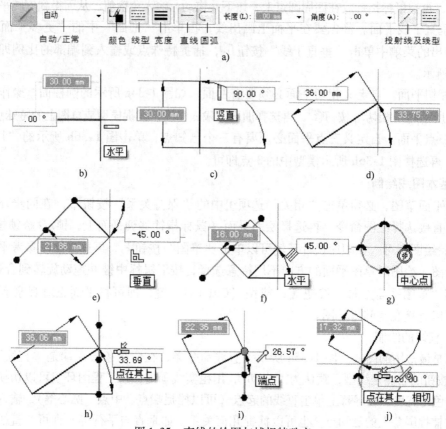

图 1-35　直线的绘图与捕捉特殊点
a）直线命令条　b）绘制水平线　c）绘制竖直线　d）绘制斜线
e）捕捉垂直关系　f）捕捉平行关系　g）捕捉圆心
h）捕捉点在线上关系　i）捕捉端点　j）捕捉切点、线上

等，如图 1-35g 所示。

　　绘制对称的直线（或其他图线）时，先绘制出图形，再添加对称关系。添加对称关系时先单击"相关"选项组中的"对称"按钮，再选择对称轴（如图 1-36 所示的直线 1），然后选择对称的两条图线，如图 1-36 所示的直线 2 和 3 以及直线 4 和 5 两对直线，两条线中，先选择的线是变化的图线，后选择的是基准。图 1-36b 所示 2、3、4、5 图线上的符号是对称关系符号，小方框是两条图线相交的符号。

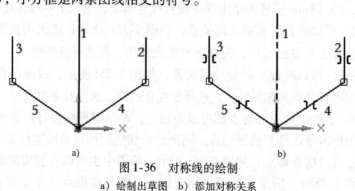

图 1-36　对称线的绘制
a）绘制出草图　b）添加对称关系

在工程图环境中，直接绘制平面图形，也要打开保持关系。所有绘图命令条左端的命令按钮的右侧都是线型弹出式列表框，与零件环境不同的是，工程图环境中是真正的线型名，可以直接画粗实线（——Visible）、细实线（——Normal）、点画线（—·—Center）、虚线（———Hidden）、双点画线（—··—Phantom）等。

注意：图形绘制必须与坐标系的原点相关联，不要脱离坐标系画一个孤立的图形；坐标轴也可以作为对称轴使用，图 1-36 所示的直线 1 可以不画，对称的图形尽量让图形关于坐标轴对称；工程图环境中使用"注释"选项组中心线命令画出的中心线不能作为对称轴使用，必须使用直线命令画出的直线才能作为对称轴使用；在零件环境中直线作为对称轴使用后，线型将变成双点画线。

（2）矩形的绘制

矩形是草图中最常用的图形，软件中一般都提供矩形工具。Solid Edge 软件提供了矩形绘制命令，选项组中的矩形命令包括中心矩形命令▭、两点矩形命令▭、三点矩形命令▱和徒手矩形命令。选项组中的命令通过单击选项组右侧级联按钮弹出，最后使用的命令显示在选项组的位置，下次可以直接使用该命令。

1）中心矩形。单击"中心矩形"按钮▭，再选择矩形中心，然后在命令条中输入矩形的长度、宽度和角度（自动进入文本框，直接输入长度、宽度和角度即可），如图 1-37a 所示。也可以直接选择屏幕上的两点绘制矩形，如图 1-37b 所示，该方式只能画出边为水平或竖直的矩形，绘图后再使用尺寸标注即可达到绘图目的。

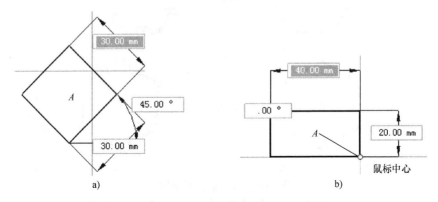

图 1-37　中心矩形的绘制
a）输入长度、宽度和角度　b）用鼠标定义

2）两点矩形。两点矩形是用矩形的两个对角点建立的矩形，使用两点矩形一般生成边为水平或竖直的矩形，选择的两点是矩形的对角点。单击"两点矩形"按钮▭，选择第一点，如图 1-38a 所示的点 A，移动鼠标指针再选择第二点，如图 1-38a 所示的点 B。

3）三点矩形。三点矩形是先用两点定义矩形的一边，再用第三点确定矩形的另一边尺寸。如图 1-38b 所示，第一边可以用键盘确定长度与角度，另一边尺寸也可以用键盘确定。

4）徒手矩形。对于水平或竖直方式的矩形，如果大小要求不是很严格，可以用任何一个矩形命令，在第一点位置单击再拖动鼠标到第二点，如图 1-38c 所示。大多数的绘图与编辑命令都可以采用这种方式进行操作。

（3）正多边形的绘制

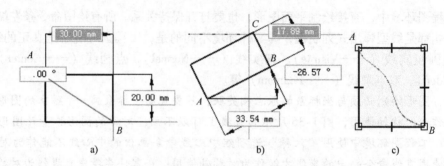

图 1-38　两点矩形、三点矩形与徒手绘制矩形

a）两点矩形　b）三点矩形　c）徒手绘制矩形

正多边形是选项组中的一个命令，选择矩形命令右侧的级联按钮即可找到正多边形的命令⬡。图 1-39a 所示为正多边形命令条。

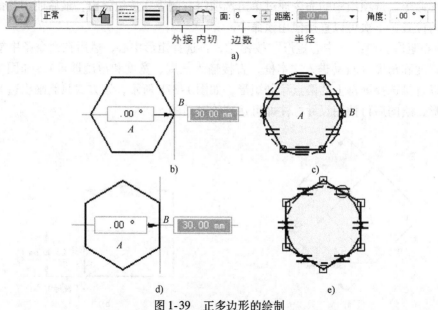

图 1-39　正多边形的绘制

a）正多边形命令条　b）外接正多边形　c）外接多边形结果

d）内切正多边形　e）内切多边形结果

正多边形命令有两种方式，一种是圆与正多边形外接，另一种是圆与正多边形内切。绘图时在命令条选择其一，如图 1-39a 所示。绘图后圆以粗双点画线显示，称为结构线，不能用在造型过程中，与辅助线的性质是一样的。如果是在工程图环境绘图，则不显示外接与内切圆，只有相等关系。

作图时先用鼠标选择多边形中心，在命令条选择外接或内切，输入多边形边数和半径即可。外接时，半径为外接圆半径，是中心到多边形顶点的距离，如图 1-39b、c 所示。内切时半径为内切圆半径，是中心到边垂线的距离，如图 1-39d、e 所示。

（4）圆的绘制

在 Solid Edge 中，圆有中心半径（直径）画圆◉、三点画圆◯和相切画圆◯三种绘制命令。图 1-40a 所示为圆命令条，三种圆命令条基本上一样。

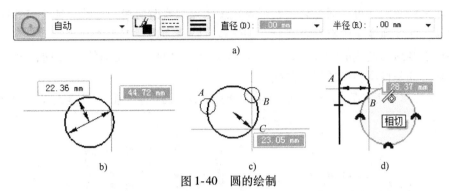

图 1-40　圆的绘制

a）圆命令条　b）中心半径（直径）画圆　c）三点画圆　d）相切画圆

1）中心半径（直径）画圆。单击"中心半径（直径）画圆"按钮 ⊙，移动鼠标指针选择圆心，然后在命令条输入圆的半径或直径即可，如图 1-40b 所示。

2）三点画圆。单击"三点画圆"按钮 ⊖，在绘图区选择三个点即可，如图 1-40c 所示。

3）相切画圆。该命令是画出与已知图线相切的圆，单击"相切画圆"按钮 ◯，选择第一条图线，再选择第二条图线，然后捕捉切点即可，如图 1-40d 所示。

（5）圆弧的绘制

图形中圆弧也是常见的图形。Solid Edge 中绘制圆弧有圆心起点角度画弧、三点画弧、相切弧 三个命令。圆弧命令条如图 1-41a 所示，其中三点画弧命令条没有扫掠项。

1）圆心起点角度画弧。单击"圆心起点角度"按钮，再选择圆心、起点，然后输入圆心角，如图 1-41b 所示。

2）三点画弧。单击"三点画弧"按钮，在绘图区依次选择三点即可，如图 1-41c 所示。绘图时三点选择的顺序与结果没有什么关系。

3）相切弧。单击"相切弧"按钮，选择已知的一条线段，则画出的圆弧一定和已知线段相切，如图 1-41d 所示。

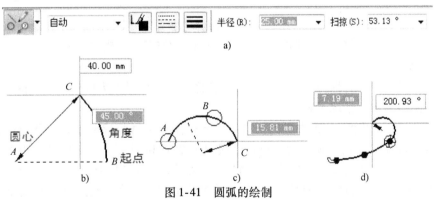

图 1-41　圆弧的绘制

a）圆弧令条　b）圆心起点角度画弧　c）三点画弧　d）相切弧

（6）曲线的绘制

曲线也是一种基本的绘图命令，单击"曲线"按钮，依次在绘图区选择曲线上的点即可画出曲线。图 1-42 所示为曲线命令条和绘制的曲线，编辑点 A、B、C 等是用鼠标输入的点。实际生成的曲线默认是几段三次曲线，相邻的曲线段相切。每一段曲线都是由相邻的四个特征点来控制的，可以通过移动特征点或编辑点来修改曲线的形状，特征点的连线称为特征多边形。曲线命令条中有与特征点、编辑点、特征多边形等相关的选项。

在要求绘制封闭曲线的情况下，可以使用命令条中的"封闭曲线"按钮，该按钮在按下状态时画出的是首尾相接的封闭曲线。

曲线命令也可以使用拖动方式绘图，单击后再拖动鼠标到其他位置，松开鼠标即可画出曲线。

图1-42　曲线的工具栏和绘制的曲线

1.3.3　基本图线编辑

1. 修剪

修剪是最常用的命令，通常用于删除不想要的线段。单击"修剪"按钮，再选择不想要的线段即可。如图1-43a～c所示，选择修剪命令后，选择1处线段，将删除*CD*线段，选择2处的线段，将删除*CE*线段。选择需要修剪的线段时，可以采用鼠标拖动的方式删除多条线段，如图1-43d所示。选择修剪命令后，在空白处单击不松开，移动鼠标指针划过需要修剪的线段，即可删除这些线段，修剪的结果如图1-43c所示。修剪后原来图线的方向不发生变化，可能产生新的几何关系，例如，图1-43b产生了点在线上的关系，图1-43c产生了相交关系。

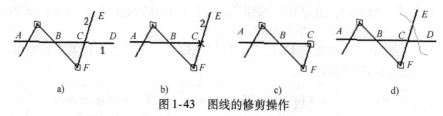

图1-43　图线的修剪操作

a）图线修剪　b）删除1处线段　c）再删除2处线段　d）拖动修剪方法

2. 尖角

尖角命令是一个综合性命令，可以作为延长命令，也可以作为删除命令，使两条图线在不改变原来图线方向的情况下相交。

单击"尖角"按钮，再选择两条直线，所选图线一端将保留下来，并延长或缩短到它们的交点。选择"尖角"命令后，可以直接单击图1-44a所示1、2两处，也可以按鼠标左键不松开鼠标指针滑过1、2处（图1-44b），结果如图1-44c所示，*AE*、*CE*段被删除。如图1-44d、e所示，选择"尖角"命令后，直接单击1、2处，或按鼠标左键不松开鼠标指针滑过1、2处，结果如图1-44f所示，保留的一侧是选择或鼠标滑过的一侧。对于零件环境，鼠标指针滑过时会显示一个窗口和曲线。

尖角命令是零件环境中常用的命令，目的是使不相交的两条图线相交。

3. 延长

延长命令是图线编辑的重要命令，选择该命令后，再选择需要延长的一端，即可将图线延长到下一条图线。鼠标指针放在所选图线上，可能延长的话，将显示红色的结果图线，单

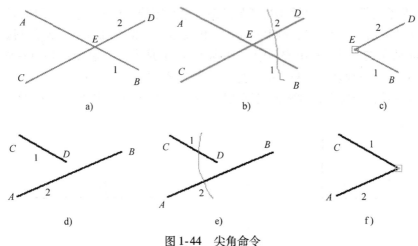

图 1-44 尖角命令

a）选命令，单击 1、2 处 b）选命令，按鼠标左键滑过 1、2 处 c）裁剪结果

d）选命令，单击 1、2 处 e）选命令，按鼠标左键滑过 1、2 处 f）裁剪结果

击即可确认延长；指针如果所选图线方向上没有任何图线作为边界，将没有任何反应。如图 1-45a 所示，将鼠标指针放在直线 12 的左端 2 点附近，直线 12 延长线段将显示为红色，结果如图 1-45b 所示，单击即可延长到直线 AB；再将鼠标指针放在直线 12 的右端 1 点附近，直线 12 即向另一侧延长，延长线段将显示为红色，如图 1-45c 所示，单击即可延长到直线 CD，继续操作将延长到弧线 EF，如图 1-45d 所示。

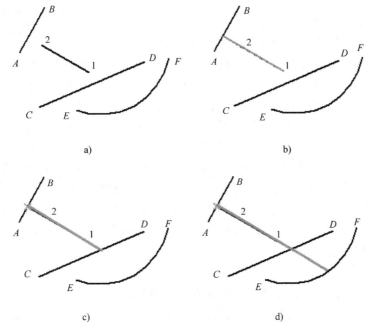

图 1-45 延长命令

a）选择延长命令 b）移动鼠标指针到 2 点附近，单击

c）移动鼠标指针到 1 点附近，单击 d）重复前面操作及结果

4. 分割

分割命令可将一条图线变为两段相同类型的图线。如图 1-46a 所示，要求将直线 AB 分

成 *AD* 与 *DB* 两条线段。分解以后 *AD*、*DB* 仍保持原有图线方向与位置，图形将添加共线的关系，如图1-46b所示。如果被分割的图线是圆或圆弧，将添加分割后两段圆弧的同心关系。图1-46a所示的点 *D* 是 *AB* 的中点，假如点 *D* 不是中点，原图将是点在线上的关系（┿，一个小叉），分割以后将变为相交关系（╬ 小的方框）。

分割命令在零件环境中，常常为使草图形成一个封闭的环，需要将某些图线分为两段相交的图线。

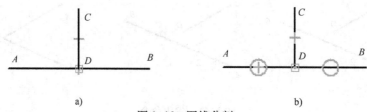

图1-46　图线分割

a）选择分割命令，再选择要分割的图线 *AB*　b）选择分割点 *D*

5. 利用几何关系约束命令编辑图线

在直线绘制中已介绍过对称直线的绘制，方法是绘制后添加对称的几何关系。平行与垂直直线也可以采用类似的方法。图1-47所示为相关选项组，在该选项组共有十一种几何关系，右侧的三个按钮是关系控制开关与实用工具。

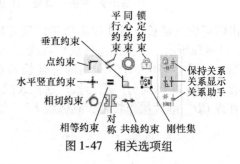

图1-47　相关选项组

（1）水平竖直约束 ┿

水平竖直约束可以将倾斜直线变为水平或竖直直线。原直线接近水平直线将变为水平直线，原直线接近竖直直线将变为竖直直线。操作方式：选择水平竖直约束命令，再选择直线上一般位置（不能选择端点与中点）。如图1-48a、b所示，直线变成水平或竖直直线以后，在直线的中点将添加加号表示该直线具有水平或竖直几何关系。同样该命令也适用于两条直线上两个点间的关系约束。如图1-48c所示，选择水平竖直命令，再选择点 *D* 和点 *B*，*CD* 直线的方向不变，*CD* 线延长，因 *D*、*B* 两点的位置接近水平，点 *D* 到达与点 *B* 相同的高度，两点间建立水平的约束关系，两点间添加红色虚线和水平竖直关系的加号表达两点间存在水平约束关系。如果两条直线上的两点接近于竖直位置，如图1-48d所示的 *D*、*B* 两点，使用该命令，选择点 *D* 和点 *B*，点 *D* 将移动到点 *B* 的正下方（或正上方），*CD* 直线的方向通常保持不变。利用该命令同样可以改变图线端点、中点、圆心等位置关系。

（2）点约束 ┌

点约束也称为连接关系，是将图线的端点约束到其他图线上相应点的操作。选择点约束命令，再选择图1-49a所示的点 *D*，然后选择直线 *AB* 上的点 *B*，点 *D* 将移动到点 *B*，两图线添加了相交关系（小方框）。如果选择点约束命令后，再选择点 *D*，然后选择直线 *AB* 上除了端点、中点外的其他点，点 *D* 将移动到直线 *AB* 上或其延长线上。移动前后，直线 *CD* 的方向不发生改变，只改变长度，同时添加点 *D* 在直线 *AB* 上的约束关系（小叉），如图1-49c所示。

（3）平行约束、垂直约束、相等约束、同心约束、共线约束、相切约束

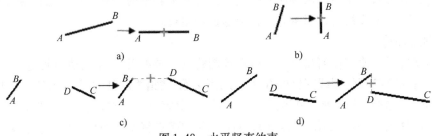

图 1-48　水平竖直约束

a）线水平约束（命令→选择线上一般位置）　　b）线竖直约束（命令→选择线上一般位置）

c）点水平约束（命令→选择点 D→选择点 B）　　d）点竖直约束（命令→选择点 D→选择点 B）

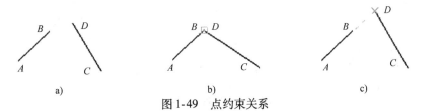

图 1-49　点约束关系

a）选择点约束命令　　b）选择点 D、点 B 后的结果　　c）选择点 D 与直线 AB 上一般点后的结果

　　这些工具都是为两图线（或点）添加几何关系约束的工具，操作时先选择命令，再选择要变化的图线（或点），最后选择基准图线（或点），先选择的图线（或点）位置将发生变化，达到要求的几何关系，基准图线（或点）的位置与大小一般是不变化的。特殊情况下如果先选择的图线（或点）被其他几何关系或尺寸约束，或锁定不能移动时，后选择的图线（或点）的位置也可能会发生移动，以便达到要求的几何关系，如果两者位置都不能移动，则不能完成要求的任务，系统将弹出对话框，提示不能完成相应的操作。如果没有标注尺寸，添加几何关系以后，长度可能会发生改变。图 1-50 所示为几种几何关系约束。

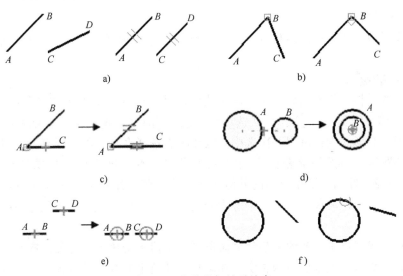

图 1-50　几种几何关系约束

a）平行约束（选择命令，选择 CD、AB 两线）　　b）垂直约束（选择命令，选择 BC、AB 两线）

c）相等约束（选择命令，选择 AC、AB 两线）　　d）同心约束（选择命令，选择 A、B 两圆）

e）共线约束（选择命令，选择 CD、AB 两线）　　f）相切约束（选择命令，选择线、圆）

注意：关系约束是绘图后添加的几何关系，是用来补救的绘图方法，绘图过程中应当尽量捕捉几何关系，不要故意绘制不符合设计意图的图线。

（4）图线移动

图线移动可以不使用任何命令，直接选择图线（不要松开）并拖动到其他需要的位置，拖动过程中将保持与其他图线间已经存在的几何关系，如图 1-51 所示。图线上点的操作与图线操作相同，选择图线上要改变位置的点，拖动到新位置，位置改变后仍保持原来的几何关系不变。选择图 1-52a 所示的直线 AB，直线 AB 的端点将变为黑色，将鼠标指针移动到点 B，单击并拖动到图 1-52b 所示的点 B_1，直线 BC 将变为直线 B_1C_1，新直线仍保持相交与相切关系。

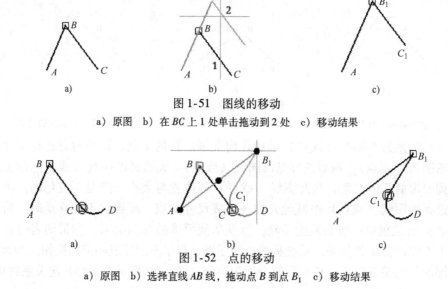

图 1-51　图线的移动

a）原图　b）在 BC 上 1 处单击拖动到 2 处　c）移动结果

图 1-52　点的移动

a）原图　b）选择直线 AB 线，拖动点 B 到点 B_1　c）移动结果

1.3.4　常用图形变换

图形变换是改变图形或图线位置。常用图形变换命令包括等距线、平移、旋转、镜像、缩放、阵列。

1. 单向等距线

单向等距线是将一组图线朝一个方向生成等距线的命令，如图 1-53 所示。单击绘图选项组中"单向等距线"按钮，默认选项为"链"，即默认选择的是首尾相接的图线，如图 1-53b 所示，矩形的四边可以一次选中。操作时先选择命令，再选择等距的对象，在命令条输入等距的距离，再选择等距的方向（原图线的一侧）即可生成要求的等距线。如图 1-53c 所示，选择了外侧，将在矩形的外侧生成一个矩形，结果如图 1-53d 所示。在生成的图形中，添加了一个距离尺寸和若干个等距的关系符号。可以直接选择尺寸更改等距线间的距离。

注意：在三维环境中，尺寸文字的方向与当前绘图平面的方向有关，有时可能尺寸文字的方向不能满足要求，大家也不必在意，在工程图环境中直接绘图与标注尺寸肯定是没有问题的。

1）等距线生成以后，可以选择尺寸，更改等距线间的距离。

2）等距线命令生成的等距线与普通直线一样。

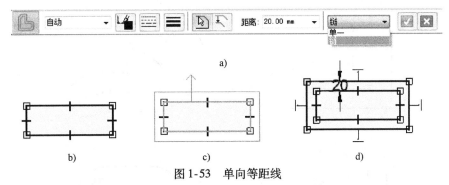

图 1-53　单向等距线

a）单向等距线命令条　b）原图，选择命令　c）选择对象，输距离、定方向　d）结果

2. 双向等距线

双向等距线是在沿图形的两侧产生等距线的命令。

平面绘图和三维空间草图绘制经常会用到双向等距线作图。在三维空间中，双向等距线生成以后原图线将变成结构线（相当于辅助线），以双点画线形式显示，在工程图环境中则保持原来的线型不变。在高版本的 Solid Edge 中，增加了槽的命令，不用画等距线，通过相应的参数设置就可以生成相应的结构，以后再详细介绍。

选择双向等距线命令，在弹出的对话框（不弹出时可单击命令条上的选项按钮，如图 1-54a所示）中输入等距线宽度、半径，再选择封盖类型，确定后退出对话框。然后选择图线，默认选择方式为链，右击确认后将结束等距线命令并在原图线的两侧生成等距线，如图 1-54c 所示。

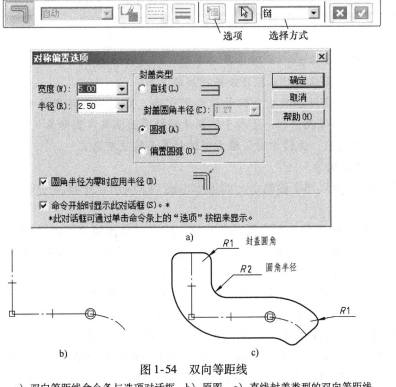

图 1-54　双向等距线

a）双向等距线命令条与选项对话框　b）原图　c）直线封盖类型的双向等距线

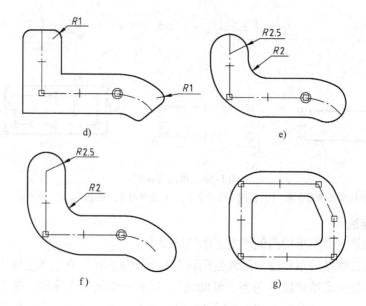

图 1-54　双向等距线（续）

d）不应用圆角半径　e）圆弧封盖端部定位　f）圆弧封盖圆心定位　g）闭合图线的双向等距线（无封盖）

注意：

1）对话框中的宽度为生成以后等距线的总宽度，如图 1-54a 所示的 5。

2）对话框中的半径为生成的等距线中部的圆角半径，如图 1-54c 所示的 $R2$。

3）封盖圆角半径是选择直线封盖时，端部的圆角半径，如图 1-54c 所示的 $R1$。

4）选择圆弧封盖时，端部半圆半径等于对话框中宽度的一半。

提示：

1）双向等距线生成以后，等距线是一个整体。选择生成的等距线，在命令条上单击"选项"按钮，可以弹出选项对话框修改等距线的参数。

2）删除生成等距线以后改变为结构线的原图线，生成的等距线将变为一般的普通直线，可以进一步编辑和修改，这一点对于绘制纯粹的平面图具有实际意义。

3）对于封闭的图线，操作中对话框右侧的封盖参数没有意义。

3. 平移或平移复制✛

平移或复制图形可以用平移命令。如果单击图 1-55a 所示平移命令条上的"复制"按钮，可以复制对象。

先单击"平移"按钮✛，再选择平移对象，如果对象比较多可以使用窗口选择（在没图线的地方单击，拖动鼠标形成矩形窗口），一般完全位于窗口内的内容会被选中，具体的也可以设定。选择平移对象以后，选择平移的参考点，如图 1-55b 所示的点 1，再选择目标点 2 即可将原图从点 1 移动到点 2（或复制）。对象平移（复制）以后，还可以继续在此基础上平移（复制），如图 1-55c 所示。

平移操作过程中，可以在命令条输入 x 或 y 方向的尺寸，也可以输入步长数值，移动鼠标指针时每次移动只能是步长的整数倍。例如，输入的步长数值是 50，那么无论向 x 或 y 方向移动鼠标指针，对话框中 X、Y 编辑框中的数值只能是步长 50 的整数倍。

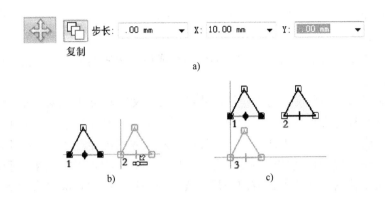

图 1-55　平移或平移复制

a）平移命令条　b）将图从点 1 平移到点 2　c）再将平移后的图从点 2 移动到点 3

4. 旋转或旋转复制

同平移命令类似，旋转命令条上也有"复制"按钮，如图 1-56a 所示。单击"复制"按钮，旋转时可以复制对象，保留原来的图形或图线。

选择旋转命令，再选择对象（图 1-56b 中矩形），然后选择旋转中心点 A 和基准线（如水平线），输入旋转角，单击确定。完成以后自动进入继续旋转的状态，移动鼠标指针输入新的角度，如 90°，如图 1-56c、d 所示。注意：命令条上"角度"显示的角度是相对于旋转后图形的角度，命令条上"位置"显示的角度是旋转的总角度。

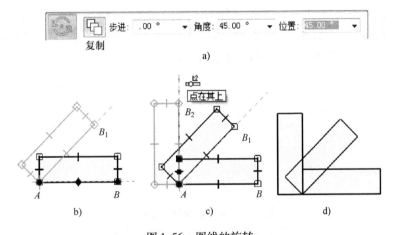

图 1-56　图线的旋转

a）旋转命令条　b）旋转复制一个对象　c）旋转复制多个对象　d）旋转复制结果

另外还有镜像或镜像复制、缩放或缩放复制以及阵列复制命令，操作方法是一样的。在三维设计中，一般不在草图阶段镜像草图与缩放草图，都是在立体生成以后再镜像立体等来完成设计工作。

1.3.5　基本尺寸标注

前面几节已介绍了基本的图线绘制、编辑命令，图线的形状通过绘图决定，图线间的几何关系靠绘图过程中捕捉或绘图后添加来得到。图线的大小画图时可以在命令条或图线附近输入，但是绘图的数据都是临时的，只有明确标注出尺寸才能确定该部分的大小。本节将介绍基本的尺寸标注。

1. 智能标注

这是一个最常用的命令，可以标注大多数图线或模型边线的尺寸，包括长度、宽度、直径、半径、角度等。

如图 1-57a 所示，一个尺寸通常包括尺寸线、尺寸文字与尺寸界线。尺寸线表示尺寸测量的方向，通常带有箭头或斜线，指示该尺寸的起止位置。尺寸文字一般标注在尺寸线的上方、中断处或标注在尺寸的引出线上。尺寸界线表示尺寸的边界，通常与尺寸线的箭头或斜线相连或相交。在工程图环境中，预定义了"国标"和"国标水平"两种标注样式，"国标"样式尺寸文字标在尺寸线上，方向与尺寸线方向一致，通常距离类尺寸标注（如长度、宽度等）采用"国标"样式。标注在圆内的半径或直径尺寸通常也采用"国标"样式。"国标水平"样式的文字都是水平的，一般标注在尺寸的中断处，角度尺寸应当采用"国标水平"样式，标注在圆外的直径、半径尺寸可以采用"国标"也可以采用"国标水平"样式。

（1）直线的尺寸标注

直线的尺寸标注有长度、角度、平行线间距离、点到直线间距离等。

单击"智能标注"按钮，选择直线，如果是水平线或竖直线，将显示直线的长度，如图 1-57b 所示，单击确定标注位置。如果是倾斜线，将根据命令条上选择的方式显示，如果是"水平/竖直"将显示该线的水平或竖直方向尺寸，如图 1-57a 所示；如果想标注倾斜线的长度，需要按下键盘上的〈Shift〉键即可显示倾斜线的长度，如图 1-57b 所示。如果命令条上选择的是用两点方式，将首先显示倾斜线的长度，切换到"水平/垂直"也是用〈Shift〉键。如果想标注直线的方向角，可以按下键盘上的〈A〉键（英文输入状态下）或单击命令条上的"角度"按钮即可，如图 1-58 所示。

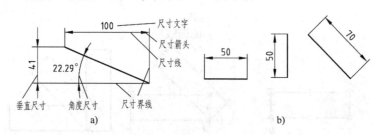

图 1-57　单一直线的尺寸标注
a）直线尺寸的构成　b）水平尺寸、垂直尺寸与倾斜尺寸

图 1-58　智能标注命令条

对于两条直线间的尺寸，也可以使用智能标注，直接选择对应直线上的两点即可，按下键盘上的〈Shift〉键可以切换标注方式，例如，将如图 1-59a 切换为1-59b所示方式。对于平行线间距离，可以在智能标注命令条上选择"用尺寸轴"方式，单击按钮，选择平行

线即可标注平行线间的距离，如图 1-59c 所示。对于两线间夹角，可以选择智能标注命令后，再选择两线（别选端点、中点、特殊点），然后单击命令条上的"角度"按钮即可标注角度，如图 1-59d 所示。

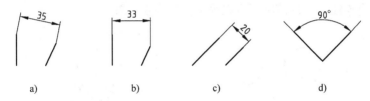

图 1-59　用智能标注距离与角度

a）两点距离　b）水平距离　c）平行线距离　d）两线间夹角

（2）圆/圆弧的尺寸标注

使用智能标注工具可以标注圆弧直径、半径、弧长、圆心角、圆心距等。选择"智能标注"命令后，选择圆弧默认是标注半径；选择圆默认是标注直径，可以通过命令条上直径和半径的按钮进行切换，如图 1-60a 所示。对于很大圆弧的半径标注，也可以采用图 1-60b 所示的大圆弧标注方式标注。

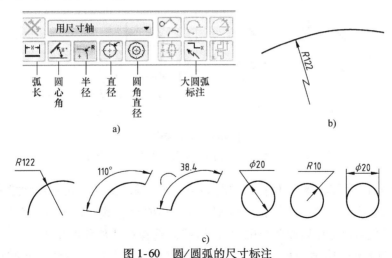

图 1-60　圆/圆弧的尺寸标注

a）圆/圆弧命令条一部分　b）大圆弧标注　c）尺寸标注

标注时，单击"智能标注"按钮，选择圆或圆弧，在命令条上选择标注方式（按照默认时跳过），再选择标注位置即可。

如果选择了两个圆弧或圆，则标注的是两个圆心之间的距离，注意：选择时不要故意选择圆弧的端点，如图 1-61 所示。在工程图环境中，圆心距通常标注在圆以外，不影响圆中心线的显示。选择圆心距尺寸，将标注起点拖动到圆以外即可。

注意：零件环境尺寸文字的方式可能不符合要求，大家也不必在意；圆或圆弧尺寸标注时，按〈D〉键可在直径/半径/圆周直径标注方式间切换，按〈A〉键可在圆心角/弧长标注方式间切换。

（3）三点间角度

有时需要标注三个已知点之间的角度，相互之间可能并没有连线，可以使用智能标注工具标注三点间的角度。

选择"智能标注"命令以后，先选择要标注的角顶点之外的两个点，最后选择角顶点。但是开始的两点不能是一条图线上的两点。如图 1-62 所示的图形，要求标注∠ACD，但 CD、CA 间并没有连线，这种情况下可以采用这种方法标注。

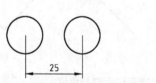
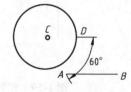

图 1-61　两圆心之间的距离　　　图 1-62　三点间角度

2. 间距标注

间距标注是两个元素间的尺寸标注，如两点距离、点到线距离、平行线距离等。

选择间距标注命令，在命令条上选择"用 2 点"，选择两条平行线即可标注两平行线间的距离，如图 1-63a 所示。如果选择对象时选择的是一个点和另外一条直线，将标注点到线的距离，如图 1-63b 所示。

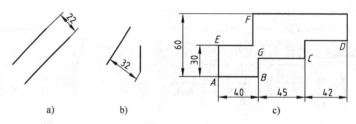

图 1-63　间距标注

a）平行线间的距离　b）点到线的距离　c）链式尺寸与堆栈尺寸

采用间距标注还可以比较方便标注如图 1-63c 所示的链式（串联）尺寸或堆栈（并联）尺寸。单击"间距标注"按钮，分别选择 AE、BG 两直线，标出第一个尺寸 40，再分别选择点 C、D 就可以标注后面两个尺寸 45 和 42。选择尺寸放置的位置，放在一侧时就是链式尺寸，如图 1-63c 所示的尺寸 40、45、42，也可以放置在第一个尺寸的垂直方向上，如图 1-63c 所示的 30、60 两个尺寸，称为堆栈尺寸。对于链式或堆栈尺寸，第一个尺寸也可以采用已经标注的尺寸，选择命令后，再选择已经标注的一个尺寸，如图 1-63c 所示的 40 这个尺寸，再选择 C、D 即可标注后面两个尺寸。

间距标注主要是用于智能标注不方便标注的尺寸，平行线间的距离用间距标注命令更方便。

3. 角度标注

在前面智能标注中介绍的角度标注，需要单击命令条上的"角度"按钮。选择角度标注命令后直接选择两条图线即可标注角度，如图 1-64a 所示。对于三点间角度尺寸，选择角度标注命令适应性更强，也可以是一条图线上的点。如图 1-64b 所示，选择命令后，分别选择底边的两个端点和圆的圆心即可标注这三点之间的尺寸。图 1-64c、d 所示为角度的链式和堆栈尺寸，标注的方式与长度的链式与堆栈尺寸相同。

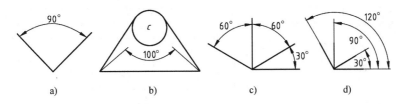

图 1-64 角度标注

a）两线角度 b）三点角度 c）角度的链式尺寸 d）角度的堆栈尺寸

1.4 拉伸造型

拉伸造型是将草图沿垂直于草图平面的方向拉伸得到立体的一种设计方法。拉伸造型一般产生各种各样的柱体，如棱柱、圆柱、椭圆柱等。在本节中将介绍拉伸造型可以产生的立体及投影特点。本节以同步设计为主进行介绍。

1.4.1 棱柱造型与投影

1. 棱柱造型

在同步设计环境，选择草图命令，再选择草图绘图平面并锁定（〈F3〉键），然后绘制草图（第一个立体应当与坐标原点相关联，第一个草图必须封闭）；选择草图区域，再选择显示的方向箭头，输入拉伸的高度，即可完成拉伸造型，如图 1-65 所示。

图 1-65a 所示为拉伸的命令条，对于第一个立体特征，拉伸范围与类型选项仅有"有限"和"起始－终止"选项。灰色的选项说明暂时不能选择，如开始时，默认就是增料（灰色 ✚），不能选择其他模式。模型边线选项是指已经设计的模型边线是否与草图构成封闭区域，默认是封闭的，模型边线可以自动与草图构成封闭区域用于造型，如果设计时希望是不封闭的，可以选择"开放的"选项。侧面处理选项是指生成的立体侧面是否进行处理，不处理时就是垂直于绘图平面的面，处理时可以是倾斜于绘图平面的平面，甚至是曲面，这样生成的立体就不是柱体了，因此一般都选择不处理，这也是默认选项。草图区域选项是指对于复杂的草图，选择草图区域的方法，如是否包括内部的其他封闭区域等。命令条的最右侧一项是捕捉选项，指的是拉伸过程中是否捕捉模型或草图上的特殊点（端点、中点等），为了设计方便，可以打开捕捉功能，选择"全部"时可以捕捉大多数图线上的特殊点。

草图绘制与选择封闭区域的过程，如图 1-65b 所示。草图绘制时，设计者要考虑到草图的特点，如果结构是对称的，可以将坐标轴作为草图的对称轴，该矩形草图前后左右都对称就可以选择中心矩形命令，锁定绘图平面以后，按〈Ctrl + H〉键使绘图平面正过来以便于作图，选择坐标原点，输入长度、宽度、角度（注意所有数据输入后按〈Enter〉键确认），将鼠标指针移到封闭的草图区域（默认封闭区域显示为蓝色），该区域轮廓将以设定的颜色显示（默认红色），选择封闭区域，将显示箭头，可以进入下一步进行操作。绘制草图以后也可以先选择拉伸命令，此时命令条中的"拉伸"按钮右侧草图选项默认是"面"，可以直接选择屏幕上封闭的区域，对于需要选择几个区域的情况，可以按〈Shift〉键继续选择其他封闭区域，右击表示选择结束，如果不右击的话将一直处于等待选择的状态。其实在屏幕底部会有提示，读者在练习时要注意这一点，多看看提示区的提示。

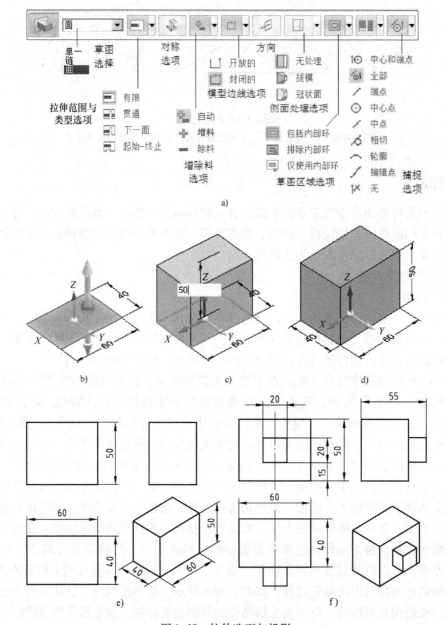

图 1-65　拉伸造型与投影

a）拉伸命令条　b）草图绘制与选择封闭区域　c）拉伸的图形　d）设计完成的模型
e）三视图与尺寸标注　f）添加一个正方形，更新视图

图 1-65c 所示为拉伸的图形，此时直接输入高度即可完成造型，也可以捕捉草图或已经设计的模型上的特殊点。

图 1-65d 所示为设计完成的模型，草图中的尺寸将自动迁移到模型上面，此时的草图已经完成了它的使命（如果是顺序设计模式，草图将继续存在以便担任修改模型的重任），迁移后的尺寸不一定是在它的原位置，可能会移动到拉伸后的某一个表面上。

提示：提示区位于屏幕的底部，操作的每一步几乎都会有提示，操作过程中注意观察提示区的有关内容。

2. 棱柱投影

物体的投影需要在工程图环境进行，可用工程图环境中的视图向导生成物体的三视图。

图 1-65e 所示为三视图与尺寸标注，以后的工程图样多采用这一模式来进行表达。三视图的尺寸标注，对于柱体来说，俯视图可以反映宽度与长度，也是草图中需要绘制的，因此该柱体的长、宽尺寸标注在俯视图更为合理，长度尺寸可以标注在主视图与俯视图之间，高度尺寸标注在主视图上，尽量标注在主视图和左视图之间。对于倾斜结构，尺寸标注也是一样的，尽量标注在画草图的那个图上。标注尺寸时一般应当注意以下几个方面。

1）同一个尺寸一般只标注一次。例如，一个长度尺寸，主视图标注了，俯视图就不能再重复标注。

2）关联尺寸尽量标注在一起。一个结构可能有若干个尺寸，有可能的话这些尺寸尽量标注在一个视图上。例如，一个圆柱（或圆孔），它的直径尺寸和位置尺寸可以标注在一个视图上。

3）尺寸标注应尽量清晰。小尺寸尽量标注在内侧，大尺寸尽量标注在外侧，尺寸线、尺寸界线尽量不要相互交叉，圆的直径尺寸尽量标注在非圆视图上。

4）面的交线一般不用标注尺寸。

5）尺寸标注应完整、正确。物体三视图的尺寸标注应当完整，不能遗漏。标注格式应当符合有关标准与行业习惯。

6）轴测图也可以标注尺寸，直接使用智能标注，方向不对时可以按 < N > 键（英文输入状态）进行切换。

如图 1-65f 所示，在前面设计的基础上又添加了一个正方形，设置左右图线的对称关系，选择中心矩形命令将自动添加水平竖直约束，不需要设置对称关系。绘制草图以后，标注相应尺寸。然后单击绘图选项组中的"拉伸"按钮，命令条左侧的草图选项默认是"面"，直接选择屏幕上的封闭区域；也可以更换为"链"，选择时可以选择首尾相接的草图图线作为拉伸的草图；或更换为"单一"，可以一条线一条线地选择草图图线，构成需要的拉伸草图，具体情况需要根据设计意图来决定。在三视图中，多个简单立体组成的物体，标注尺寸时就要考虑标注尺寸的基准，长度、高度、宽度方向都应该有基准，一般是选择对称中心平面、较大和较重要的表面作为标注尺寸的基准。在图 1-65f 中，底面是高度方向基准，高度方向立体间的位置尺寸应当从底面开始标注，如尺寸 15、50，像这种表示位置的尺寸称为**定位尺寸**；像 20、50 两个高度尺寸，决定两个立体高度方向自身的尺寸，称为**定形尺寸**。长度方向的基准是对称中心平面，对称的尺寸应当对称标注。两个立体都关于对称中心平面对称，就不用标注表示长度方向位置的尺寸，只需标注大小尺寸，如 60、20 两个尺寸。对于宽度方向，40 和 55 两个尺寸都是从后面的基准开始标注，这两个尺寸既是定位尺寸也是定形尺寸。通常在三视图中还需要标注物体的长、宽、高三个方向的总体尺寸。

总结：拉伸命令主要生成柱体，步骤是草图→拉伸命令再选择草图（选择封闭区域再选择箭头）→输入拉伸的长度即可；一个柱体的投影一般两个视图可以表达清楚，标注的尺寸就是草图尺寸与高度尺寸；多个柱体的物体一般就需要两个以上的视图来进行表达，需要标注每个柱体的草图尺寸与高度尺寸，同时需要标注它们之间的相对位置尺寸，此时就需要有三个方向的尺寸基准，通常选择对称中心平面、大的平面和重要的中心作为尺寸基准，一般多棱柱的物体还需要标注总体的长度、宽度和高度尺寸；三视图中每个尺寸只能标注一次；标注的尺寸尽量做到清晰，小尺寸在内，大尺寸在外，圆尺寸要加 R 或 φ。

3. 物体的除料造型

对于空心的棱柱或外部需要切除的立体，一般需要使用除料造型，如图1-66d所示。先完成一个长度尺寸60、宽度尺寸40、高度尺寸30的长方体，在顶面上画出如图1-66a所示的草图（两条线，标注尺寸）。选择拉伸命令，再选择该草图两线与模型边线形成的封闭区域，按〈Enter〉键确认，向上移动鼠标指针是增料操作，向下移动鼠标指针是除料操作，此时命令条上增除料选项为"自动"（ ），也可以按〈Space〉键切换为增料或除料操作。选择除料，向下移动鼠标指针再输入10，右击或按〈Enter〉键确认。

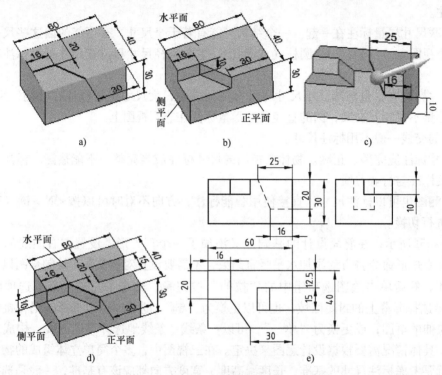

图1-66　拉伸切除与投影

a）生成长方体，画草图　b）拉伸切除，深度10mm　c）画草图，拉伸

d）拉伸切除　e）三视图与尺寸标注

读者在练习时，可以在选择封闭区域阶段，选择命令条上（图1-65a）的模型边线选项，用"开放的"选项试一试；不选择模型边线时，不能构成封闭区域，再改回"封闭的"选项，然后选择该区域即可。

在图1-66b所示模型的基础上，选择宽度方向的对称中心平面，画出如图1-66c所示的草图，选择拉伸命令，在命令条上左端选择"链"选项，再选择图中两条首尾相接的图线，右击（或按〈Enter〉键）确认，将显示图中的箭头，用来选择拉伸的方向，由于草图在立体之内，只能使用切除操作，按〈Space〉键可以在增料和除料之间切换；选择了拉伸的类型后，可以选择拉伸的方向，按〈Shift〉键可以在对称切除与非对称切除之间切换。选择对称操作以后，输入切除宽度即可，结果如图1-66d所示。最后存盘。

在工程图环境中，投影生成三视图并标注尺寸。该立体同样应当以右（或左）、后、底三个面作为长、宽、高三个方向的基准面标注尺寸，标注的原则同样是每个柱体的尺寸和它们之间的相对位置尺寸。最后需要标注长、宽、高总体尺寸，调整一下尺寸使得尺寸更清晰、更漂亮。从图 1-66e 可以看出，不可见的图线在视图中用细虚线表示。一般情况下，尺寸尽量标注在可见的视图上。

对于比较简单的草图，如一条线或一个圆，也可以直接选择草图，再选择命令、拉伸侧面等选项与参数完成拉伸操作。

对于模型中特殊的表面，如图 1-66d 中的顶面、前面、左侧面这样的平面，它们都与基本参考平面（投影面）平行，称为投影面的平行面，其中顶面称为**水平面**（平行于底面），左侧面（及其平行面）称为**侧平面**，前面（及其平行面）称为**正平面**。由于它们与投影面平行，因此，在所平行的投影面上的投影**反映实形**，另外两个投影为平行于坐标轴的直线，如图 1-67 所示。

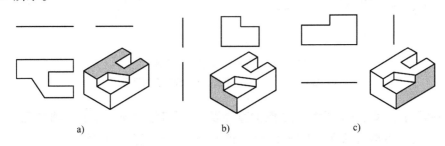

图 1-67　投影面平行面及其投影

a）水平面及其投影　b）侧平面及投影　c）正平面及投影

总结：*草图选择灵活多样，可以直接选择草图区域，也可以直接选择草图图线；使用草图区域，选择箭头进入拉伸过程；而直接选择草图图线，需要先选择拉伸命令再进入拉伸过程。对于不封闭的草图，可以使用"链"选择方式。〈Space〉键可以用于在增料与除料之间切换。〈Shift〉键可以用于在对称与非对称操作之间切换。尺寸标注尽量清晰，通常标注在可见的视图上。投影面平行面在所平行的投影面上的投影反映实形，另两个投影平行于坐标轴。*

1.4.2　圆柱造型与投影

圆柱是立体上最常见的结构之一，根据圆柱的结构特点，使用圆拉伸就可以生成圆柱。

1. 单一圆柱造型与投影

（1）圆柱投影特点

如图 1-68a 所示，画出圆草图，选择拉伸命令即可生成圆柱。圆柱投影如图 1-68b 所示，当圆柱的轴线垂直于投影面时，在所垂直的投影面上的投影为一圆，在平行于圆柱轴线的投影面上的投影为一个矩形。因此圆柱投影的特点就是：两框对一圆。

图 1-68b 所示主视图上圆柱投影的轮廓线是该方向可见与不可见的分界线，该线把圆柱分为了前后两部分，只有前面的半圆柱在主视图中才是可见的，A、D 两点在前半圆柱面上，且主视图中可见；点 B 在后半圆柱面上，在主视图中不可见。左视图也是一样，只有左半部分在左视图中是可见的，点 D 位于右半圆柱面上是不可见的。在俯视图中，投影字母用小写字母表示；在主视图中用小写字母加一撇表示，在左视图中用小写字母加两撇表示，不

可见的点加括号表示，如图 1-68c 所示。

（2）圆柱的尺寸标注

圆柱一般标注直径尺寸和长度尺寸即可。直径尺寸通常标注在非圆视图上，这样显得更加清晰。在三视图中，直径尺寸的前面必须加直径符号 φ。前缀可以通过尺寸前缀对话框进行设置，如图 1-69 所示。

在尺寸命令条上有一个"前后缀"按钮，不使用前后缀时，可以用该按钮进行切换。

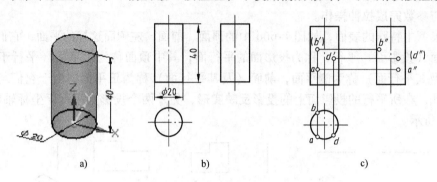

图 1-68　单一圆柱造型与投影
a）圆柱造型　b）圆柱投影　c）圆柱表面投影

在图 1-69 中，尺寸的前后缀除了圆的直径以外，还有正方形（□）、圆柱沉孔（ ）、圆锥沉孔（ ）、深度（ ）、弧长（⌒）、正负号（±）、度（°）等。

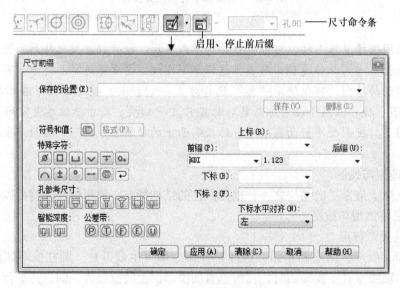

图 1-69　尺寸前缀对话框

2. 圆柱的截交线

圆柱的表面交线是很常见的结构。曲面与平面的交线称为截交线、曲面之间的交线称为相贯线。本节介绍圆柱的截交线与相贯线。

如图 1-70a 所示，三角形草图前后对称拉伸切除形成如图 1-70b 所示的立体。其中左侧直线形成了侧平面，与圆柱的交线是平行于圆柱轴线的直线；顶部的水平直线移动后形成水平面，与圆柱的交线是圆弧（或圆）；草图中的斜线移动后形成垂直于正立投影面的平面，称为正垂面，在所垂直的投影面上的投影是一条线，另两个投影为类似形（与空间图形形状类似）。该正垂面与圆柱的交线为椭圆弧（完整切除为椭圆），为了清晰起见，单独取出该平面进行投影，如图 1-71 所示。可能有些读者会问，如何单独取出一个面来进行显示呢？编者采用了将面的边界生成新草图的方法，投影中仅显示草图即可。单击绘图选项组中的"投影到草图"按钮，如图 1-72 所示。将鼠标指针移动到椭圆平面上，按〈F3〉键锁定，在命令条中选择"单个面"方式，再选择该面，则其边界就转为了草图。为了方便识别，可以在左侧资源查找器上将其改名为"截交线"，投影后选择视图，再在命令条上单击"属性"按钮，然后在显示选项卡左侧空白区域中右击，在弹出的快捷菜单中选择"全部列出"选项；选择显示的草图"截交线"，在右侧选择"显示"复选框；再选择设计体，取消选择右侧"显示"复选框，单击"确定"按钮退出对话框，更新视图显示即可。对话框中的操作如图 1-73 所示。

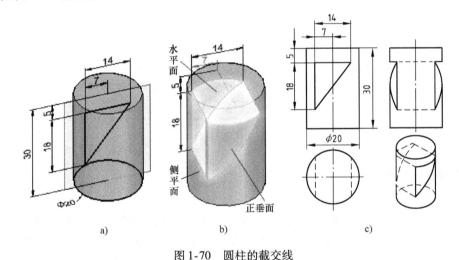

图 1-70　圆柱的截交线

a) 切口的造型　b) 切口与圆柱交线　c) 切口圆柱的三视图

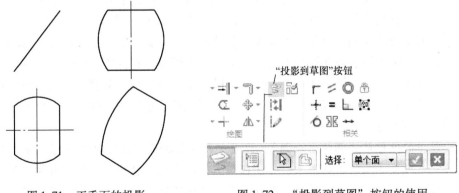

图 1-71　正垂面的投影　　　　图 1-72　"投影到草图"按钮的使用

"投影到草图"放在绘图工具选项组，说明它是一个绘图工具，该工具主要是绘制草图使用的，可以将草图、模型的边线投影到当前的绘图平面上生成草图图线。前面选择椭圆所在平面为绘图平面，将自身平面上的边线投影到自己的平面上，形成边界草图。

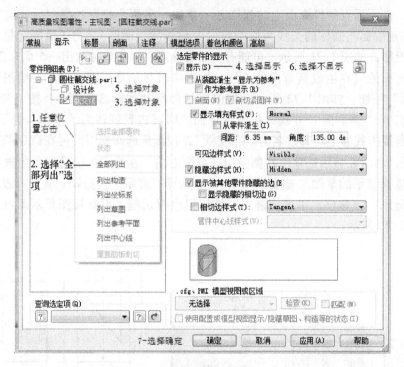

图 1-73　　"高质量视图属性"对话框

3. 圆柱间的交线

（1）直径相等时

如图 1-74a 所示，直径相等时，圆柱间的交线是两个相交的椭圆，当两轴线平行于投影面时，投影面上的投影是直线，当轴线垂直于投影面时，投影面上的投影都是圆，如图 1-74b 所示。

（2）直径不相等时

当两个圆柱直径不相等时，交线为闭合的空间曲线，如果圆柱轴线正交且平行于投影面时，该投影面上圆柱交线投影为两段向内侧弯曲的曲线，如图 1-75 所示。

如果圆柱的轴线倾斜相交也具有上述类似的性质，但是交线的形状大小会有所不同，如图 1-76 所示。图 1-77 所示为轴线倾斜相交、平行于投影面、直径相等时的三视图，空间交线是两个相交的椭圆，一个椭圆大一些，另一个椭圆小一些。大的椭圆在左视图中都是看不见的，显示为细虚线；小的椭圆一半可见，另一半不可见。倾斜的圆柱面下半部分在俯视图和左视图中都是不可见的。

总结：圆柱的投影是"两框对一圆"，视图中圆柱面轮廓线是可见与不可见分界线。圆柱的直径尺寸一般标注在非圆视图上，标注在圆上时尺寸线一般是倾斜线。圆柱与平面的交线有圆、直线、椭圆。圆柱的空间交线根据大小、位置不同，形状、投影也不相同，直径相等、轴线相交时为两相交椭圆，在轴线平行的投影面上的投影是两条相交直线；直径不相等、轴线相交时为两段空间曲线，在轴线平行的投影面上的投影是两段向内侧弯曲的曲线。

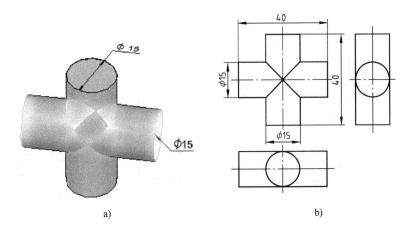

图 1-74　直径相等时圆柱的交线与三视图

a）直径相等时相交模型　b）直径相等时圆柱的三视图

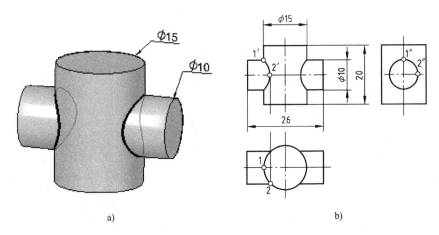

图 1-75　直径不相等时圆柱的交线与三视图

a）直径不相等时相交模型　b）直径不相等时圆柱的三视图

1.4.3　模型表面与立体的编辑

拉伸造型可以生成很复杂的立体，采用同步设计时模型表面的编辑是非常容易的。模型表面的编辑包括平移、旋转及尺寸改变。同样，模型也是由许许多多的简单立体组成的，也可以直接编辑模型上的立体结构，如平移、旋转、复制、阵列、对称等。

1. 模型表面的平移与尺寸编辑

模型表面的平移是非常方便的，直接选择要平移的平面，将显示平移的箭头，如果尺寸和几何关系没有被锁定，单击箭头就可以平移。通常草图中的尺寸通过拉伸等造型可以迁移到模型上，迁移过来后一般是非锁定尺寸，用蓝色显示；单击该尺寸，选择编辑方向，移动鼠标指针，更改编辑框中数值即可。已经锁定的尺寸也可以编辑，需要暂时取消模型尺寸的锁定。例如，取消选择图 1-78a 所示尺寸前面的复选框（勾取消），就可以暂时释放所有已经锁定的尺寸，并进行表面平移了；选择显示的箭头，在弹出的尺寸编辑框中输入平移的距离，或捕捉模型上的已有点即可完成平移。

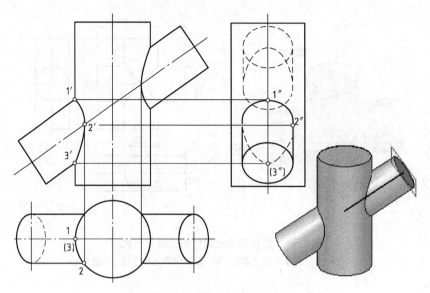

图 1-76　圆柱轴线倾斜相交时的三视图

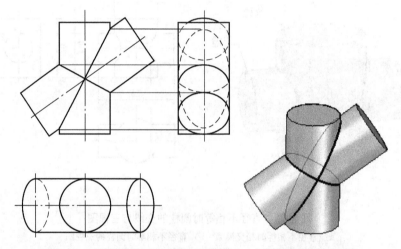

图 1-77　轴线倾斜相交、平行于投影面、直径相等时的三视图

对于已经标注尺寸的模型，可以直接修改模型的尺寸，选择尺寸数字，将弹出尺寸编辑框，如图 1-78b 所示。尺寸编辑框下面有三个尺寸编辑方向的按钮，可以选择方向，在对应的尺寸线上显示编辑端的箭头，另一端不变以原点显示（相当于基准），同时在模型上也高亮显示要平移的表面。单击"对称"按钮 ⟺，尺寸两侧都会变化。

对于圆柱面的尺寸，模型上即使没有标注尺寸，也可以直接选择圆柱面，如图 1-79 所示，弹出类似选择平面的界面，但是显示的是两个方向的平移箭头，圆柱可以在两个方向上平移。同时无论是否标注了直径或半径，都会显示一个直径或半径的尺寸，单击该直径或半径尺寸，将显示一个尺寸编辑框，在尺寸编辑框中修改尺寸，右击或按〈Enter〉键确定即可。

因此在相应结构的设计过程中，草图是否标注尺寸可以自己决定，模型中的尺寸才是最后确定的尺寸。读者可以仔细体验设计的技巧，找到更适合自己的设计方法。

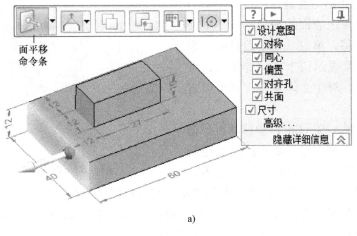

a)

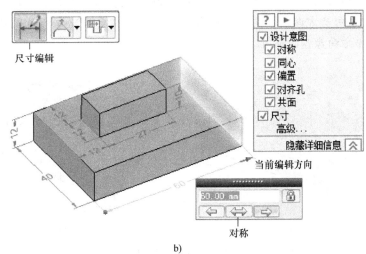

b)

图 1-78　模型表面的平移与尺寸编辑
a) 表面直接平移　b) 模型尺寸编辑

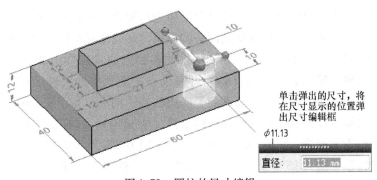

图 1-79　圆柱的尺寸编辑

对于多个表面的平移也可以采用类似的操作方法，如图 1-80 所示。多表面选择时，按〈Shift〉键再选择其他表面。如果发现一个尺寸的变动也影响了其他尺寸的变动，可以将不需要变化的尺寸设置为锁定尺寸（选择尺寸，单击显示的"锁定"按钮，尺寸的颜色由蓝色变为红色），该尺寸即可不受影响。

2. 模型结构的平移与复制

前面介绍的是单一表面的平移操作，平面只有一个方向的平移，单击一个平面只有一个箭头；单击圆柱表面显示两个方向的箭头，可以向两个方向平移。对于立体来说，也可以进行类似的操作。

对于立体的复制，按〈Ctrl〉键移动鼠标指针即可复制选择的对象，图1-81b就是采用两次复制操作，复制了一个长方体，一个圆柱孔。

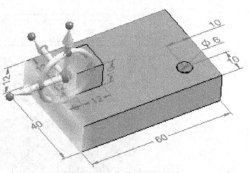

图1-80　多表面的平移

平面可以复制，复制的平面通常用紫色显示，其也可以作为草图绘图参考平面使用。

注意：平移、复制表面或立体时，默认的方向盘方向平行于系统的坐标轴方向，将鼠标指针移动到箭头顶端的蓝点上，按〈Shift〉或〈Ctrl〉键，移动鼠标指针即可旋转改变该箭头的方向，确定方向盘方向后，再进行平移操作。如果需要改变方向盘圆盘方向，可以按〈Shift〉键，单击方向盘盘面即可。

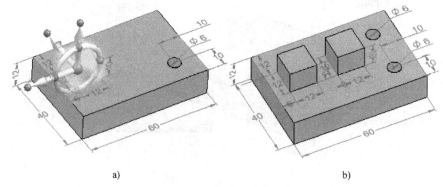

a)　　　　　　　　　　　　　　　　　　b)

图1-81　立体的平移与复制
a）立体的选择　b）平移与复制

3. 模型表面与立体的旋转

在有些情况下，需要对模型的表面或某个立体进行旋转形成新的结构，操作方法是选择要旋转的表面或立体，将鼠标指针移动到箭头的原点，移动鼠标指针将显示的方向盘移动到旋转轴上（坐标系可能发生旋转），再将鼠标指针移到方向盘圆周上的圆点上，单击并拖动，在弹出的编辑框中输入旋转的角度，即可完成表面或立体的旋转操作。如图1-82a所示，选择了右侧表面，将方向盘中心移动到了底边的旋转轴上。为了使右侧表面选择时不影响其他的表面，需要将设计意图前面的复选框取消（去掉勾），这样旋转后该面和原来面的平行与垂直关系将不再保持，只旋转这一个面。单击图1-82a所示方向盘上的原点并拖动鼠标，在弹出的编辑框中输入15°。图1-82b所示为旋转后的表面。注意旋转时角度值是有正负的，规定逆时针为正值，顺时针为负值。

对于立体的旋转来说，与表面的旋转是完全一样的，只是选择的是立体而不是表面。选择时可以使用窗口来选择。如果不使用模型的边线作为回转轴，而是自己定义的其他直线作为旋转轴，可以在旋转操作前画出旋转轴。如图1-83所示，旋转轴是通过上面的长方体长边方向中点的直线。

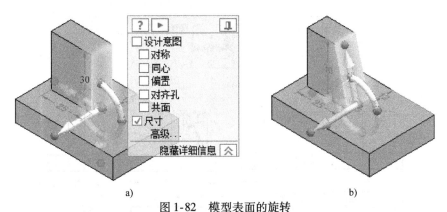

图 1-82　模型表面的旋转

a）选择表面，移动方向盘到旋转轴，取消设计意图　b）旋转后的表面

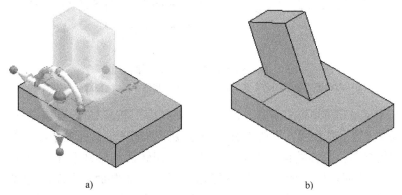

图 1-83　立体的旋转

a）画旋转轴，选择立体，移方向盘到旋转轴　b）旋转后的立体

　　本部分的模型操作对于投影与三视图的认知是非常重要的，模型生成以后可以在工程图环境生成投影，模型编辑以后在工程图环境更新视图即可显示编辑以后的模型的三视图。也可以对模型上的表面或立体进行局部的渲染，在投影图上相应地也显示对应的颜色，便于三视图或其上表面投影的学习。

　　表面渲染操作方法：选择视图→零件画笔→在命令条中选择颜色，在"选择"下拉列表中选择"面"（立体渲染可选"特征"）→选择渲染的表面→在三视图的命令条上选择渲染方式→更新视图即可，如图 1-84 所示。

　　图 1-84c 所示上面立体左侧面是正垂面，主视图积聚为一线，另外两个投影为类似形（长方形）。

4. 使用几何关系约束编辑模型的表面

　　在草图绘制中介绍过图线在绘制以后，可以通过几何关系约束来设置图线之间的几何关系。立体设计同样也可以在模型设计之后改变表面之间的几何关系。在零件环境中，有一组面相关约束工具，如图 1-85a 所示。

　　图 1-85b 所示为练习水平/竖直、垂直约束以及同轴约束的模型，选择水平/竖直命令，选择 A 面，该面接近竖直面，将会变为竖直面；选择垂直命令，再选择 D 面与 C 面，D 面将变成与 C 面垂直；选择同轴命令，选择小圆柱与大圆柱面，两圆柱面变为同轴圆柱面，结果如图 1-85c 所示。

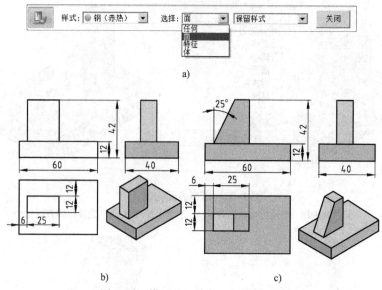

图1-84　模型的渲染与三视图的渲染

a）零件画笔显示的命令条　b）渲染前的三视图　c）渲染后的三视图

图1-85d所示为三轴共面的模型，先单击"轴共面"按钮 ，再选择三个回转面，第一个回转面轴线相当于基准线，需要再有一个点或面确定三轴共面的平面。图1-85e所示为选择面D得到的结果，三轴共面的平面是过第一个回转面的轴线且平行于平面D的平面。图1-85f所示为选择回转面C的顶面圆心得到的结果，三轴共面的平面是过第一个回转面的轴线和回转面C的顶面圆心构成的平面。图1-85g所示为选择回转面B的顶面圆心得到的结果，三轴共面的平面是过第一个回转面的轴线和回转面B的顶面圆心构成的平面。

图1-85h所示为对称约束。单击"对称约束"按钮，选择A处的柱面，右击或按〈Enter〉键确认；再选择B处的柱面，右击或按〈Enter〉键确认，然后选择对称平面C，在命令条上确定或者右击确定。此时A与B对称，A柱面半径尺寸将会与B柱面半径尺寸相同，高度不会相同，如图1-85i所示。如果选择对象时选择的都是柱面的顶面，那么两个圆柱的高度将会相同，但是圆心到对称面的距离和半径不会变化。

本节介绍的是模型上表面的约束，不能用于立体的约束。

1.4.4　拉伸造型的其他选项

1. 拉伸范围与类型选项

在拉伸命令条上，有一个选项称为拉伸范围与类型选项。造型开始时，因为还没有任何表面，拉伸范围与类型选项仅有"有限"和"起始－终止"选项。非第一个造型特征（立体）时，该选项则包含"有限""贯通""下一面""起始－终止"四个选项。

1）"有限"选项操作时，直接输入拉伸的高度或长度即可。

2）"贯通"选项，对于增料是指从当前的草图开始，拉伸实体的长度将到达模型在拉伸方向最大尺寸，在草图范围内，填充模型的所有沟槽；对于除料是指切除当前零件模型上草图范围内拉伸方向的所有材料，如图1-86a所示。

3）"下一面"选项，对于增料是指从当前的草图开始，拉伸到遇到模型上第一个实体表面，就停止拉伸；对于除料是指拉伸切除模型上在拉伸方向遇到的第一层实体，仅管一

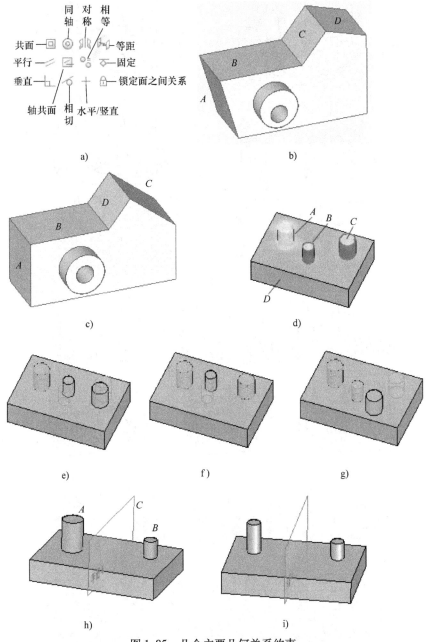

图 1-85　几个主要几何关系约束

a）面相关约束工具　b）练习水平/竖直、垂直约束以及同轴约束的模型

c）A 面变为竖直，C 面垂直 D 面，两圆柱同轴　d）三轴共面的模型

e）选择前面 D 得到的结果　f）选择回转面 C 的顶面圆心得到的结果

g）选择回转面 B 的顶面圆心得到的结果　h）对称约束　i）对称约束结果

层。对于拉伸到的表面是倾斜表面或是曲面的情况下，各处的拉伸距离并不相同，就必须用这一选项，如图 1-86b 所示。

4）"起始－终止"选项的拉伸操作是指从绘图参考平面开始，到选择的表面结束，如图 1-86c 所示，图中指出了起始面和终止面的位置。

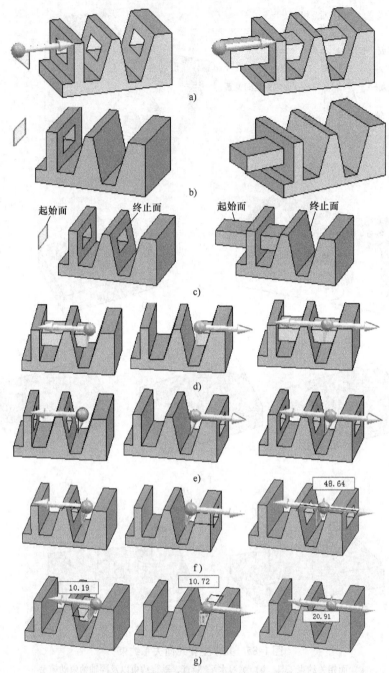

图 1-86 拉伸范围与类型选项的操作

a)"贯通"选项时，草图在一侧的除料与增料操作 b)"下一面"选项时，草图在一侧的除料与增料操作
c)"起始 – 终止"选项时，草图在一侧的除料与增料操作 d)"贯通"选项时，草图在中间的增料操作
e)"贯通"选项时，草图在中间的除料操作 f)"下一面"选项时，草图在中间的除料操作
g)"下一面"选项时，草图在中间的增料操作

"贯通"和"下一面"选项可以选择拉伸方向，尤其对于草图在立体内部的情况，可以选择单向也可以选择双向的拉伸操作。图 1-86d、e 所示为"贯通"选项时，草图在中间的

增料与除料操作，将鼠标指针移到左侧就是向左侧的拉伸操作，将鼠标指针移到右侧就是向右侧的拉伸操作，将鼠标指针放在中间就是向两侧的拉伸操作。图 1-86f、g 所示为"下一面"选项时，草图在中间的除料与增料操作。

2. 对称拉伸选项

在拉伸命令条上有一个对称拉伸的选项按钮　　，单击该按钮可打开或关闭对称拉伸的选项。图 1-87 所示为对称拉伸的除料操作。在区域不好选择时，可以将鼠标指针移到该区域，稍等将显示鼠标符号，右击并从弹出的列表框中选择区域。

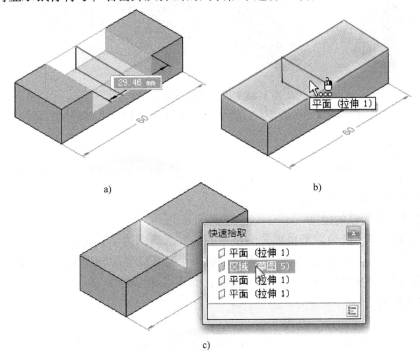

图 1-87　对称拉伸的除料操作

a) 双向对称拉伸操作　b) 立体内草图的选择　c) 平面的快捷拾取列表框

提示：英文输入状态下，对称拉伸选项可以用〈Shift〉键切换，增料和除料可用〈Space〉键切换，这两个快捷键同样适用于旋转造型过程中。

3. 增料除料选项

默认的该选项有增料、除料和自动三个选项。如果拉伸的对象就是第一个模型特征（结构），那么该选项为增料选项　　，呈灰色不能选择。当草图选择后，可以进行增料也可以除料操作时，该选项为自动选项　　，当前草图选择后位于立体内部，默认为除料方式，如图 1-87 所示。当然该图也能采用增料方式，当拉伸长度到达模型外侧时就可以使用。通常在命令条上选择增料与除料的选项，也可以按〈Space〉键在两者之间切换。

1.4.5　拉伸平面与曲面

如果需要拉伸的对象是直线、曲线，那么也可以用拉伸操作来实现。在 Solid Edge 中，曲面设计也是一种设计方法，把立体看成由若干面来组成，通过设计这些面，构成更为复杂的立体。一般能够用实体造型直接完成的设计就不要使用曲面设计，毕竟曲面设计更为烦琐一些。另外曲面也可以作为一种辅助设计的元素，如前面的实体拉伸命令中的"起始－终止面"选项，终止面也可以为其他曲面。图 1-88a 所示为拉伸曲面的命令条，图 1-88b 所示为直线拉伸为平面，图 1-88c 所示为圆拉伸为圆柱面，图 1-88d 所示为曲线拉伸为曲面。

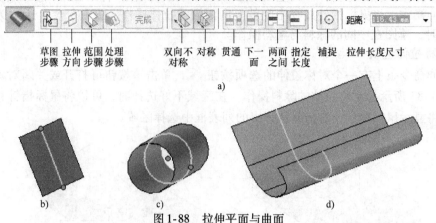

图 1-88　拉伸平面与曲面

a）拉伸曲面的命令条　b）直线拉伸为平面　c）圆拉伸为圆柱面　d）曲线拉伸为曲面

1.5　旋转造型

实际模型上有许许多多的回转体，如圆柱、圆锥、圆环、圆球等，因此旋转造型也是产品设计中最重要的一种造型方式。

1.5.1　旋转造型与圆锥的投影

同拉伸造型一样，旋转造型也要先画出草图，要求草图位于旋转轴的一侧。图 1-89a 所示为旋转命令条，同拉伸造型相同，如果模型第一个特征就是旋转造型，那么也是默认为增料选项。旋转造型的范围选项只有有限（指定）角度 和 360°旋转 两项。

1. 旋转造型方式

（1）选择草图再选择命令方式

选择封闭草图，命令条就是以前讲过的拉伸命令条，如图 1-89b 所示。在命令条上左端命令处选择旋转命令。如图 1-89c 所示，将显示方向盘和箭头。单击将方向盘中心移到旋转轴，如图 1-89d 所示。然后将鼠标指针移到方向盘圆周上单击，再选择增料或除料方式，最后输入旋转角度或在命令条上选择 360°旋转命令，旋转后的模型如图 1-89e 所示。

（2）选择命令再选择草图方式

这是最常用的一种方式，选择旋转命令，再选择旋转的草图（区域、草链或单一都可以），然后选择旋转轴，最后选择增料或除料方式，输入旋转的角度或选择整圆旋转（360°旋转）。

对于不封闭的草图只能采用这种方式进行旋转操作，旋转轴可以用模型中的其他回转体的轴线代替，操作时将鼠标指针放在其他回转体上，就可以显示出轴线，单击即可。

提示：同拉伸命令一样，旋转操作过程中，可以在英文输入状态下用〈Space〉键切换增料和除料；用〈Shift〉键可以在对称与非对称方式之间切换。

2. 圆锥的投影

圆锥的投影如图 1-90 所示。圆锥的轴线垂直于水平面，是铅垂线。圆锥的投影是"两个三角形对一个圆"。主视图中 $s'a'$、$s'b'$ 为圆锥前后的分界线 SA、SB 的投影，前半圆锥上的点在主视图中是可见的，如点 1，后半圆锥上的点在主视图中是不可见的。左视图中 $s''c''$、$s''d''$ 为圆锥左右分界线 SC、SD 的投影，只有左半圆锥上的点在左视图中是可见的。手工绘图时一般

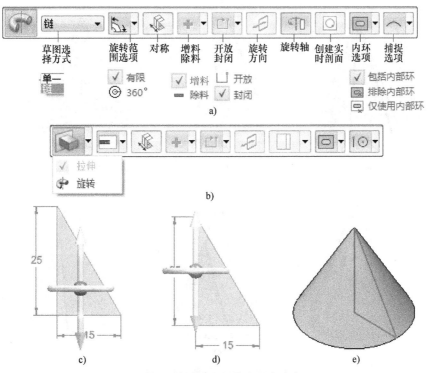

图 1-89　旋转命令操作中的命令条

a）旋转命令条　b）选择封闭草图时的命令条　c）选草图，选旋转命令　d）方向盘中心移到旋转轴　e）旋转后的模型

是从中心线开始度量的，俯视图中 e、1 到水平中心线的距离等于左视图中 e''、$1''$ 到竖直中心线的距离，如图 1-90 所示。

对于圆锥来说，所有垂直圆锥轴线的平面与圆锥的交线都是圆，这也是手工绘图时的依据。可以用圆作为辅助线来进行作图。如图 1-90 所示，平面 P 与圆锥的交线为圆，水平投影中反映实形。

圆锥是直线绕轴线回转形成的，在手工绘图中，可以用过锥顶的直线作为辅助线作图。如图 1-90 所示，俯视图中 1 在 se 上，主视图中 $1'$ 也一定在 $s'e'$ 上，左视图中 $1''$ 也在 $s''e''$ 上。

3. 圆锥与平面的交线

当平面通过锥顶时，平面与圆锥表

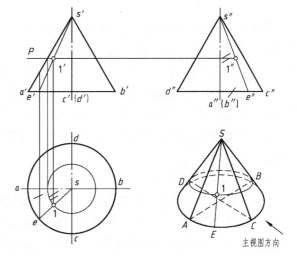

图 1-90　圆锥的投影

面的交线是两条相交的直线（包括圆锥底面的话就是三角形），如图 1-91a 所示。平面是通过圆锥底面画出的草图与锥顶建立的。当平面与圆锥轴线垂直时，平面与圆锥的交线是圆，如图 1-91b 所示。平面是通过圆锥底面的平行面建立的。平面建立以后可以通过选择 "曲面处理"→"曲线"→"相交"命令求出平面与圆锥的交线。

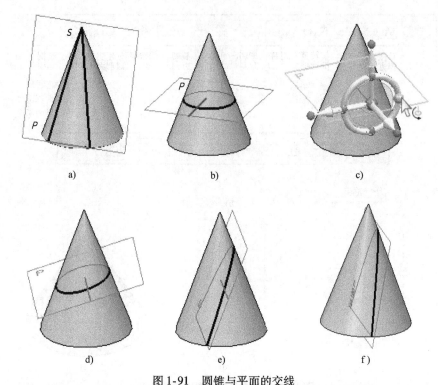

图 1-91　圆锥与平面的交线

a）面过锥顶→直线　b）面垂直于轴线→圆　c）旋转面，选方向盘圆周的点拖动
d）面与轴线斜交→椭圆　e）面平行于一条素线→抛物线　f）与底面夹角更大→双曲线

为了得到倾斜于圆锥轴线的平面，在图 1-91b 所示的平面 P 上画出了一条直线，选择平面将显示方向盘，将方向盘中心移动到画出的直线上，再选择方向盘圆周的点拖动即可旋转该面，不同的旋转角可以得到交线的形状为圆、椭圆、抛物线、双曲线。

圆锥被复合的平面切割以后的三视图与轴测图，如图 1-92 所示。五个平面有五种交线，其中的抛物线、圆、双曲线、椭圆都是一段弧线，并不是完整的该类型图线。

对于圆锥与实体的棱柱相交是相同的，一般也是若干段曲线段组成，不可见的图线用细虚线表示。

4. 圆锥与圆柱的交线

在实际的产品设计中，圆锥与圆柱相交的情况是很多的。圆锥与圆柱轴线垂直相交是一种情况，如图 1-93 所示。在左视图中，圆柱的轮廓完全位于圆锥之内，交线在左右两侧，为两条封闭的空间曲线。在主视图中，交线为左右两段对称的曲线，圆柱后面的部分与前面的部分重合。在俯视图中，圆柱的下半部分交线是不可见的，显示为细虚线，2、4 两点是俯视图上可见与不可见的分界点。

如果圆柱与圆锥的外轮廓相切，圆锥与圆柱的交线是两个相等的椭圆。如图 1-94 所示，曲线 1234 是其中的一个椭圆。2、4 两点是俯视图中可见与不可见的分界点，曲线 234 可见，曲线 214 不可见。圆柱内切于圆锥，圆柱圆锥轴线平行于投影面时，投影为两条相交直线，如图 1-94 所示主视图。

如果圆柱的直径继续扩大，圆柱与圆锥的交线将变成上下两段曲线，变成了圆锥贯穿圆柱。如图 1-95 所示，下边的交线全部位于下半个圆柱上，俯视图中都是不可见的。只有位于两者都可见的表面上的交线才是可见的。

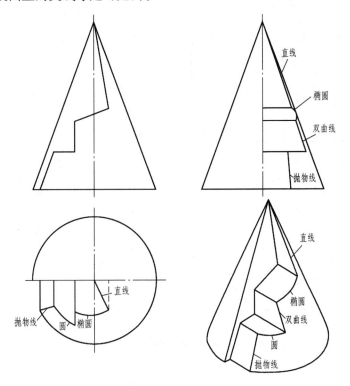

图 1-92　圆锥复合交线

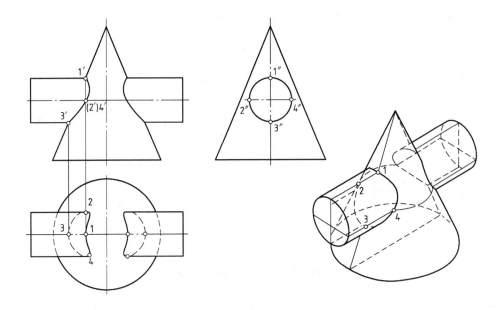

图 1-93　圆锥与圆柱相交

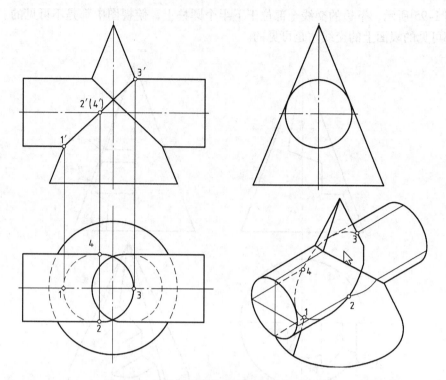

图 1-94　圆柱与圆锥外轮廓相切时交线的情况

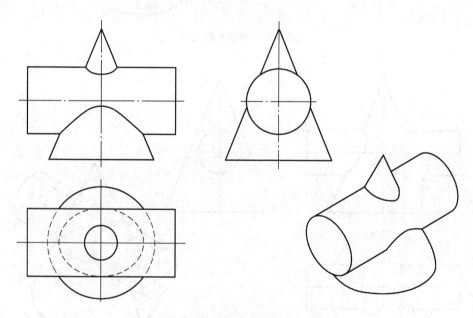

图 1-95　圆柱被圆锥贯穿时交线情况

　　读者和教师在练习与演示中，可以使用顺序设计，用修改草图的方式，修改尺寸和几何关系（如相切等）。

　　圆柱的轴线倾斜，与圆锥相交的情况，如图 1-96 所示。读者和教师在练习与演示时，可以先做一个轴线垂直于侧面的圆柱，然后旋转成倾斜的圆柱，观察交线的情况。为了旋转方便，在原草图上再画一条水平的直线作为旋转的轴线，旋转立体必须使用同步设计环境。

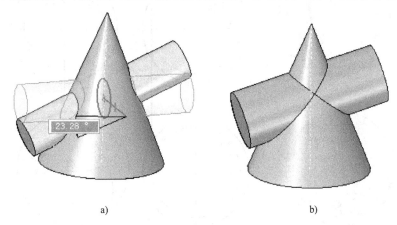

a)　　　　　　　　　　　　　　　　　　b)

图 1-96　倾斜圆柱与圆锥相交的情况

a）倾斜圆柱贯穿圆锥情况　b）圆柱与圆锥外轮廓相切情况

　　对于圆柱与圆锥轴线平行、交叉的情况，一般交线是空间曲线，设计时只要能确定各自的尺寸与相对位置尺寸即可。实际上立体表面交线是造型过程中出现的图线，视图中不需要标注尺寸，教材中这些内容主要是让初学者理解视图中出现的图线的形状，为以后的读图打下坚实基础。

　　总结：圆锥是常见的立体结构，它的造型一般通过旋转来实现；圆锥的投影是"两个三角形对一个圆"；圆锥表面与平面的交线通常有五种情况：圆、椭圆、抛物线、双曲线、直线；圆锥与圆柱的交线一般是两条空间曲线，当圆柱与圆锥外轮廓相切时交线是两个椭圆，当圆锥与圆柱轴线平行投影面时，投影是两条直线。

1.5.2　圆球造型与投影

　　圆球同样是立体上常见的结构，圆球的造型与投影特点以及与其他类型立体的交线的特点是应当要掌握的。

1. 圆球

　　圆柱可以使用拉伸生成，也可以使用旋转生成；圆锥可以使用旋转生成，也可以使用其他方法生成；对于圆球来说，只能使用旋转生成。圆球的草图一般使用半圆绕直径旋转生成，如图 1-97a 所示。同样草图一般也不能与轴线交叉。

　　图 1-97b 所示为圆球的三视图。从图中可以看出，圆球的三视图就是三个相同的圆，但是三个圆是三个空间位置不相同的圆，在空间相互垂直，分别是相应视图的转向线（可见与不可见的分界线）。从图 1-97b 也可以看出，过球面上点 A 的水平面、正平面、侧平面与圆球的交线都是圆。手工绘图时就是依据辅助平面与圆球的交线进行作图（投影为圆和直线，作图比较方便）。

2. 圆球与平面立体的交线

　　圆球与平面的交线为圆，平面平行投影面时投影反映实形，不平行时投影为椭圆。图 1-98 所示为半圆球与三棱柱相交的三视图，主视图中位于后半球面上的交线都不可见。

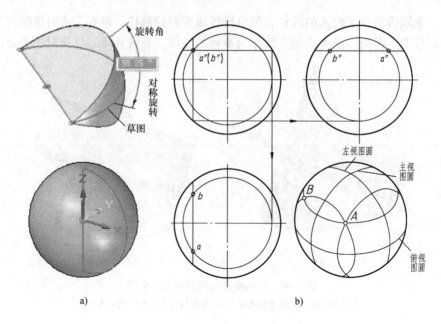

图 1-97   圆球的造型与三视图

a) 草图与旋转造型   b) 圆球的三视图

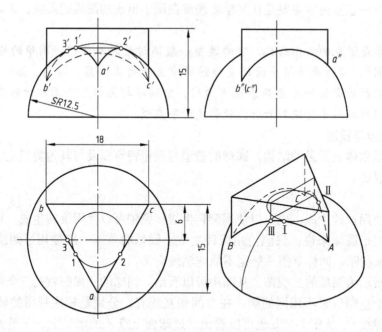

图 1-98   半圆球与三棱柱相交的三视图

在图 1-98 中，三棱柱的三个面与圆球相交，交线在空间都是圆，两侧面倾斜于正立投影面，交线在主视图中的投影是椭圆；后面平行于正立投影面，交线在主视图中反映实形，但是由于是不可见的，因此是细虚线圆。$a'1'3'b'$ 椭圆就是左侧面交线的投影。$1'$ 是椭圆的最高点，手工绘图可在俯视图中作相切的圆，切点就是最高点，该圆在主视图中为过交点

1′的一条水平线，3′是可见与不可见分界点，3′b′不可见是细虚线，右侧的交线与左侧类似。

3. 圆球与曲面立体的交线

从图 1-99 中可以看出，圆球的球心位于回转面的轴线上时，圆球与它们的交线都是圆，当回转面轴线平行于投影面时，圆在此投影面上的投影为直线；在回转面轴线垂直的投影面上，圆的投影反映实形，如图 1-99 所示。

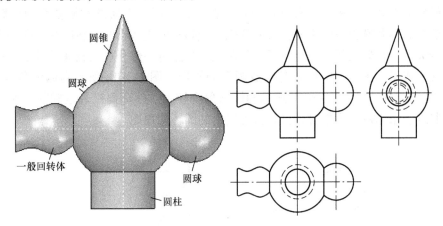

图 1-99　圆球与曲面立体的交线

当圆球的球心不在二次曲面的轴线上或与其他曲面相交时，情况就复杂一些，一般交线为空间曲线。

1.5.3　圆环造型与投影

圆环是圆绕圆外一条直线旋转形成的立体。造型时画出圆和直线，采用旋转造型即可完成圆环的造型。如图 1-100 所示，圆环轴线为垂直于水平面的直线（铅垂线），主视图与左视图是相同的，俯视图为两个同心圆加一个圆心旋转的轨迹圆。其中草图中圆的最高与最低点形成了圆环面的顶部与底部的圆，AEB 段圆弧旋转生成了外环面，其前半部分在主视图中是可见的，ADB 端圆弧旋转生成了内环面，内环面在主视图与左视图中都是不可见的。

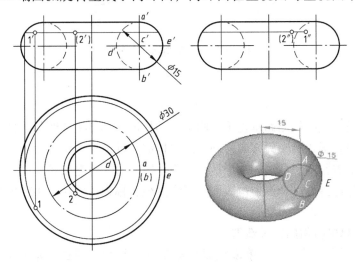

图 1-100　圆环造型与三视图

俯视图中内外环面的上半部分是可见的。

轴线垂直水平面时，圆环与水平面的交线是圆。在图 1-100 中，求两个内外环面上的点的投影，用的是辅助平面法。用水平面截圆环，交线是内外两个圆。1 点在外环面的大圆上，该点投影也就在该辅助线圆的正面投影上。2 点在内环面的小圆上，同样的方法也能找到 2 点的正面投影。

圆环倾斜放置时，俯视图中外环面投影为椭圆，草图圆心轨迹在俯视图中投影也是椭圆。内环面投影随着倾斜角度不同会有所变化，倾斜角度比较小时，在俯视图中是椭圆；倾斜角度比较大时，在俯视图中是比较复杂的曲线，甚至有一部分视图轮廓线是不可见的，需要用细虚线来表示。图 1-101 所示为斜放圆环的投影。图 1-101a 所示的倾斜角度比较小，内外环面投影都是椭圆；图 1-101b 所示的倾斜角度较大，外环面投影是椭圆，内环面投影是复杂的曲线。采用造型投影时，自动就可以得到圆环的视图。

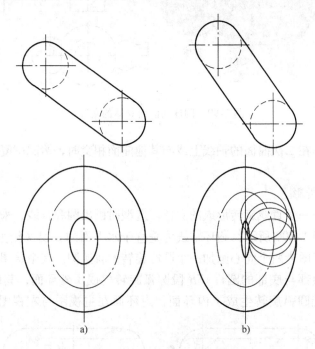

图 1-101　斜放圆环的投影

1.6　扫掠造型

拉伸造型一般生成的是侧面垂直于草图平面的柱体，不能生成倾斜的柱体。扫掠造型是一个平面草图或闭合图线沿倾斜方向移动生成立体的一种造型方法。

扫掠造型通常需要两个草图，一个是横截面草图，另一个是路径草图，称为单路径、单横截面扫掠。扫掠造型可以是多个横截面、多个路径，称为多路径、多横截面扫掠，其更为复杂一些，生成的表面也更为复杂。

1.6.1　单路径、单横截面的扫掠造型

如图 1-102a 所示，单路径、单横截面扫掠需要先画两个草图，草图 1 是横截面草图，草图必须封闭，草图 2 是扫掠线草图（路径草图），扫掠线必须与横截面草图所在的平面相

交。横截面草图沿扫掠线草图的方向移动形成立体的方法称为扫掠造型。图 1-102b 所示为扫掠造型生成的斜柱体。图 1-102c 所示为斜柱体的投影。在三视图中可以用直线作为辅助线求出曲面上点的投影，如点 3 在直线 12 上，在主视图中的投影 3′ 也位于直线的投影 1′2′ 上。点 3 位于前半柱面上，在主视图中，3′ 应当是可见的点。

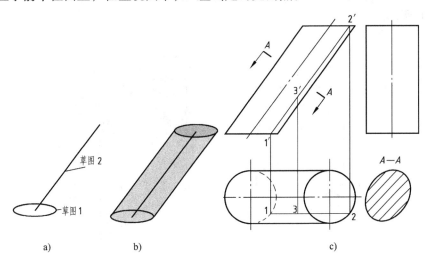

a)　　　　　　　　b)　　　　　　　　　　　　　　　　　c)

图 1-102　单路径、单截面扫掠与斜柱体的投影

a）扫掠草图　　b）扫掠造型生成的斜柱体　　c）斜柱体的投影

扫掠造型操作方法：单击"扫掠"按钮，在"扫掠选项"对话框中选择"单一路径和横截面"单选按钮（如果没有弹出对话框，可以单击命令条上的"选项"按钮），如图 1-103 所示；选择路径确认，再选择截面草图链，最后单击命令条上的"完成"按钮。

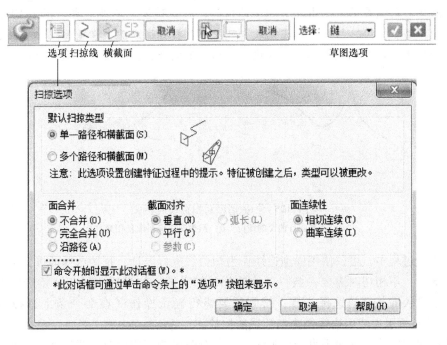

图 1-103　扫掠造型命令条与"扫掠选项"对话框

单一路径的路径指的是一组首尾相接的图线，不一定是一条，可以是直线也可以是曲线，它们之间可以相切也可以不相切。操作过程中自动生成立体之间的交线。如图 1-104 所示，草图 1 是扫掠线，草图 2 是横截面。横截面沿着草图 1 移动生成立体，选择扫掠线时如果扫掠线是封闭的，选择扫掠线后自动进入选择横截面步骤。单一路径扫掠结果如图 1-104b 所示。

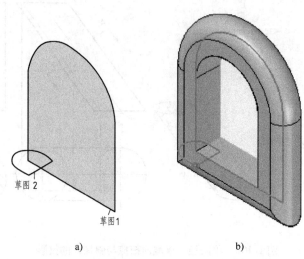

图 1-104   闭合图线作为扫掠线的扫掠造型

a）闭合扫掠线草图   b）单一路径扫掠结果

注意：扫掠线虽然可以由多条图线组成，但是应满足在横截面沿扫掠线移动过程中，相邻两个横截面是不能相互干涉的，这就要求扫掠线设计时注意曲线上转折处不能出现太尖的线段，否则前后的横截面就会出现自相交的情况，扫掠造型就不能完成。图 1-105a 所示曲线的上部曲率半径太小，扫掠就不能完成。可以修改扫掠线或改小横截面圆的半径也可以实现。扫掠曲线也不能自相交成麻花的形状，扫掠也不能进行，如图 1-105b 所示。

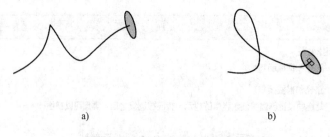

图 1-105   扫掠造型对扫掠线的要求

a）横截面自相交的情况   b）扫掠曲线也不能自相交

扫掠造型过程中，可以使用模型边线作为扫掠线进行设计，直接选择即可，边线相切时可以一次选中，不相切时需要一条一条地选择，如果选择的最后边线与开始选择的边线封闭，将自动进入横截面的选择步骤，否则需要进行确认操作（在命令条上选择或右击选择）。图 1-106 所示为使用边线作为扫掠线的扫掠。

扫掠过程中默认横截面垂直于扫掠线，但是有时可能不能生成需要的立体，此时可以选

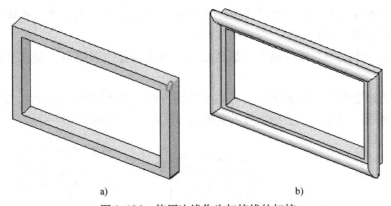

图 1-106　使用边线作为扫掠线的扫掠

a) 使用边线作为扫掠线　b) 边线周边扫掠结果

择如图 1-103 所示"截面对齐"选项组中的平行、参数、弧长试试，可以解决一些问题。

扫掠除料造型与增料造型的操作是一样的，按钮不一样，🗄位于实体扫掠按钮的下面。

1.6.2　多路径、多横截面的扫掠造型

多路径、多横截面扫掠能够更好地控制扫掠产生立体的形状，可以生成很复杂的立体。通常横截面草图都是封闭的轮廓，路径可以是开放的轮廓，也可以是封闭的轮廓。多路径、多横截面扫掠操作：选择扫掠命令，在"扫掠选项"对话框选择"多个路径和横截面"，选择第一条路径后右击或命令条上确认，选择第二条路径并确认，如果仅有两条路径，可以单击命令条上"下一步"按钮进入横截面选择步骤，如果还有第三条路径则重复上面的操作，路径最多只能有三条，第三条路径选择并确认以后自动进入横截面选择步骤；依次选择各横截面（不需要确认操作），最后单击命令条上"预览"和"完成"按钮即可。图 1-107 所示为两条路径、三个横截面的扫掠结果与立体的投影。图 1-108 所示为多路径、多横截面扫掠造型命令条。

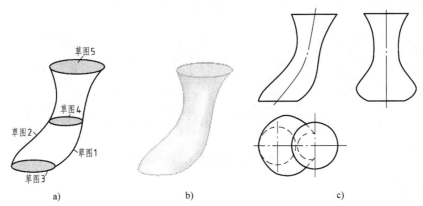

图 1-107　两条路径、三个横截面的扫掠结果与立体的投影

a) 草图　b) 扫掠立体　c) 立体的投影

图 1-108　多路径、多横截面扫掠造型命令条

提示：有时所设计的立体使用多路径、多横截面扫掠不能生成，可以在选项对话框中，选择其他的截面对齐方式试一下，有时就可以生成。

图 1-107 所示生成的立体各横截面都是圆形，因此也称为圆纹面，用水平面去截立体，交线都是圆。

当横截面为多边形时，选择横截面时必须选择顶点。选择其他横截面时，选择的顶点应当与前面选择的顶点相对应，否则立体的表面就发生扭曲，如图 1-109 所示。

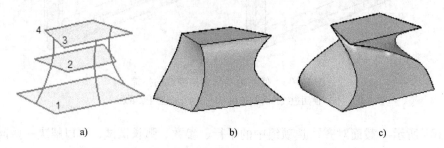

图 1-109   多边形横截面时横截面的选择（需要选择对应顶点）
a）多边形横截面   b）选1、2、3点结果   c）选1、2、4点结果

提示：多路径、多横截面扫掠可以构造更复杂的立体，但是还是使用下一节介绍的放样更好一些。

1.7   放样、锥体造型与投影

放样造型是根据立体不同横截面的形状构造立体的一种造型方法。因此放样造型也必须有两个以上横截面草图。当只有两个横截面草图时，两个横截面草图中的一个如果是一个点，这样构造的立体就是锥面。因此放样造型可以生成锥体（棱线交于一点）、类锥体（棱线不能交于一点）、柱体。其中根据横截面形状不同可生成曲面立体和平面立体。当横截面较多时，可以生成比较复杂的曲面立体。放样造型也支持带有引导线的放样造型（相当于扫掠造型中的扫掠线）。图 1-110 所示为放样造型可以生成的立体。

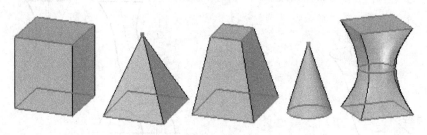

图 1-110   放样造型可以生成的立体

1.7.1   放样操作

同拉伸造型一样，在同步环境下放样造型同样需要先画出草图，立体表面上的点与表面的轮廓也可以作为草图参与到放样造型的过程中。

圆锥可以使用旋转造型实现也可以使用放样造型实现，但是旋转造型只用一个草图即可，放样造型必须使用两个草图，因此圆锥的造型多数情况下还是使用旋转造型方便一些。圆锥的放样就不单独介绍了，过程与棱锥的造型过程是一样的。

选择横截面是第一步的操作，对于圆、椭圆等周期性曲线，可以选择曲线上的任意点；对于含有直线边的草图，需要选择草图上的顶点来选择草图，同时应该按照顺序进行选择。选择完横截面草图，在命令条上单击"浏览"与"完成"按钮就可完成造型操作。图 1-111a 所示的命令条在放样造型的不同阶段会有所变化，选择两个以上的草图后命令条上才会出现"预览"按钮，单击"预览"按钮以后，就会出现"完成"按钮。选择放样造型命令后选择草图 1 上的点 A 和草图 2 上的点 B 后，在命令条上单击"预览"与"完成"按钮后得到棱锥台，如图 1-111b 所示。如果选择草图上的点 A 与点 E，放样造型得到的结果如图 1-111c 所示，因此必须正确选择对应点。

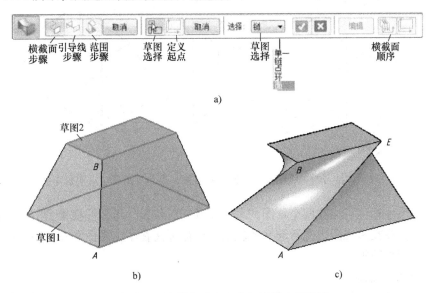

a)

图 1-111　放样造型命令条与放样造型结果

a）放样造型命令条　b）选择草图上点 A、B 的放样造型结果　c）选择草图上点 A、E 的放样造型结果

图 1-112 所示为棱锥台的三视图。它的左侧面上，直线 AD 与 BC 垂直于正投影面，称为正垂线，在正投影面上投影积聚于一点，俯视图与左视图中投影反映为实长。平面 ABCD 是垂直于正投影面的平面，称为正垂面，在主视图中投影积聚为一条直线，该线与水平线的夹角为该面与水平面的夹角。同样对于前表面 ABEF，BE 和 AF 两直线垂直于侧面，在侧面上投影积聚于一点，在主视图和俯视图中投影为平行于 x 轴的直线。ABEF 平面垂直于侧面称为侧垂面，在左视图中投影积聚为一条直线，其和水平线的夹角反映该面与水平面的夹角。

直线 AB 和三个投影面都是倾斜的，称为一般位置直线。从图 1-112 所示的轴测图可以看出，直线 AB 与高度差 Z_{AB} 和水平投影构成一个直角三角形，根据这一实际情况，可以在俯视图中作这一直角三角形，斜边与水平投影的夹角反映该直线与水平面的夹角 $\alpha = 64.8°$。同样在主视图中，直线 AB 的正面投影 $a'b'$ 与宽度方向的坐标差 Y_{AB} 和空间直线 AB 也构成一个直角三角形，实长与投影的夹角也反映该直线与正投影面的夹角 $\beta = 17.5°$。利用这一方法可以在视图中求出一般位置直线相对于投影面的夹角。上面的这种方法也称为直角三角形法，主要用来在投影图中求实长与夹角。

想一想：AB 直线对于侧面的夹角如何求出？应该是空间直线 AB 与侧面投影 $a''b''$ 以及 x 方向的坐标差构成一个直角三角形。在该直角三角形中，直线 AB 与侧面投影 $a''b''$ 的夹角反

映直线 *AB* 与侧面的夹角。

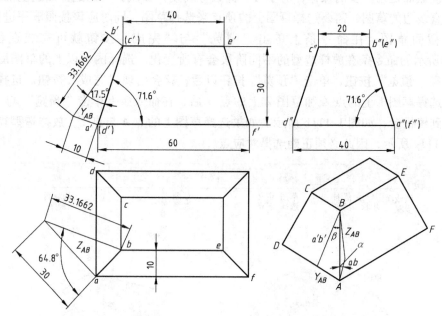

图 1-112　棱锥台的三视图及其投影面垂直面，直角三角形法求实长与夹角

　　棱锥台的尺寸标注可标注两个草图的尺寸及其相对位置，再标注棱锥台的高度即可。顶面的草图尺寸标注在俯视图内侧看起来比较乱，分散标注在了主视图和左视图，因为尺寸的标注都是以清晰为原则。

1.7.2　棱锥造型与投影

　　当草图为一个点时，放样造型就能够生成锥体。在命令条上草图选择处可以选择"点"，如图 1-113 所示，放样造型操作即可选择"点"作为草图，其他的操作与前面讲过的放样造型是一样的。

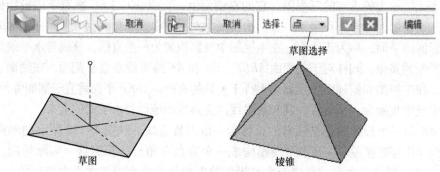

图 1-113　草图为点时的放样造型操作

　　图 1-114 所示为棱锥的三视图，左右侧面是正垂面，在主视图中投影各为一条线，在左视图、俯视图中投影都是类似形（三角形）。同样前后侧面是侧垂面，在左视图中投影为一条线，在主视图和俯视图中投影都是类似形（三角形）。四条棱线都是一般位置线，在三视图中都是倾斜线。棱锥的尺寸只需标注草图尺寸与高度尺寸即可。当棱锥的顶点不在对称中心线上时，还需要标注顶点到基准的距离。

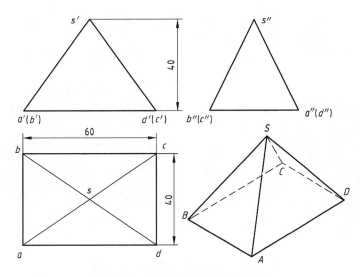

图 1-114　棱锥的三视图与尺寸标注

图 1-115 所示为立体五角星的造型，先画出五角星的草图和顶点草图，再采用放样造型的方法即可。五角星外侧的双点画线圆是五角星草图绘制时绘制正多边形生成的，属于构造线（相当于辅助线），顶点在底面的平行面上画出。图 1-115 中画出了五角星的主视图与左视图，尺寸只需要标注外接圆直径与高度即可。

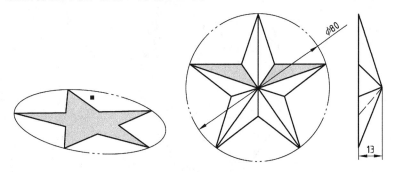

图 1-115　立体五角星的造型

1.7.3　两个以上横截面的放样造型及带引导线的放样造型

两个以上横截面草图生成的立体一般是曲面立体，操作的方法与两个横截面的操作方法相同。图 1-116 所示为五个横截面草图的放样造型。单击"放样"按钮，依次选择横截面草图，注意多边形草图对应点的选择，A、B、C 三点为选择三个矩形草图时的选择点，圆草图可以选择圆上任意点。选择完横截面后直接单击命令条上"预览"和"完成"按钮生成实体，如图 1-116 左侧的实体所示，生成的模型是开放的模型。单击命令条上的"范围步骤"按钮，将显示命令条上右侧的"开放"与"闭合"按钮，单击"闭合"按钮可以生成如图 1-116 右侧所示的实体模型。

放样造型也可以添加引导线（相当于扫掠造型的扫掠线），要求引导线必须与横截面草图相交，如图 1-117a 所示。单击"放样"按钮，依次选择横截面草图，单击命令条上的"引导线步骤"按钮，再选择引导线并确认，继续选择第二条引导线并确认，重复上面步

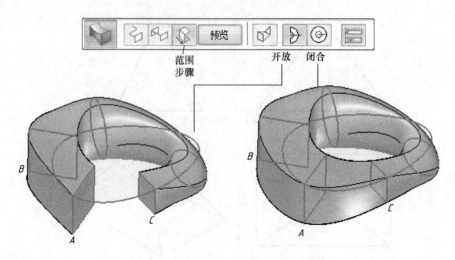

图 1-116　五个横截面草图的放样造型

骤，直到选择完全部引导线，单击命令条上"预览"和"完成"按钮即可。图 1-117b 所示为不选择引导线生成的模型，图 1-117c 所示为选择四条引导线生成的模型。放样造型的引导线数量没有限制。

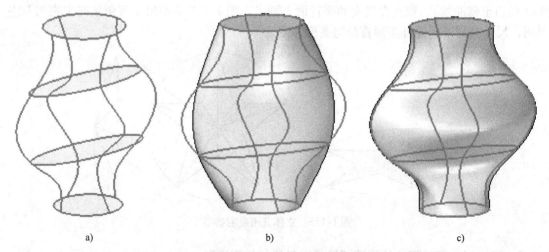

图 1-117　带引导线的放样造型
a）草图　b）不选择引导线生成的模型　c）选择四条引导线生成的模型

上面带有引导线的放样操作生成的曲面立体的三视图，如图 1-118 所示。

1.7.4　放样造型的顶点映射

当放样造型横截面的顶点不能——对应时，生成的立体有时不能达到要求，此时可以编辑放样造型的顶点映射来解决造型中出现的问题。放样造型选择如图 1-119a 所示两个草图（对应点 A、G），单击命令条上"预览"按钮，再单击命令条上的"范围步骤"按钮，命令条如图 1-119a 所示。单击命令条上的"顶点映射"按钮，在弹出的对话框中添加三对顶点 BG、CF、DE 映射（对话框中集 2、集 3、集 4），退出对话框后单击命令条上的"完成"按钮，模型如图 1-119b 所示。

　　总结：放样造型可以生成比较复杂的立体，横截面草图必须是封闭的草图，可以生成开放的立体，也能生成闭合的立体，可以通过控制映射顶点的方式改变放样生成立体的形状；放样造型也可以通过引导线控制立体的形状，引导线的数量没有限制。

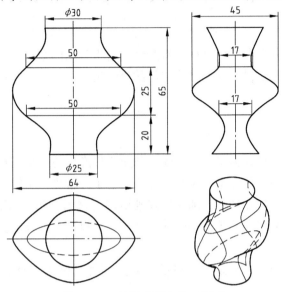

图 1-118　放样曲面立体三视图

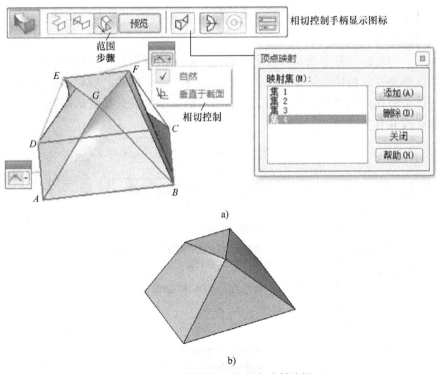

图 1-119　放样造型的顶点映射编辑

a）放样造型命令条与添加顶点映射的操作　　b）添加三对顶点映射后的模型

第 2 章　常用结构的设计与表达

在实际的零件上有各种各样的结构，有些结构是很常用的结构，如零件上的圆角与螺孔等。一般的设计软件中都提供了这类结构专门的设计工具，本章介绍这类结构的设计及其表达方法。

2.1　倒圆与倒角

所有铸造、锻造的零件，为了便于起模、防止零件产生铸造缺陷和应力集中，在零件的转角处都有过渡圆角，因此零件上圆角是非加工面上十分常见的结构。一对孔轴为了便于装配和加工，通常都会在孔口和轴端添加一段圆锥结构（称为倒角），因此倒角也是零件上很常见的结构。为了方便倒圆与倒角，一般的设计软件都提供了倒圆与倒角的设计工具。

2.1.1　倒圆

一般倒圆的工具有两个，分别是边倒圆工具 和复杂倒圆工具 。常用的是边倒圆工具 。

1. 边倒圆（简单倒圆）

边倒圆操作方法：单击"边倒圆"按钮 ，选择需要倒圆零件的边线，输入圆角半径数值，即可完成倒圆。

图 2-1 所示为边倒圆命令条及其几个选项，一般不用特别选择，默认即可。通过选择倒圆参数可以选择是否过相切边修整倒圆、在陡峭边缘处结束倒圆、沿陡峭边修整倒圆，在拐角处是斜接还是对拐角修整倒圆等。图 2-1 所示对话框中一般选择默认即可，读者在学习过程中可以尝试改变有关选项。

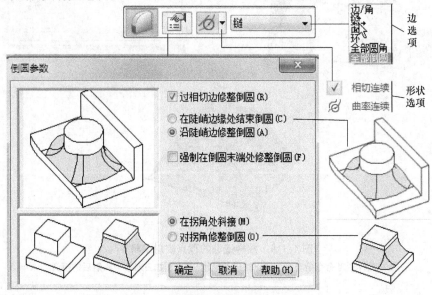

图 2-1　边倒圆命令条及其几个选项

图 2-2a 所示为选择"边/角"选项时，可以直接选择零件的边线或选择零件的角点来选择所有相交于该点的边线。图 2-2b 所示为选择"链"选项时，可以选择一条相切的图线链。图 2-2c 所示为选择"面"选项时，可以选择该面的所有边线。图 2-2d 所示为选择"环"选项时，可以选择一个面内相交的图线链。图 2-2e 所示为选择"全部圆角"选项时，可以选择所有内部边线。图 2-2f 所示为选择"全部倒圆"选项时，可以选择有外部边线。

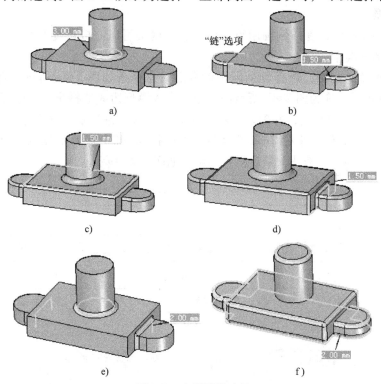

图 2-2　边倒圆的选择

a）"边/角"选项→直接选择边线　b）"链"选项→选择一条相切的图线链　c）"面"选项→选择该面的所有边线
d）"环"选项→选择一个面内相交的图线链　e）"全部圆角"选项→选择所有内部边线
f）"全部倒圆"选项→选择所有外部边线

在有些情况下，由于选择边线的先后顺序不同，生成的圆角可能不能满足要求。如图 2-3a 所示，左右两侧的倒圆形状并不一样。此时可以右击倒圆曲面片，在弹出的快捷菜单中选择"对倒圆重排序"，或将鼠标指针放在倒圆曲面片上，出现鼠标符号时，再右击，结果如图 2-3b 所示。

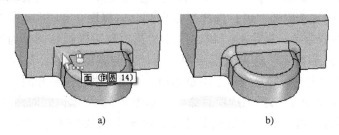

图 2-3　对倒圆重排序

a）右击选择倒圆曲面片　b）对圆重排序结果

圆角的编辑，直接选择模型上的圆角结构，在该结构附近会出现圆角的尺寸，单击该尺寸直接改变大小即可。

总结：边倒圆是常用的倒圆工具，圆角半径都是恒定值，一般直接选择零件的边线，输入半径即可；为了加快进度可以选择"面""环"和"链"等边线选择方式。少学时的专业，下面的复杂倒圆可以作为选学内容。

2. 复杂倒圆

一般的零件设计中，复杂倒圆用得不多。复杂倒圆可以完成可变半径的倒圆、曲面倒圆、面之间倒圆等操作。

对于可变半径的倒圆，选择复杂倒圆命令后，命令条如图 2-4a 所示；选择命令条上"可变半径"选项后，变为图 2-4b 所示命令条，进入模型边线选择步骤；选择模型的边线，如图 2-4d 所示的 AB、BC 线，并确认（右击或按〈Enter〉键）后，命令条如图 2-4c 所示，分别选择 A、B 两点，输入半径 2mm 并确认，再选择 AB 的中点 D 后输入 6mm 并确认，然后选择点 C 输入半径 0 后确认，最后得到的结果如图 2-4e 所示。

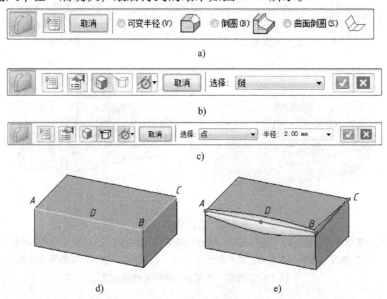

图 2-4　可变半径的操作

a）选择复杂倒圆命令，选择可变半径变为图 2-4b 所示命令条

b）选择模型的边线，选择后右击（或按〈Enter〉键）确定，变为图 2-4c 所示命令条

c）选择已选择的边线的顶点或中点输入该点的圆角半径并确认　d）选择可变半径，选择边线 AB、BC

e）选择 A、B 两点，输入半径 2mm，选择点 D 输入半径 6mm，选择点 C 输入半径 0

对于两面之间的复杂倒圆来说，选择复杂倒圆，选择图 2-4a 所示第二项"倒圆"，将显示图 2-5a 所示的命令条，其中的"相切连续"选项与边倒圆相同，为恒定半径的倒圆，如图 2-5c 所示。"恒定宽度"选项是指圆角具有恒定的宽度，如图 2-5d 所示。"倒斜角"与"斜角"选项属于生成斜的直线边，不是圆角，这里不做进一步介绍。"圆锥"选项可以定义圆角的截面为椭圆形，选择该选项后命令条如图 2-5b 所示；此时命令条上的半径就是椭圆长半轴，后面的"值"相当于椭圆的比率，小于 1 长轴为竖直方向，如图 2-5e 所示，大于 1 长轴在水平方向，如图 2-5f 所示。对于最后一个"曲率连续"选项，命令条与"圆锥"选项完全相同，不同的是命令条右侧"值"编辑框中输入的数字越小，圆角越接近于

直线，数值越大，越接近于尖角。图 2-5g 所示为值等于 0.1 时生成的圆角，很接近于直线段，图 2-5h 所示为值等于 0.5 时生成的圆角，图 2-5i 所示为值等于 2 时生成的圆角，比较接近于尖角。

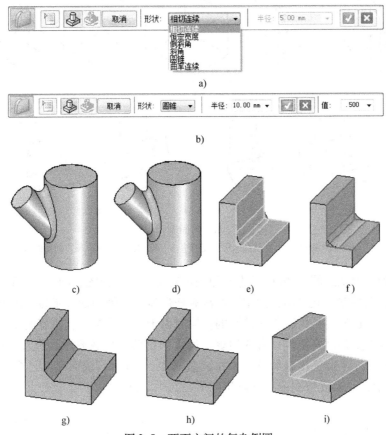

图 2-5　两面之间的复杂倒圆

a）选择图 2-4a 所示命令条 "倒圆" 选项后显示的命令条　b）选择 "圆锥" 选项后的命令条

c）相切连续　d）恒定宽度　e）"圆锥" 选项，值 < 1　f）"圆锥" 选项，值 > 1

g）"曲率连续" 选项，值 = 0.1　h）"曲率连续" 选项，值 = 0.5　i）"曲率连续" 选项，值 = 2

复杂倒圆的另外一个选项是曲面倒圆。曲面倒圆是用于曲面设计的一项工具，是在两个曲面片之间添加圆角过渡的一种设计工具。对曲面体应用倒圆时，必须指定输入曲面上要应用倒圆的一侧，如图 2-6a 所示。为此，在选择方向的过程中将光标定位在每个曲面上要构造倒圆的一侧，如图 2-6b 所示。也可以指定是否要使用曲面倒圆参数对话框来修剪输入曲面和输出倒圆，如图 2-6c、d 所示。

3. 圆角在工程图中的表达

圆角在工程图中是非常常见的结构，通常比较小的圆角在手工绘图中甚至也可以不画，较大的圆角是必须画出的。在工程图中，通常只标注较大圆角的尺寸，较小圆角的尺寸一般标注在技术要求中，注明图中没有标注的圆角的尺寸范围，如未注圆角 $R2 \sim R5$。圆角属于不完整的结构，标注尺寸时不能标注数量。

在工程图中圆角是连接零件上两个表面的一个过渡性曲面，因此与相邻曲面的交线都是相切的切线。在工程图中规定切线是不画的，这势必也带来一定的问题，特殊情况下将不能

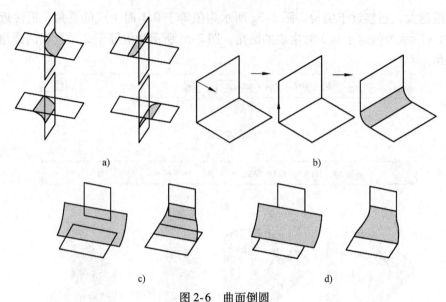

图 2-6　曲面倒圆

a）倒圆的生成侧面　b）倒圆生成侧面的选择　c）曲面不修剪　d）曲面修剪

表达零件的结构与形状。图 2-7a 所示为不加圆角时锥台的三视图，图 2-7b 所示为侧面与顶面添加圆角后的三视图，此时俯视图中顶面没有任何显示，因为切线不显示因此顶部平面的边界线也没有了，这显然是大家不能接受的。同时由于圆角的存在，原有的设计尺寸也都不存在，标注切线长度显然不是设计者的初衷。尺寸问题解决比较容易，直接用两点间标注，捕捉原来轮廓的交点来标注原来的设计尺寸，如图 2-7b 所示。顶面尺寸还标注原来的尺寸42 和 22。手工绘图也是先按照原尺寸画出图形，再手工画出圆角。

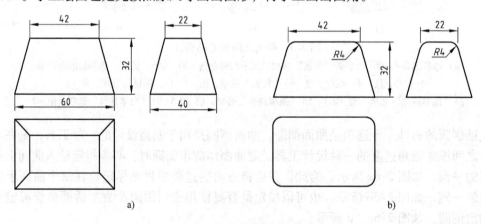

图 2-7　锥台的三视图

a）不加圆角时锥台的三视图　b）侧面与顶面添加圆角后的三视图

解决视图中的问题一般有两种方法。一种方法是直接显示切线，方法是单击视图，再单击命令条上的"属性"按钮（或右击视图，在快捷菜单中选择），然后单击显示选项卡中"切线"复选框，确定后退出对话框。图 2-8a 所示为显示切线后的视图。在该图的俯视图中切线使用了细实线显示，同时相互之间以及与轮廓线之间有一定的间隙，这在一定程度上反映了曲面的真实情况，表面之间是光滑过渡的，画出了交线，但交线间有一定的间隙。第二种方法是只表达加圆角以前的图线，但是这些交线也是用细实线表达，相互之间也留有一定的间隙，这也是目前国家标准规定的画法，称为过渡线。如图 2-8b 所示，这样看起来比前面的表达方法更清晰。但是毕竟模型上已经没有原来的图线，显示在视图上也就有一定的困难，可以在视图中显示原来设计时使用的草图（同步设计需要在使用的草图中右击选择恢复），方法是在视图属性对话框中右击，选择快捷菜单中的"草图"命令，再选择要显示的草图，右侧显示栏选择用切线显示即可；俯视图中斜的原棱线就只能使用在视图中绘制的方法来画出了。也可以将补充的图线都使用在视图中绘制的方法画出来。

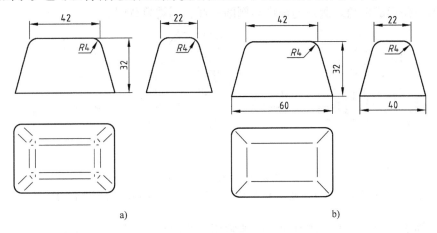

图 2-8　圆角在视图的显示及其绘图

a）圆角在视图中的显示→显示切线　b）圆角在视图的显示→显示理论交线

对于常见的圆柱、圆锥、圆球的交线也是一样的，可以按照没有圆角情况用细实线直接在视图中绘制，如图 2-9 所示。

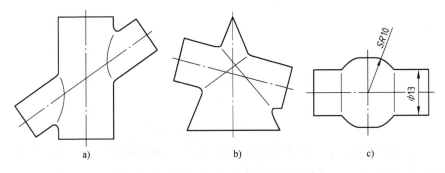

图 2-9　圆柱、圆锥、圆球相交时圆角的表达

a）圆柱相交时圆角的表达　b）圆柱、圆锥相交时圆角的表达　c）圆球、圆柱相交时圆角的表达

总结与讨论：圆角是零件表面上常见的结构，一般使用边倒圆工具来生成圆角，特殊情况下可以使用复杂倒圆工具建立恒定宽度与变半径圆角等。圆角尺寸通常在技术要求中表示，圆角较少时也可以直接标注在视图上，标注圆角尺寸时不能加数量。圆角在视图中一般用过渡线方式表达，用细实线表达加圆角前理论的交线，两端与视图其他图线留有一定间隙。但是如果零件圆角很多，就会给视图的编辑带来一定的困难，怎么解决这一问题，编者

建议设计过程中只建立尺寸较大的圆角，较小的圆角就不要建立了，直接在技术要求加以说明即可。圆角一般出现在非加工面之间的交线位置，对于加工表面，加工时切除了圆角，圆角就不存在了，如一些定位平面的边缘处就没有圆角。当然一些表面为了增加强度和抗疲劳能力，也要求在加工表面的交线处保留圆角（如轴上较大圆柱与较小圆柱的连接处）。读者朋友们在以后设计中，考虑结构合理性方面也应当加以注意。

2.1.2　倒角

倒角是零件上常见的结构，一般出现在加工表面的端部，目的是内外零件可以方便地对中进行装配。孔倒角为锥孔状结构，轴端部倒角为圆锥结构，如图2-10所示。也可以切除平面立体的一角形成倒角。倒角的操作与倒圆一样，不需要草图。

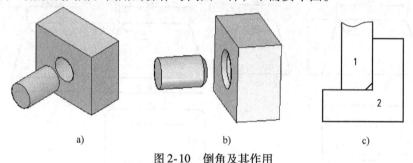

图2-10　倒角及其作用

a) 无倒角，装配不方便　b) 有倒角，装配方便　c) 有倒角，面贴合有保障

倒角分为等边倒角和不等边倒角，一般常用等边倒角（45°），设计加工都比较方便。

1. 等边倒角（45°倒角）

倒角工具在实体选项组中圆角命令组内，如图2-11所示。

图2-11　等边倒角与不等边倒角工具位置

单击"等边倒角"按钮，选择需要倒角的边线，将出现倒角的结构，在该结构附近的尺寸编辑框输入倒角的尺寸即可，该尺寸是原边线到新边线间的距离，等边倒角原边线到两条新边线间的距离是相等的，如果原来的零件边角是90°，新的切角面与原来零件表面的角度是45°，因此也称为45°倒角，如图2-12a所示。如果选择的边线是圆柱面的顶面边线，倒角后的结构就是一个锥面，输入的距离就是圆锥两个圆的半径差，如果原来圆柱顶面垂直于轴线，形成的锥面半锥角就是45°，如图2-12b所示。

2. 不等边倒角

不等边倒角如图2-13所示，生成的倒角不是45°的倒角，倒角后的边线到原边线的距离不相等。

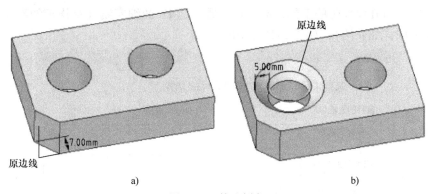

图 2-12　等边倒角

a）平面相交处的等边倒角　b）孔端的等边倒角

单击"不等边倒角"按钮，再选择基准面并确定，然后选择切除的边线，在命令条上输入原边线到基准面内切除后新边线的距离，以及切除后的面与基准面的角度。图 2-13 中右侧切除右前角，基准面为前面，倒角距离为 10mm，角度为 30°；顶面右侧圆柱倒角，基准面为顶面，倒角距离为 5mm，角度为 30°。

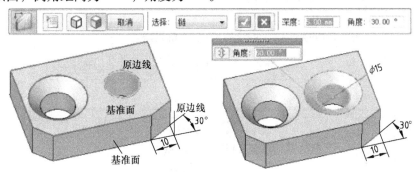

图 2-13　不等边倒角

单击生成的倒角，在显示的尺寸上可以更改相应的尺寸；单击右侧生成的圆锥，显示的角度是半锥角。

3. 倒角的表达与尺寸标注

倒角的图形直接按照结构投影即可，倒角的尺寸对于等边倒角来说，可以在工程图环境"注释"选项组中采用引出标注方法，图 2-14a 所示为"标注属性"对话框的"常规"选项卡，在"标注文本"编辑框输入尺寸文本，如 C2，注意 C 是大写，数字为倒角宽度，其高度与前面的字母相同，不能标注成下标的方式。图 2-14b 所示为"标注属性"对话框的"文本和指引线"选项卡，"类型"下拉列表框改为空白（不是箭头）方式。尺寸文字应当标注在水平指引线上面，不要放在旁边。这需要通过命令条上的选项进行调整，如图 2-14c 所示。图 2-14c 所示命令条进行了简化，右侧的两个箭头要选择，同时还需要单击"文字在线上"按钮，但是生成的标注需要调整，选择标注，调整文字附近绿点的位置，图 2-14c 所示的点 A 向右移动，缩短水平指引线的长度。移动文字端也可以改变标注文本的位置。

对于不等边倒角一般采用标注角度与宽度的方法，如图 2-14c 所示左侧 3 和 30°两个尺寸。

对于内倒角（孔端）一般采用剖视表达方法，剖切以后剖切面与实体相交区域需要画剖面符号，以示与其他部位的不同，剖面符号通常是45°的细实线（更详细的剖切表达方法在以后的章节中详细介绍），如图2-15所示。

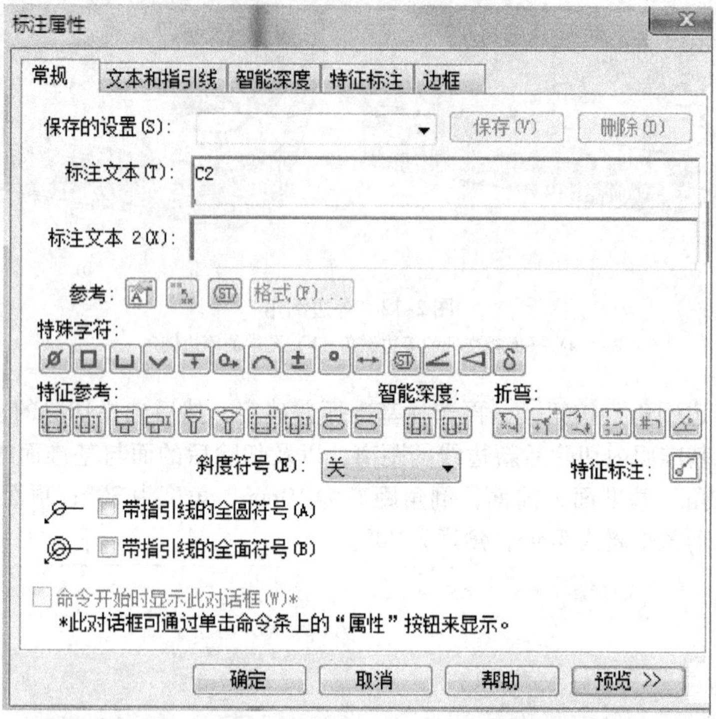

a)

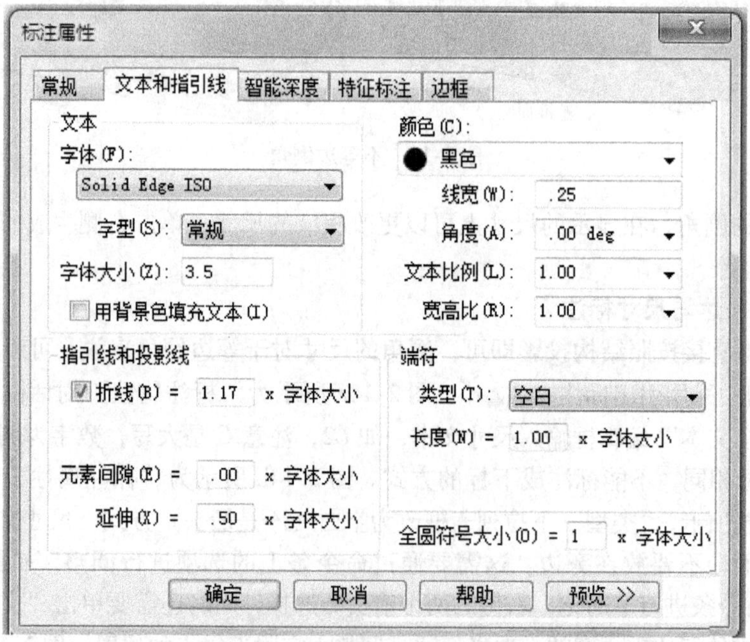

b)

图2-14　引出标注与倒角标注

a）标注属性对话框的常规选项卡　b）标注属性对话框的文本和指引线选项卡

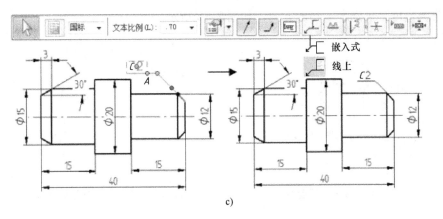

图 2-14　引出标注与倒角标注（续）

c）倒角的标注与编辑

总结与讨论：倒角是很常见的结构，不能与圆角相混淆，圆角的加工难多了，圆角多是铸造或锻造形成的。倒角一般是加工出来的，一般只需要一把直线刃的倒角刀靠向轴端或孔端即可，靠过去的距离就是倒角的宽度，切削刃倾斜的角度就是倒角角度。等边倒角的标注用引出标注方式，不等边倒角的标注用一般的标注方法，需要标注宽度与角度两个尺寸。内倒角的表达常用剖视，标注与外倒角的标注方式一样。

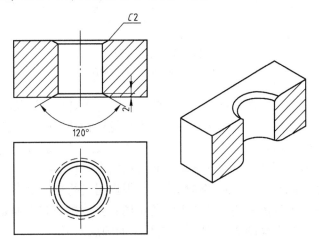

图 2-15　内倒角的表达与标注

注意：对于圆柱不等边倒角，一般标注要求的倒角宽度与角度，当知道尺寸需要造型时，也不一定用不等边倒角，可以使用旋转切除造型，怎么方便怎么设计。

2.2　肋板

肋板是在零件中起加强作用的板状结构，也是一种常用的结构，在大部分的三维软件中基本上都提供了肋板的设计工具。肋板工具是需要草图的。如图 2-16 所示，需要先画出草图，再使用肋板工具。

"肋板"按钮▧位于薄壁命令组中。操作方式：单击"肋板"按钮▧，选择草图，在编辑框输入肋板宽度，再选择增料的方向，如图 2-18 所示。

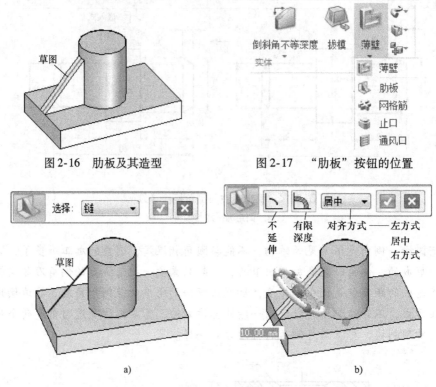

图 2-16　肋板及其造型　　　　　　图 2-17　"肋板"按钮的位置

图 2-18　肋板造型

a）选择草图阶段　b）选择方向阶段

在肋板命令的命令条上有两个选择性的按钮，一个是不延伸，默认状态下是不选择的状态，将延伸草图轮廓到实体，因此草图不一定与实体轮廓相交，画一部分也可以；另一个是有限深度，如图 2-19b 所示。图 2-19a 所示为默认的状态，生成的肋板自动延伸到实体轮廓。图 2-19b 所示为有限深度的状态，从草图起可以指定肋板的深度。图 2-19c 所示为不延伸和有限深度的状态，此时不延伸到实体轮廓，将根据指定的数据生成肋板。肋板生成的方向一般是指向草图平面内实体一侧，图 2-19c 所示肋板生成的方向是草图平面的垂直方向。肋板生成方向的选择只需选择图 2-19 所示方向盘上的圆点即可。

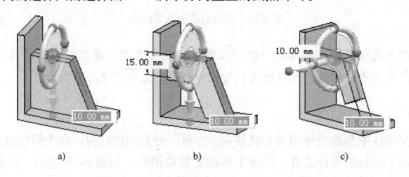

图 2-19　命令条上不延伸与有限深度的应用

a）默认的状态　b）有限深度的状态　c）不延伸和有限深度的状态

有些情况下指定的条件不一定能够生成肋板，此时将提示不能生成的原因。

图 2-20 所示草图的上面顶点位于圆柱的顶面上，向两侧延伸将伸出圆柱外不能与圆柱相交，这时就不能生成肋板。可以在顶面上加一条水平的草图线，这样即可生成肋板。

肋板在三视图中的表达与其他结构没有什么区别，只是在沿肋板纵向的剖切视图中按照不剖处理，在 Solid Edge ST10 中，可以打开肋板不剖切的选项（Solid Edge 选项→制图标准）。

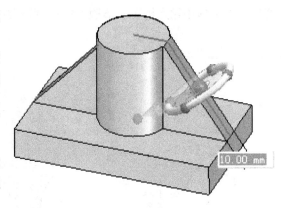

图 2-20　草图顶点在顶面圆上时的处理方法

在该模型的表达中，剖切的主视图和轴测图中肋板按不剖切画出，交线是过轴线的剖切平面与肋板、圆柱及底板的交线。

图 2-21 中底面是高度方向的尺寸基准，底板高、总高、左侧肋板的高度都是从底面开始标注的；轴线是长度方向和宽度方向的尺寸基准，长度方向基本对称，对称的尺寸对称标注。

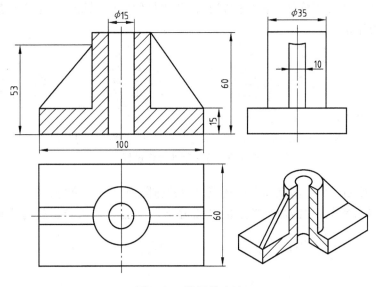

图 2-21　肋板的表达

2.3　薄壁

薄壁是设计薄壳类零件的工具，使用这一工具可以方便地设计这类相关的结构。

"薄壁"按钮 位于主页选项卡中实体选项组的薄壁命令组中的第一个位置上。选择该命令后，如图 2-22a 所示，在命令条上有两个可以选择的按钮，一个是"开放面"按钮，另一个是"排除面"按钮。默认是选择"开放面"，说明自动进入选择开放面的步骤。此时选择顶面，如图 2-22b 所示；如果再选择左侧面，那么将显示图 2-22c 所示的图形。厚度在厚度尺寸编辑框中输入即可。旧版本的厚度需要在命令条上输入。

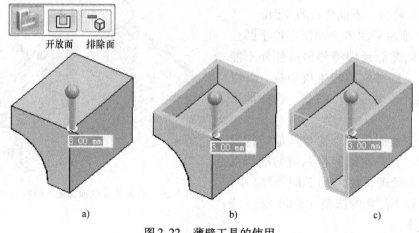

图 2-22 薄壁工具的使用

a）选择薄壁命令后状态 b）选择顶面为开放面 c）再选择左侧面为开放面

薄壁命令操作过程中，如果不选择开放面，做出的就是一个空心的实体模型，四周的厚度都是一样的。读者可以试一试，打开视图中虚线显示的模型选项进行观察，也可以使用"视图"选项卡中的"设置平面"切开模型观察一下，操作过程如图 2-23 所示。观察完后再按下〈Ctrl + D〉键即可恢复不剖切的状态，剖切是假想的剖切。注意剖切后保留的两个剖切平面之间的部分。

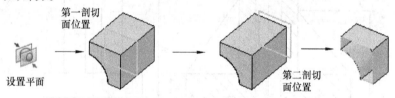

选择命令→选择前面，移到剖切位置单击→再移到右侧→单击显示剖切结果

图 2-23 零件剖切操作过程

除了设置开放面以外，薄壁命令中还可以设置排除面。选择薄壁命令，再选择前面为开放面，如图 2-24a 所示，单击命令条上的"排除面"按钮，进入选择排除面的步骤，使用

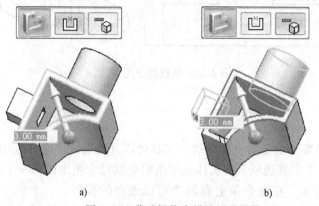

图 2-24 薄壁操作中排除面的操作

a）选择前面为开放面 b）选择排除面，选择上面的圆柱、左侧的长方体

窗口选择上面的圆柱和左侧的长方体，将排除这两部分的薄壁操作，结果如图 2-24b 所示。

薄壁编辑：选择薄壁特征，显示厚度尺寸编辑框，直接修改即可。

薄壁只是一种设计方法，在表达方面没有什么特殊的地方。

薄壁的操作中壁厚都是一样的，如果要求有些表面具有不同的厚度，可以选择"加厚"命令，在命令条上选择"单一"选项，再选择加厚的面并确认，然后在命令条上输入厚度即可，如图 2-25 所示。

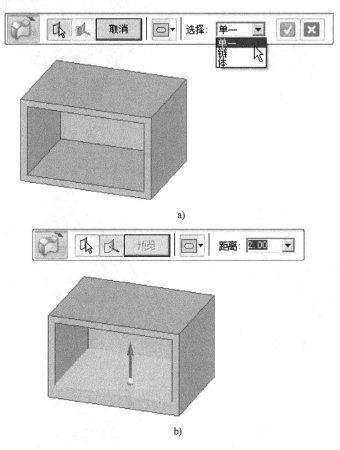

a)

b)

图 2-25　加厚命令的使用

a) 选择"加厚"命令，命令条上选择"单一"选项　b) 选择需要加厚的表面并确认，命令条上输入厚度

总结与讨论：薄壁是设计薄壳类零件的一种工具，开放面功能可以使模型上出现若干个开口，合理运用可以加快设计的速度。薄壁的排除面可以使一部分结构不进行薄壁操作，操作时尽量选择立体，使用窗口选择比较方便，不要单独选择某个表面，否则可能不能完成相应的操作。薄壁命令的厚度都是一样的，可用加厚命令增加某一表面的厚度。

2.4　网格筋

网格筋相当于若干个肋板结构，是薄壁类零件（或塑料件）上为了加强强度与刚度设计的附加结构，如图 2-26 所示。图 2-26a 所示的草图不一定与轮廓相交，默认自动延伸到实体边界，当然绘制草图时应尽量画到边界，标注完整的定形、定位尺寸。

图 2-26b 所示为选择"默认"选项时生成的网格筋，只需要输入网格筋的厚度即可。

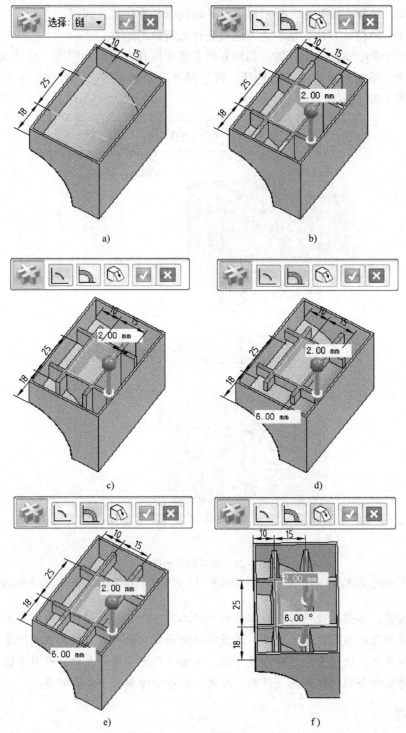

图 2-26　网格筋的选项与操作

a）网格筋命令，选择草图　b）选择"默认"选项时生成的网格筋　c）选择"不延伸"选项时生成的网格筋

d）选择"不延伸"与"有限深度"选项时生成的网格筋　e）选择"有限深度"

选项时生成的网格筋　f）选择"起模"选项时生成的网格筋

图 2-26c 所示为选择"不延伸"选项时生成的网格筋，草图如果不画到边界，只生成到草图所在位置。图 2-26d 所示为选择"不延伸"与"有限深度"选项时生成的网格筋，此时需要输入网格筋的深度。图 2-26e 所示为选择"有限深度"选项时生成的网格筋，需要输入网格筋的深度。图 2-26f 所示为选择"拔模"选项时生成的网格筋，此时需要输入拔模角度。

网格筋的编辑：选择网格筋，将显示网格筋可以修改的参数，使用〈Tab〉键可以在这些编辑框之间切换，输入新的参数即可。

网格筋的表达和一般的结构表达相同，但是尺寸的标注需要标注设计草图的尺寸，如果草图画得比较完整可以将草图用点画线显示在视图中，标注这些点画线之间尺寸即可；也可以使用点画线工具生成两条平行线之间的点画线，再加以调整，然后标注需要的尺寸，如图 2-27 所示。

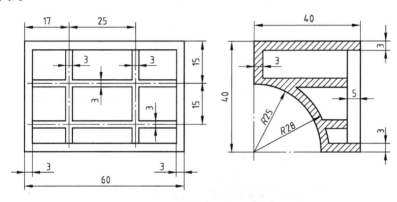

图 2-27　网格筋的表达

网格筋的草图也可以是曲线、圆、圆弧等，如图 2-28 所示。

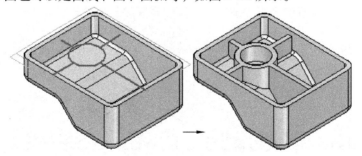

图 2-28　网格筋的草图可以是圆或圆弧

总结与讨论：网格筋与肋板结构的作用类似，是薄壁类零件上常用的起加强作用的结构，尤其在塑料薄壁件中使用比较多。网格筋的表达需要标注设计草图的尺寸，可以在视图中将草图显示为点画线，然后标注尺寸，或使用工程图环境中的点画线工具生成点画线再标注尺寸。对于建筑类室内设计也可以灵活设计室内的隔断墙等结构。

2.5　通风口

通风口结构类似于网格筋，不过是相反的。网格筋是增加实体结构，通风口是去除材料实现通风口的结构。

通风口的设计，需要先画草图，如图 2-29a 所示。草图需要一个封闭的外框，可以使用直线、曲线、圆或圆弧，外框的内部是几组图线。

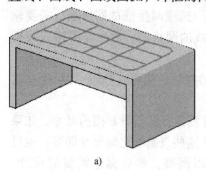

a)

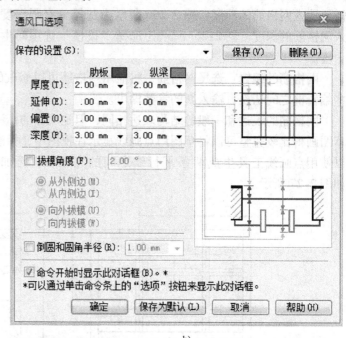

b)

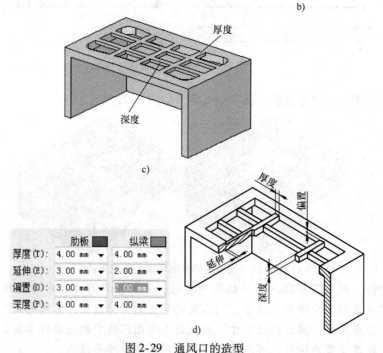

c)

d)

图 2-29　通风口的造型

a) 草图　b) 通风口选项对话框　c) 通风口　d) 延伸量、偏置量不等于零的情况

通风口命令位于薄壁命令组中，单击按钮　，然后单击命令条上的"选项"按钮　，将弹出"通风口选项"对话框，如图 2-29b 所示；在对话框中可以输入通风口的厚度尺寸与深度尺寸（包括横向与纵向的尺寸，可以相同也可以不同），还可以输入拔模角度与圆角尺寸，单

击"确定"按钮退出对话框。选择草图外框的封闭图形并确认，再选择各条横向的草图后确认（依次选择，最后确认），然后选择各条纵向的草图后确认，最后选择除料的方向完成通风口的设计，如图 2-29c 所示。

　　延伸量是指伸入到实体一侧的长度。如果通风口的深度不大于板的厚度或受其他参数影响，生成的通风口延伸的一端完全进入实体融为了一体，延伸量就没有什么意义。如果生成的通风口延伸端超过了板厚，延伸端就有了实际意义。同样对于偏置也是一样，将影响通风口相对于实体的位置，如图 2-29d 所示。

　　如果零件的外表面是曲面，草图一般绘制在自定义的平面上，生成通风口的纵梁与肋板的相应表面也是曲面，如图 2-30 所示。

　　图 2-31 所示为带有拔模角度的通风口，生成的方向是向下的，因此纵梁与肋板都是上小下大的结构。

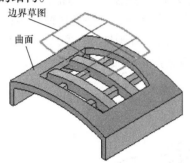

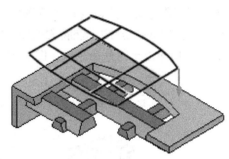

图 2-30　曲面立体上生成的通风口　　　　图 2-31　带有拔模角度的通风口

通风口的表达与网格筋的表达相似，都需要表达设计草图的尺寸，一般可以通过在视图中用点画线显示草图来进行表达，如图 2-32 所示。

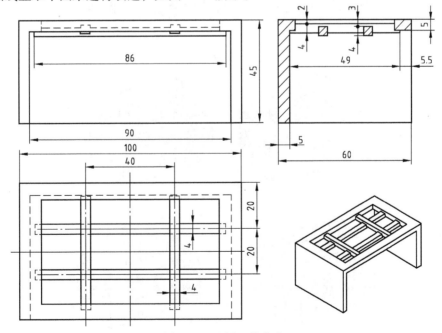

图 2-32　通风口的表达

　　总结与讨论：通风口是一种特殊的结构，合理运用通风口工具可以快速地设计这类结构，通风口的草图外框必须封闭，生成的纵梁与横梁表面是零件表面的等距面，零件上表面是曲面时，通风口的结构上也是曲面。通风口的表达需要显示设计的草图来定位纵梁与横梁的位置。尺寸标注时也应当标注清楚这类结构的尺寸，包括定形与定位尺寸。必要时可以采用剖视来表达纵梁与横梁的结构。

在图2-32中，通风口高度方向的定位尺寸都比较小，尺寸的箭头就显得比较大，因此为了清晰地表达，中间的尺寸箭头用原点代替，方法是右击该尺寸，在弹出的快捷菜单中选择"属性"→"端符与符号"，修改端符下面的"测量类型与原点类型"的选项即可（如箭头改为原点或空白等）。

2.6　止口

止口是矩形截面草图沿零件边线扫掠增料与除料的操作。与扫掠不同的是，止口操作不需要绘制草图，可以通过命令条设置矩形草图的大小，其位置也决定了是增料操作还是除料操作，如果位于立体内部则是沿边线的除料操作，如果位于立体外部则是沿边线的增料操作。

"止口"按钮 🛢 位于薄壁命令组。图2-33a所示为选择止口命令后的命令条。该命令有

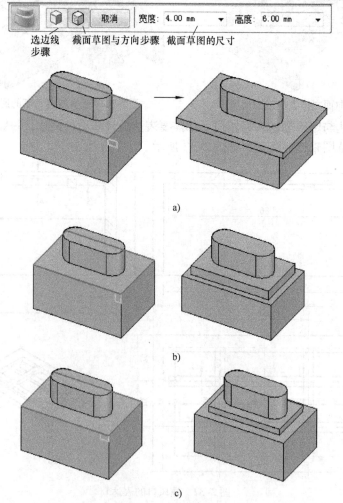

图2-33　止口的设计

a）截面草图在外侧时的止口设计　b）截面草图在内侧时的止口设计　c）截面草图在内侧时的止口设计

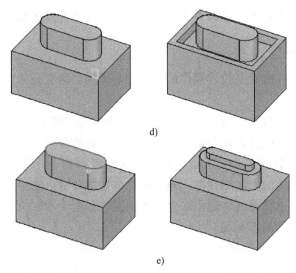

d)

e)

图 2-33 止口的设计（续）

d）截面草图在边线上部时的止口设计 e）边线为相切图线时的止口设计

两个步骤，一是选择边线，二是设置截面草图的大小与方向。选择命令自动进入边线选择状态，非相切的边线需要逐一选择，如图 2-33a 所示下部顶面的边线。如果边线是连续相切的则可以一次选中，相当于"链"的选择方式，如图 2-33a 所示上部立体的顶面边线。边线选择以后右击或按〈Enter〉键确认后自动进入截面草图的大小与方向设置步骤。在命令条上输入矩形的宽度与高度（方向不对可以调换数据），选择矩形在立体上的方向，单击即可完成止口的设计。

图 2-33a 所示为截面草图在外侧时的止口设计，相当于沿边线的扫掠增料操作。图 2-33b、c 所示为截面草图在内侧时的止口设计，两者截面草图的方向不同，相当于沿边线的扫掠除料操作。图 2-33d 所示为截面草图在边线上部时的止口设计。图 2-33e 所示为边线为相切图线时的止口设计。

图 2-34 所示箱体的盖与底部的结合部设计，在结合部边缘分别使用止口工具，一个用增料另一个用除料即可。

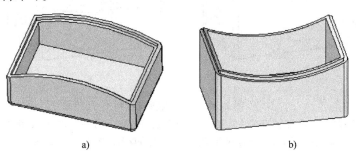

a) b)

图 2-34 箱体的盖与底部的结合部设计

a）盖 b）底部

止口的表达与一般的结构表达相同，没有什么特殊的地方。

总结与讨论： 止口是矩形截面沿边线扫掠的特殊情况，合理使用可以加快设计的过程。该工具可以用于塑料件的扣沿设计，也可以用于建筑类设计中的房檐或女儿墙的设计。设计过程中截面矩形的尺寸不能大于周围圆角的尺寸，否则操作可能不能实现。

2.7　法向增料与除料

法向增料与除料是在曲面上拉伸操作的一种特殊情况，增料或除料后的表面与原有的立体表面是等距的曲面。

图2-35所示为法向增料与除料。"法向增料"按钮 🍳 位于扫掠增料命令组，选择该命令，在立体上选择草图曲线并在命令条上或右击确认，在命令条上输入增料的尺寸，再选择增料的侧面确认即可。如图2-35a所示，先在底面的平行面画出草图，使用"曲线处理"选项卡中的投影工具在曲面上生成投影，再选择法向增料命令。选择曲线内侧生成立体的情况，如图2-35b所示。选择曲线外侧生成立体的情况，如图2-35c所示。从图中可以看出生成的立体曲面是原有曲面的等距面。

图2-35d、e所示为法向除料的情况。"法向除料"按钮 🍳 位于扫掠除料命令组。法向除料与法向增料的操作基本相同。图2-35d所示为选择曲线内侧除料的情况，切除的是曲线内部的材料，总高度没有变化。图2-35e所示为选择曲线外侧除料的情况，切除的是曲线外部的材料，总高度减小了。

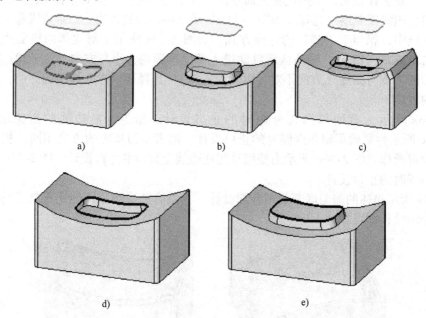

图2-35　法向增料与除料

a）画草图及投影，选择命令　b）法向增料，选择曲线内侧增料　c）法向增料，选择曲线外侧增料

d）法向除料，选择曲线内侧除料　e）法向除料，选择曲线外侧除料

从图2-35中可以看出，生成立体侧面的边线为曲面上该点的法向方向，使得侧面类似于倾斜的表面。

法向增料与除料生成的结构与一般结构的表达方法相同，在视图上标注草图曲线尺寸与增料或除料的厚度即可。

总结：法向增料与除料是在曲面上设计立体结构的一种特殊工具，草图曲线可以使用投影工具在曲面上生成投影，然后再使用法向增料与除料工具。

2.8　螺纹

螺纹是设备上常用的结构，一般起联接与传动的作用。螺纹分为外螺纹（在圆柱或圆锥外表面上）和内螺纹（在圆柱或圆锥内表面上）。

2.8.1　螺纹的基本概念

螺纹是在圆柱或圆锥面上的螺旋体，为了设计、表达与加工需要定义了如下概念。

（1）螺距、线数与导程

螺纹的表面一般都是螺旋面，两个相邻螺纹牙之间的距离称为螺距（用 P 表示），如图 2-36a 所示。

螺纹大多数是单螺旋体的螺纹，称为单线螺纹，也有一个圆柱面上有多个螺旋体的螺纹，称为多线螺纹，如图 2-36a 所示。外螺纹与内螺纹旋合在一块，旋转一圈前进或后退的距离称为导程（用 Ph 表示），如图 2-36a 所示。导程、线数、螺距的关系是 $Ph = nP$。

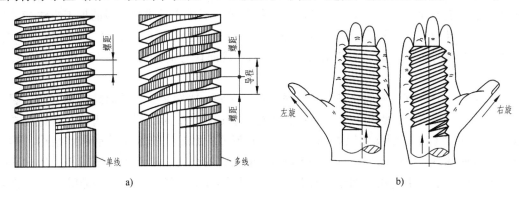

图 2-36　螺距、导程、线数与旋向
a）螺距、导程、线数　b）旋向

（2）旋向

螺纹一般使用右旋（向右旋转是前进的方向），也有使用左旋（向左旋转是前进的方向）。如图 2-36b 所示，向右是上升方向的就是右旋，向左是上升方向的就是左旋。

（3）公称直径、小径、中径、顶径

螺纹上最大的直径称为公称直径（也称为大径），最小的直径称为小径，槽厚与牙厚相等的圆柱面直径称为中径，如图 2-37 所示。大径是螺纹最重要的参数之一。将外螺纹大径与内螺纹小径称为顶径（牙尖直径）。

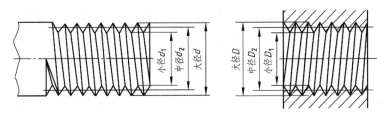

图 2-37　螺纹的大径、中径与小径

（4）牙型与螺纹种类

通过轴线进行剖切，螺纹牙的形状称为牙型。牙型是螺纹分类的主要依据。常用的牙型是三角形和梯形。60°等边三角形的螺纹称为普通螺纹，用 M 表示，常用于零件之间的固定联接。55°（等腰三角形）非密封管螺纹，用 G 表示，55°密封管螺纹用 R_1 或 R_2（外螺纹）和 Rp 或 Rc（内螺纹）表示。管螺纹通常用于管路的联接。梯形螺纹牙尖角是 30°，一般用于螺纹传动，将旋转运动变为螺母的直线运动。梯形螺纹通常用 Tr 表示。

螺纹的基本参数包括类型（牙型）、公称直径、导程与螺距、旋向。有些资料中把牙型、公称直径、螺距称为螺纹三要素。

2.8.2　螺纹的标记方法

螺纹在图形中一般使用代号标记，代号通常使用字母和数字相结合的方式。

1. 普通螺纹的标记方法（GB/T 197—2018《普通螺纹　公差》）

（1）单线普通螺纹

对于普通螺纹中的单线螺纹来说，标记格式是：M 公称直径 × 螺距 – 公差带代号 – 旋合长度代号 – 旋向代号。公差带代号表示尺寸的偏差，不标注时代表一般的加工方法能够达到要求，或标准中只有一种要求，不需要标注。旋合长度代号不标注时表示中等旋合长度。旋向代号不标注时表示右旋。对于有涂镀要求的，旋向代号后加分号，然后再加注涂镀后要求。

对于同一个公称直径的螺纹来说，有时螺纹密一些，螺距较小，有时螺纹稀一些，螺距较大。同一个公称直径，螺距最大的螺纹称为粗牙普通螺纹，标记时螺距省略，标记格式就变成了 M 公称直径了。因此如果看到图中标注了 M16，那么就表示这里是螺纹结构，螺纹的类型是普通螺纹，螺纹的公称直径是 16mm，至于它的小径、螺距可以通过相关的标准查出。代号中标注了螺距的就是细牙普通螺纹，如 M16 × 1.5，就表示细牙普通螺纹，公称直径是 16mm，螺距是 1.5mm。

公差带代号包括中径与顶径两项，每项由数字与字母组成，数字表示精度，字母表示偏差相对尺寸的位置，内螺纹用大写字母，外螺纹用小写字母。中径与顶径公差带要求相同时，可以标注一个。例如：M36 × 3 – 5g6g 表示为细牙普通螺纹，公称直径是 36mm，螺距是 3mm，中径和顶径公差带代号分别是 5g 和 6g，是外螺纹；M8 – 7H 则表示是粗牙普通螺纹，公称直径是 8mm，中径和顶径公差带代号都是 7H，是内螺纹。

对于旋合长度代号，分为短、中、长三种情况，通常使用中等旋合长度，不用标注。使用短旋合长度用 S 表示，使用长旋合长度用 L 表示。例如：M14 × 2 – 7H – L，表示为普通单线内螺纹，公称直径是 14mm，螺距是 2mm，中径与顶径公差带代号都是 7H，长旋合长度。

旋向一般为右旋时不用标注，左旋一般在最后加 LH 表示。例如：M36 × 3 – 5g6g – LH 表示为细牙普通螺纹，公称直径是 36mm，螺距是 3mm，中径和顶径公差带代号分别是 5g 和 6g，左旋。

（2）多线普通螺纹

对于多线普通螺纹，标记的格式是：M 公称直径 × Ph 导程 P 螺距（线数）– 公差带代号 – 旋合长度代号 – 旋向代号。线数一般省略，可以通过导程与螺距算出。其余与单线螺纹的意义相同。例如：M20 × Ph6P2 表示多线普通螺纹，公称直径是 20mm，导程是 6mm，螺距是 2mm，线数为导程/螺距，等于 3。

对于普通螺纹来说，在工程图中螺纹标记作为尺寸文本直接标注在尺寸线上。

2. 梯形螺纹的标记方法（GB/T 5796.4—2005）

梯形螺纹的标记方法与普通螺纹类似。标记格式是：Tr 公称直径 × 导程（P 螺距）旋向代号 - 公差带代号 - 旋合长度代号。一般情况下使用右旋旋向，不标注。旋合长度只有中等（N）和长（L）两种，中等旋合长度代号 N 可以不标。

对于单线梯形螺纹来说，导程与螺距相等，省略前面标注格式中括号及里面的 P 与螺距值。例如：Tr36 × 6LH - 8e 表示所注结构为梯形螺纹，公称直径是 36mm，导程是 6mm，中径和顶径公差带代号为 8e，左旋，旋合长度为中等旋合长度。

3. 管螺纹的标记方法（GB/T 7307—2001，GB/T 7306.1—2000，GB/T 7306.2—2000）

管螺纹分为 55°非密封管螺纹和 55°密封管螺纹，55°非密封管螺纹标记格式是：G 尺寸代号和公差等级代号 - 旋向代号。公差等级代号：外螺纹分为 A、B 两个等级，内螺纹则不标注公差等级代号。旋向右旋不用标注。例如：G1A 表示外螺纹，尺寸代号为 1，公差等级代号为 A；G1/4 表示内螺纹，尺寸代号为 1/4。

55°密封管螺纹的外螺纹用 R_2 表示，内螺纹用 Rc 表示（GB/T 7306.2—2000）。55°密封管螺纹还可以与圆柱螺纹相连接，此时的圆柱内螺纹用 Rp 表示，外螺纹用 R_1 表示（GB/T 7306.1—2000）。例如：$R_2$1 表示与圆锥内螺纹相配合的圆锥外螺纹；Rc1/4 表示圆锥内螺纹。

一些旧的资料和软件中内外螺纹没有区分，都用 R 表示。

2.8.3　螺纹的造型方法

螺纹的结构都是螺旋体，而且有一定规律，设备上一般这类结构也比较多，采用真正的螺旋体造型通常都会有比较大的数据需要保存，模型旋转、移动等都要花费更多的时间来进行。因此通常都是采用虚拟造型，就是将螺纹的有关数据添加到实体的有关位置上。Solid Edge 提供了两个螺纹造型的工具，螺纹与孔工具，外螺纹一般使用螺纹工具来进行设计，内螺纹一般使用孔工具来进行设计。

1. 外螺纹的造型

外螺纹包括了圆柱外螺纹和圆锥外螺纹。所有外螺纹造型的方法都是一样的，都是用螺纹工具完成。

（1）标准圆柱外螺纹的造型与设计

外螺纹的造型需要先做出一段圆柱，然后使用螺纹工具进行螺纹要素的添加操作。该工具位于孔命令组。单击"螺纹工具"按钮▥，再选择圆柱需要添加螺纹的一端，命令条如图 2-38a 所示，其中螺纹标记显示的尺寸是默认选择圆柱面的直径尺寸，螺纹的类型多数情况默认为梯形螺纹，需要单击旁边的小三角在弹出的下拉列表框中进行选择，如选择普通螺纹 M12。在下拉列表框中可以看到还有其他类型的标记。命令条后面的选项是范围选项，默认是有限值选项，直接在模型上对应结构的附近修改所添加的螺纹长度数值即可，如图 2-38b 所示。完成后的模型如图 2-38c 所示，在对应部位将显示螺纹的图片。如果螺纹的尺寸比较大，图片放大后看起来就不太像。

在螺纹的末端一般还需要添加倒角结构（图 2-38d）。通常是先添加螺纹再添加倒角结构，因为在倒角内部（圆锥面）也是需要螺纹结构，否则就不能进行装配，只要圆柱面的螺纹不要圆锥面的螺纹也没法进行加工。

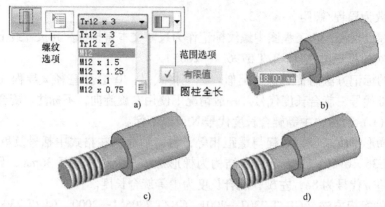

图 2-38　外螺纹的造型

a）命令条　b）添加螺纹长度　c）添加螺纹以后的模型　d）添加螺纹端部的倒角

如果所选的圆柱面上全部都有螺纹结构，直接在命令条上右端单击"范围选项"按钮右侧的级联按钮，再选择"圆柱全长"即可。

单击图 2-38a 所示命令条上的"螺纹选项"按钮弹出的"螺纹选项"对话框，如图 2-39 所示。中文版的标准选项上默认为 GB Metric（国标），还有其他国家的螺纹标准，不同国家的螺纹标准是不一样的，标记也不完全相同。

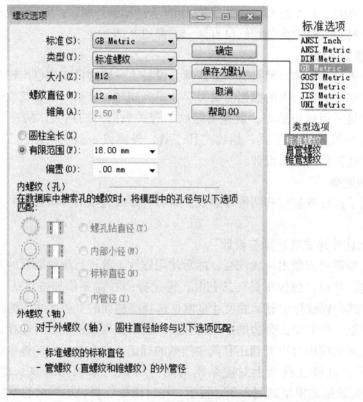

图 2-39　"螺纹选项"对话框

螺纹类型选项包括了标准螺纹、直管螺纹和锥管螺纹（60°密封管螺纹）。标准螺纹是默认的选项，包括了大多数的标准圆柱外螺纹，如普通螺纹、梯形螺纹、55°非密封管螺纹。这些圆柱面上的外螺纹造型方法都是一样的，选择不同的螺纹标记就可以完成不同类型的外螺纹造型。

注意：许多读者设计时不注意螺纹的类型，造成在以后的装配工程图中螺纹的小径不能对齐，因此不能忽略了螺纹类型的选择。

如果螺纹设计以后不能按照螺纹图片的方式进行显示，需要选择"视图"→"视图覆盖"命令，打开"视图覆盖"对话框，在"渲染"选项卡中选择"纹理"复选框，一般就可以解决，如图 2-40 所示。

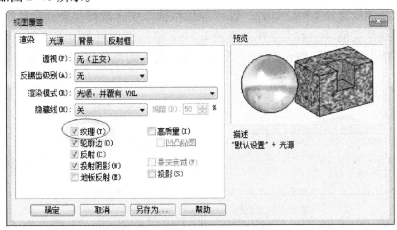

图 2-40　"视图覆盖"对话框

注意：低版本的软件通过上述设置以后可能还不能显示，需要选择"视图"→"颜色管理器"命令，将螺纹显示项改为 thread 即可。

（2）管螺纹中外螺纹的造型与设计

55°非密封管螺纹（螺纹代号 G）的外螺纹使用前面讲过的"标准螺纹"选项可以完成。55°密封管螺纹造型时，图 2-41a 所示"类型"选项改为"锥管螺纹"，"大小"选项改为"Rc"（用的内螺纹代号），其他的选项相同。图 2-41b 所示右端两个螺纹为 55°密封管螺纹和55°非密封管螺纹。

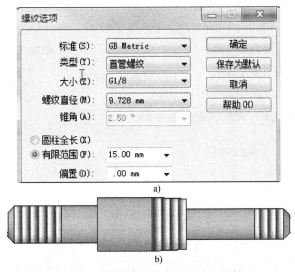

图 2-41　管螺纹中外螺纹的造型设计

a）对话框　b）55°密封管螺纹和55°非密封管螺纹

2. 内螺纹的造型

Solid Edge 内螺纹的造型一般都采用孔的工具。图 2-42 所示为孔命令条与"孔选项"对话框。选择孔命令后，先单击命令条上的"孔选项"按钮，弹出"孔选项"对话框。在对话框中选择"螺纹孔"按钮，然后选择对话框中的"子类型"选项。普通螺纹、梯形螺纹等选择标准螺纹，圆柱形的管螺纹选择直管螺纹，圆锥形的管螺纹选择锥管螺纹。在对话框中的"大小"选项中选择需要的螺纹孔代号（如 M10），在"孔深"选项中输入需要的孔深（一般大于螺纹直径 2 ~ 2.5 倍），在"螺纹范围"中，选择"至孔全长"或"有限范围"并输入螺纹深度值（一般大于螺纹直径 1.5 ~ 2 倍）。"倒斜角"选项组中输入偏置值与角度值，然后单击"确定"按钮退出对话框。命令条上的范围选项"贯通"与"下一面"与螺纹无关。

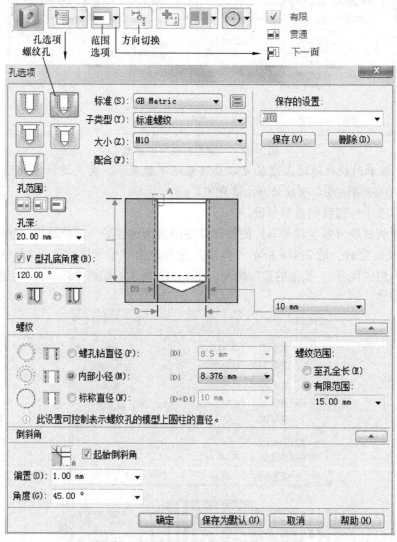

图 2-42　孔命令条与"孔选项"对话框

　　如果对话框中设置的参数经常使用，也可以在对话框的右侧起名，然后选择保存，以后可以选择右侧的箭头查找已经定义的孔参数值，单击调出使用。

退出"孔选项"对话框以后，进入放置孔阶段。将鼠标指针放在模型上，可以看到将要放置的螺纹孔，如图 2-43a 所示。此时螺纹孔可以放置到任何表面上，直接单击即可放置在选定的位置上，放置时可以捕捉模型的特殊点，如圆心等。放置螺纹孔以后可以用尺寸标注确定螺纹孔的位置。放置到平面上时，鼠标指针附近会有一个锁和 F3，表明可以按〈F3〉键锁定在该平面上，螺纹孔就只能放置到该平面上。可以将鼠标指针移到边线上（图 2-43b），按〈E〉键，将显示到该边的距离，编辑尺寸即可确定到该边的位置。如果不是选定的边，可以单击命令条上的"方向切换"按钮，将显示到另一边的距离，如图 2-43c所示。这一方法也可以重复，显示到两个边线的尺寸，输入一个数据后用〈Tab〉键切换到另一个数据编辑框，输入另一个数据按〈Enter〉键或右击将确认输入的尺寸并退出命令，如图 2-43d 所示。

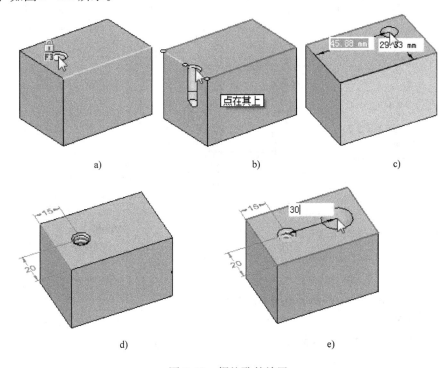

图 2-43　螺纹孔的放置

a）单击直接放置，〈F3〉键锁定面　b）移到边线按〈E〉键　c）可再选另一边定位
d）输入尺寸后可以显示尺寸　e）放置螺纹，按〈C〉键中心定位

放置螺纹孔时还可以将鼠标指针移到已有孔上，按〈C〉键可以用该圆心方式定位，方向不正确时单击命令条上的"方向切换"按钮，如图 2-43e 所示。

对于锥管螺纹，单击命令条上的"孔选项"按钮后，"子类型"选项应选择"锥管螺纹"，在大小、孔范围、角度、螺纹范围处输入锥管螺纹的具体参数，确定后再按照前面的方法进行放置。角度处默认值为 2.5°，实际上锥管螺纹的角度是 1.79°（锥度为 1∶16）。锥管螺纹的"孔选项"对话框如图 2-44 所示。

放置螺纹孔时还可以使用〈M〉键对齐某边的中点，或按〈A〉键对齐某个孔。

总结与讨论：外螺纹的造型，无论是圆柱外螺纹还是圆锥外螺纹，必须要画一个圆柱，圆柱的直径可以任意，也不用标注尺寸，当然标注尺寸后更方便，但是不能锁定尺寸，这样添加螺纹时就能自动改为需要的尺寸。对于内螺纹，不需要画草图或生成圆柱孔，直接在螺纹参数对话框中输入有关参数，再拖动鼠标放置，然后标注尺寸确定位置，也可以用〈F3〉键锁定某个平面，使用〈E〉、〈C〉键确定到某边或圆心的尺寸。如果对齐某些点不方便也可以按下〈Ctrl + H〉，将放置面面向设计者，以便于选择位置。

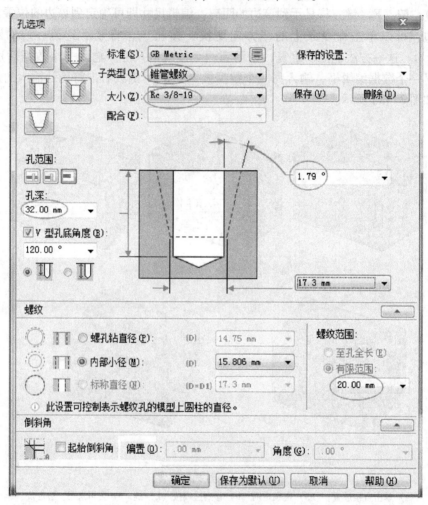

图 2-44   锥管螺纹的"孔选项"对话框

2.8.4   螺纹结构在工程图中的表达与尺寸标注方法

螺纹结构在设备上使用非常多，国家标准中规定螺纹的画法与标注方法如下。

1. 螺纹的规定画法

国家标准规定螺纹有以下几种规定画法。

1）在视图中可见的螺纹，螺纹牙尖（外螺纹大径、内螺纹小径）为粗实线、牙底（外螺纹小径，内螺纹大径）为细实线。倒角尺寸较大时，表示牙底的细实线要画到倒角以内。如图 2-45 所示，左、中、右三段外螺纹，牙尖为大径是粗实线，牙底为小径是细实线，端部画到倒角的斜线上。

2）在视图中可见螺纹的终止线为粗实线。如图 2-45 所示，三段螺纹的终止线都是粗实线。

3）在反映为圆的视图中，牙底圆为 3/4 的细实线圆。如图 2-45 所示，左视图中左侧螺纹的牙底圆采用 3/4 细实线圆画出。

4）在反映为圆的视图中，倒角圆省略不画。如图 2-45 所示，左视图中左侧螺纹的倒角圆省略了。在工程图环境操作时，使用主页选项卡中"边"选项组中的隐藏工具 实现。选择该工具，再选择不希望显示的图线即可。图 2-46 所示左侧内螺纹在俯视图中的处理方法相同。

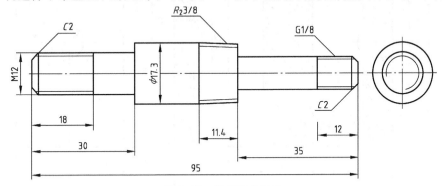

图 2-45　外螺纹的画法

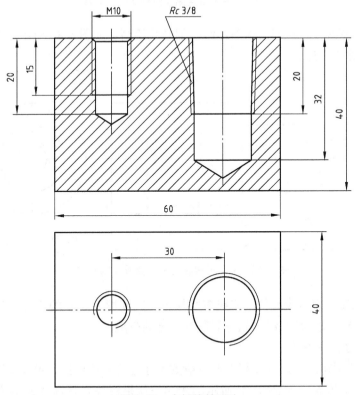

图 2-46　内螺纹的画法

5）内螺纹一般采用剖视图表达方法，剖切平面必须通过螺纹的轴线，剖面线画到表示牙尖的粗实线，如图 2-46 所示。

6）螺纹与其他表面相交，只画牙尖与其他表面的交线。如图 2-47 所示，左侧 M16 与 M10 两个螺纹孔相交仅画出牙尖（小径）的交线；右侧 G1/2 和 φ12mm 两孔相交也是画出的螺纹牙尖（小径）与圆柱孔的交线。对于外螺纹来说，一般螺纹不会和其他表面相交，因为有其他表面阻碍时不能进行螺纹的加工。

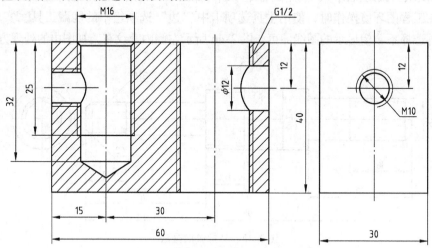

图 2-47　螺纹与其他表面相交时的画法

7）在视图中螺纹不可见时，所有图线按细虚线绘制。如图 2-48 所示，两个螺纹在主视图中都采用了细虚线表达。

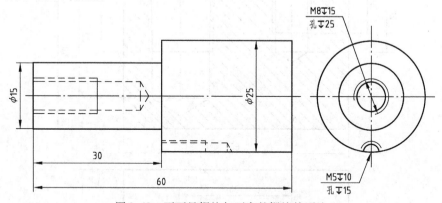

图 2-48　不可见螺纹与不完整螺纹的画法

8）不完整螺纹，表示牙底的细实线需要与粗实线间留有一定的空隙。如图 2-48 所示，右侧下端是不完整螺纹，牙底线与轮廓间留有一定的空隙。

2. 螺纹的尺寸标注方法

普通螺纹、梯形螺纹的尺寸直接按照一般的尺寸标注方法标注，尺寸文字用尺寸代号表示，如图 2-45 所示的 M12 和图 2-46 所示的 M10。如果标注在反映为圆的视图中，尺寸应该标注在大径上。在命令条上单击"直径"按钮切换为直径标注，或英文输入状态时按〈D〉键切换为直径标注。图 2-48 所示为不完整螺纹采用了从中心的引出标注方法。

管螺纹的尺寸不是螺纹真实尺寸，使用引出标注方法标注，引出线从大径引出，如

图 2-45 和图 2-46 所示。

　　螺纹尺寸标注中的尺寸文本,可以采用直接加前后缀的方法。在图 2-49 所示"尺寸前缀"对话框中单击"螺纹尺寸"按钮🈶,在"后缀"下拉列表框可以添加公差代号、深度符号及数值等。在"下标 2"下拉列表框可以添加孔深等参数。退出"尺寸前缀"对话框后在命令条上隐藏尺寸文本显示。图 2-48 所示的 M8 尺寸使用了前后缀的标注方法,前缀用了螺纹尺寸,后缀用了深度符号与深度尺寸,尺寸格式使用了"国标水平"格式,尺寸线下面标注了光孔的深度,下标水平对齐方式使用了居中方式。

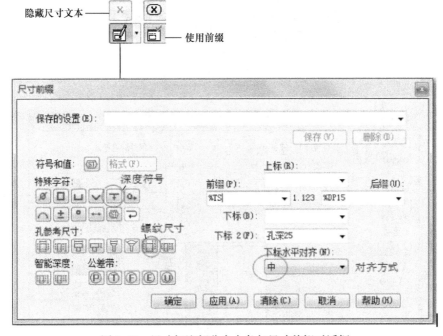

图 2-49　尺寸标注部分命令条与尺寸前缀对话框

　　图 2-48 所示的 M5 使用了引出标注,居中对齐方式在命令条上选择。

2.9　孔

　　在内螺纹造型时已经介绍了各种螺纹孔的造型,除了螺纹孔以外,孔还有沉头孔、简单圆柱孔、锥孔等。

2.9.1　简单圆柱孔

　　通过圆拉伸切除可以得到圆柱孔,但是只能是一段圆柱面,一般钻孔时端部都有圆锥结构,拉伸切除是无法实现的。使用一段直线和一段斜线旋转可以生成端部为圆锥的圆柱孔,但是必须画草图才能实现。一般孔较多时,使用孔工具生成孔,该工具不需要草图,在"孔选项"对话框中输入参数,然后放置在相应的表面上,标注尺寸定位即可。

　　图 2-50a 所示为简单圆柱孔命令条,单击"孔选项"按钮将弹出图 2-50b 所示"孔选项"对话框。命令条上"孔范围"选项与"孔选项"对话框中"孔范围"选项的作用是一样的,但是选择有限深度时只能在对话框输入孔深。"子类型"选项默认为钻头大小,此时对话框中"配合"选项只有"精确"选项,输入的"大小"选项就是孔径。当"孔范围"

选项选择"有限深度"　█━　时，需要在对话框输入孔深。选择 V 型 ⊖ 孔底角度时，需要输入角度数值，一般为120°。"孔范围"选项选择贯通█━█或下一面█━█时，孔深与 V 型孔底角度不能选择。

　　"孔选项"对话框中的"子类型"选项为定位销时，"配合"选项有公称、间隙、加压、过渡型四个选项，这只是公差上的区别或不同，造型方法相同，公称尺寸也相同。当"子类型"选项为常规螺钉间隙时，"配合"选项有紧密、普通和宽松三个选项。对应的孔的直径大于螺钉的螺纹直径，选择普通时，孔径是螺钉直径的 1.1 倍。

a)

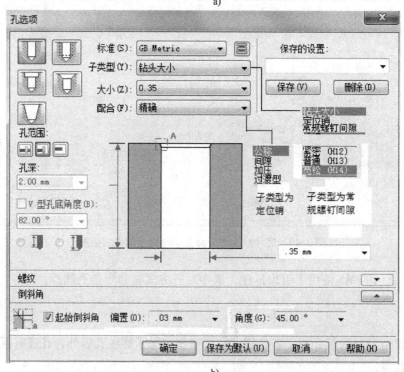

b)

图 2-50　简单圆柱孔

a) 简单圆柱孔命令条　b) "孔选项"对话框

　　孔的定位与螺纹孔的定位方式相同，可以放置孔以后标注尺寸定位，也可以用〈F3〉键锁定到放置平面上，使用〈E〉、〈C〉、〈M〉键确定到边线、中心、中点的位置尺寸。

2.9.2　沉头孔（台阶孔）

　　沉头孔也称为台阶孔，其选项对话框如图 2-51 所示，命令条与简单圆柱孔的命令条相同。

　　⊖　此处应改为"V 形"，为了与软件界面保持一致，此处保留"V 型"，后面余同。

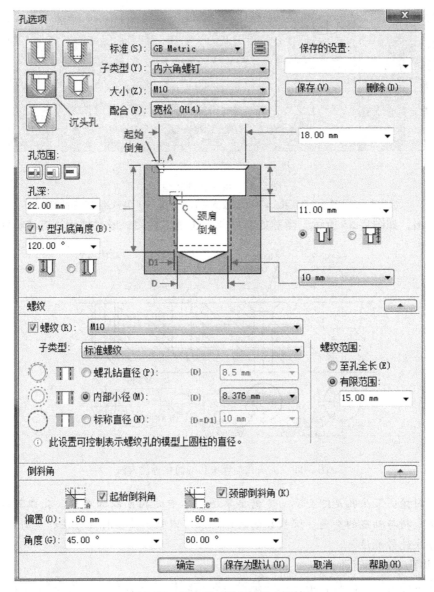

图 2-51　沉头孔"孔选项"对话框

　　沉头孔的子类型包括内六角螺钉、有肩螺钉、扁圆头和六角头螺栓。这些选项基本上相似，尺寸大小会有一些差异，Solid Edge 为这类结构的设计提供较好的参考。但是也可以不按照其中具体的数值，手工输入需要的数据完成自己的设计。

　　沉头孔的下端如果是螺纹，选择或输入对话框中螺纹对应选项中参数即可。孔的端面还可以倒角，称为起始倒角和颈肩倒角，如图 2-51 所示。

　　图 2-52 所示为沉头孔类型，包括了一般的沉头孔与添加螺纹和颈肩倒角的沉头孔等。其中颈肩倒角的角度是指与轴线的夹角，一般用 45°倒角即可。如果锥角为 120°，与轴线夹角就是 60°。如果沉头孔的两个圆柱面间的过渡是锥面，如图 2-52d 所示的沉头，那么"孔选项"对话框中的"偏置"数值就是两个圆柱面直径差的二分之一。

　　沉头孔的尺寸标注与螺纹孔一样，可以使用简化的标注方法，标注时用引出标注方式，

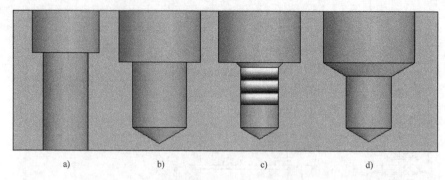

图 2-52　沉头孔的类型

a) 沉头孔　b) 不通的沉头孔　c) 加螺纹倒角的沉头孔　d) 特殊颈肩倒角的沉头孔

从中心线引出，如图 2-53 所示。当然如有可能，还是尽量用一般尺寸标注方法标注好一些。

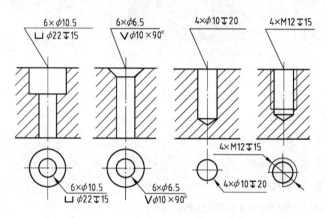

图 2-53　沉头孔与埋头孔的简化标注方法

总结与讨论：沉头孔是组合孔，不需要草图，其中的孔可以加螺纹，孔口可以加倒角，倒角的角度是指与轴线的夹角。沉头孔的尺寸标注可以采用简化标注方法，也可以用一般的尺寸标注方法进行标注。

2.9.3　埋头孔（锥形沉孔）

埋头孔也称为锥形沉孔，最常见的是带有螺纹结构的埋头孔，如图 2-54 所示。选择孔命令，单击命令条上的"孔选项"按钮，选择埋头孔，其中"子类型"选项为机用、"大小"选项为螺纹尺寸；再添加孔深、角度、螺纹大小与深度等数据，单击"确定"按钮退出对话框，然后放置埋头孔即可。

埋头孔也可以不加螺纹，不加螺纹时通孔居多。孔范围选择贯穿或穿过下一个，螺纹选择关闭（前面的勾取消）即可。

图 2-55 所示为添加了头部间隙的埋头孔示意图，头部加了一段圆柱孔，形成了圆柱 - 圆锥 - 圆柱的结构。

埋头孔的简化标注方法如图 2-53 所示。

总结与讨论：埋头孔是锥形沉孔，一般是带螺纹的埋头孔较多，也可以为通孔，端部也可以改为加一段圆柱的结构。熟悉这些造型方法，在设计过程中进行正确的分析并应用，就可以加快设计的进度。

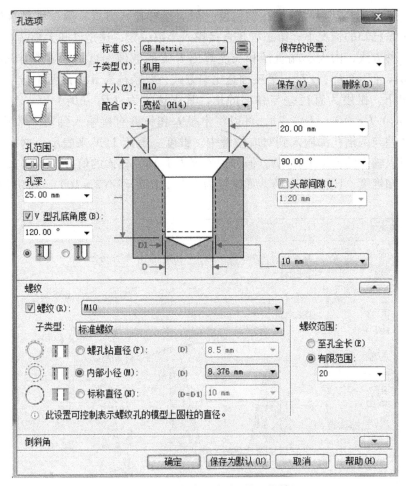

图 2-54　埋头孔"孔选项"对话框

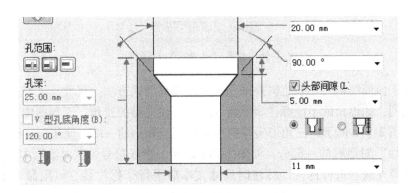

图 2-55　添加了头部间隙的埋头孔示意图

2.9.4　锥孔

锥孔是零件上一种常见结构，在三维软件中一般也都提供锥孔的设计方法。图 2-56 所示为锥孔"孔选项"对话框，其中的"孔范围"和"孔深"选项都与其他孔操作相同，不再进行介绍。右侧直径有大端直径和小端直径，可以根据需要选择。销孔（与定位用的圆锥销相配）一般使用小端直径。锥孔的锥度一般有三种输入方式：第一种是直接输入半锥角，适用于锥角已知的情况下；第二种是直接输入小数位数，这是已知大小端直径和锥孔长度而采取的一种方法，由大小端直径和长度算出 R/L 的数值，这里的 R 是半径差，$R/L = (R_2 - R_1)/L = (D_2 - D_1)/2L$；第三种是比率方式，要求输入 $R:L$ 的两个数值，适用于已知锥度的情况下，锥度为直径差与高度的比，其表达式为 $(D_2 - D_1)/L$，要求输入的是 $R:L = (R_2 - R_1)/L = (D_2 - D_1)/2L$，可以将半径差和长度直接输入到两个数据编辑框中，也可以将直径差与两倍孔深输入到对应位置中。锥度一般用 $1:N$ 来表示，这样的话两个数据编辑框中可以输入的值为 1 和 $2N$，假如说锥度为 1:16，输入的值应为 1 和 32。第二种方式中，如果已知锥度，比值为 $1/2N$，如锥度为 1:16，$R/L = 1/(2 \times 16) = 0.03125$，设置如图 2-56 所示。

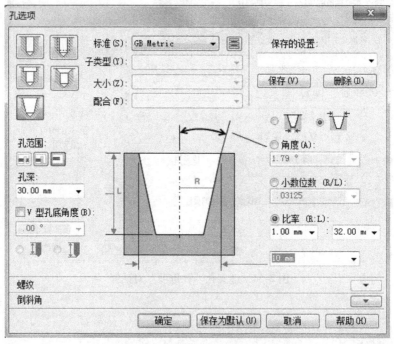

图 2-56　锥孔"孔选项"对话框

　　锥孔也属于内部结构，一般也需要采用剖视或局部剖视方法，尺寸标注与造型中需要的数据不完全相同，如锥角就不能标注半锥角，应该标注完整的锥角。工程图中也可以用锥度符号表示，如图 2-57a 所示，三角形尖端应当指向直径较小的一端。使用引出标注时的命令条与"标准属性"对话框的一部分，如图 2-57b 所示，锥度符号可在对话框中"斜度符号"下拉列表中选择左或右进行标注。标注时尺寸文本应平行于标注线，可用命令条上的"平行标注线"按钮进行修改，文本方向不正确时可用"文本反向"按钮进行调整，如图 2-57b 所示。

　　总结与讨论：锥孔是一个设计工具，在已知锥度或锥角的情况下使用比较方便，注意输入数据 R/L 指的是半径差与锥孔深度比，但大多数情况下都是直径差，比值是直径差与两倍长度比值。读者可以细心观察，采用一种方法输入角度参数两个框也都显示相应数据。锥孔的标注可以使用锥度，标注时文本方向应与标注线平行，三角形尖端指向小端。在命令条

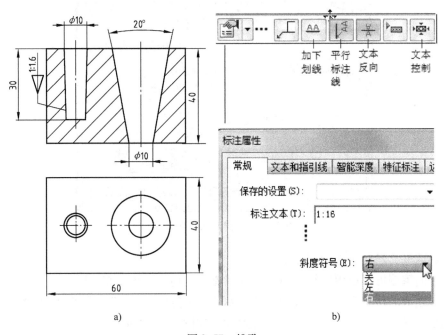

图 2-57　锥孔

a）锥孔的表达与标注　b）锥度符号标注

上右侧的按钮用来调整标注线或文本方向。锥孔的设计都是上大下小的孔，大家想一想下大上小怎么办？如果是通孔，是不是反过来设计就行了呢？如果不是通孔呢？其实，这样的孔没法加工，应该避免这样的设计，设计程序中也就不提供这样的设计方法了。

2.10　槽

槽是零件上常见的结构，为了加快设计过程，Solid Edge 中有槽的设计工具。这是一个需要画草图的命令，然后在"槽选项"对话框中输入有关的槽宽度、槽深度等参数，单击"确定"按钮退出对话框后在平面上放置该结构。实际上相当于画草图线→双向等距线→拉伸切除操作。

槽命令位于孔命令组中，只有画出草图后，该命令才能使用。图 2-58 所示为孔命令组与选择槽命令后的命令条，单击"槽选项"按钮将弹出"槽选项"对话框，如图 2-59 所示。命令条上的范围选项与拉伸命令中的范围选项作用相同。当选择"有限"选项时，单击对话框中"确定"按钮后输入深度。当选择"贯通"或"下一面"选项时，

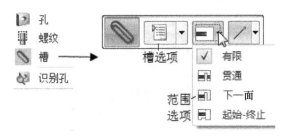

图 2-58　孔命令组与选择槽命令后的命令条

单击对话框中"确定"按钮后，再选择方向。当选择"起始－终止"选项时，可以选择切除到的表面。

提前画好的草图如图 2-60a 所示，选择槽命令，再选择草图，单击命令条上的"槽选项"按钮，在弹出的"槽选项"对话框中输入槽宽度，选择槽端部形状，然后单击"确定"

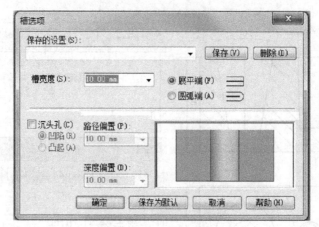

图 2-59　"槽选项"对话框

按钮退出对话框，然后输入槽深度即可。

　　槽命令的草图可以使用直线与圆弧，草图应当相切，如图 2-60c 所示。

　　槽命令生成的槽也可以是沉头槽（图 2-60d），需要在"槽选项"对话框中选择"沉头孔"复选框，填写沉头部分的宽度与深度尺寸，如图 2-61 所示。

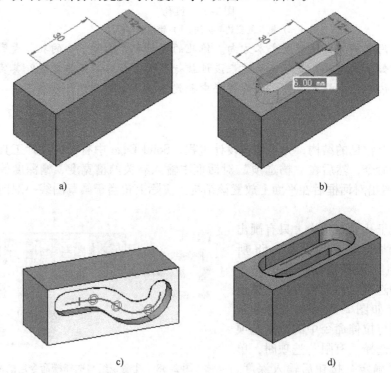

图 2-60　槽命令

a）草图　b）选择槽命令→选择草图→对话框设置参数→输入深度
c）槽命令的草图可以由直线和圆弧相切组成　d）沉头槽

　　槽也可以是凸起的，"槽选项"对话框的对应部分如图 2-62a 所示。槽的范围选项选择有限深度时（不是通槽），输入的深度值是从草图平面开始的槽深度，不是槽的总深度，如

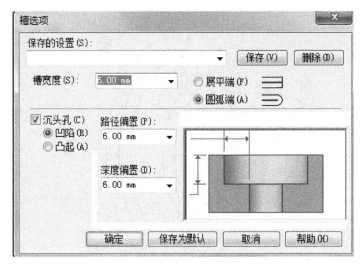

图 2-61 沉头孔选择时的"槽选项"对话框

图 2-62b 所示。

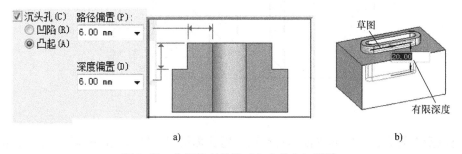

a)   b)

图 2-62 凸起状态的槽（包含凸台）设计

a）单击沉头孔"凸起"按钮时"槽选项"对话框中有关参数的设置 b）凸起状态的槽

槽结构的表达需要体现生成槽的草图的形状、大小与位置以及槽宽度和槽深度的信息。对于有偏置结构的槽，还需要表达偏置的大小与高度（或深度）。槽一般需要采用剖视的表达方法，图 2-63 所示俯视图采用了沿上下对称面剖切的方法，不用标注剖切位置。图 2-63 中有两个槽，一个是普通的槽，采用了贯穿的方式，另一个是沉头的凹槽，造型时采用指定深度的方式。标注时，槽的中心线就是造型时的草图，可以直接在工程图中用点画线画出，标注该线的大小与位置尺寸，如 $R60$、75°，再标注头部圆的半径，宽度方向分别标注台阶与槽深即可。

总结与讨论：槽是一种由草图生成的结构，草图必须是一组由直线和圆弧组成的相切图线，具有与拉伸相同的深度方向和范围选项（有限、贯通、下一面、起始 - 终止），可以生成台阶槽或凸台槽的结构，合理运用可以加快设计的进度。槽的表达一般需要采用剖视，工程图中需要标注生成槽的草图的形状、大小与位置，可以在工程图中直接用草图画出槽的中心线，如果草图比较复杂也可以在视图中直接用点画线显示草图。

2.11 对称

对称是设计过程中对于对称结构进行复制的一种方法。图 2-64a 所示左侧的圆角、孔需

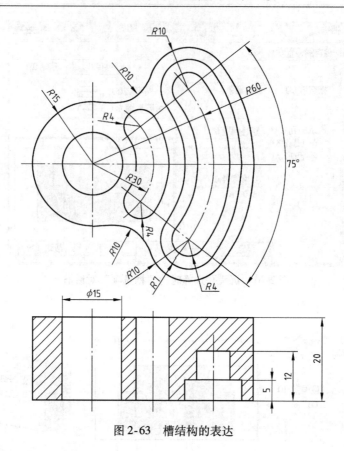

图 2-63　槽结构的表达

要对称复制到右侧去，中间的平面为对称面。对称面可以是零件上的平面，也可以是自定义的平面（如平行面、成角度平面等）。

　　对称命令位于"主页"选项卡的"阵列"选项组中，默认状态下，未选择任何结构时是灰色的，不能使用。该命令要求先选择要对称的结构，如图 2-64a 所示左侧的圆角与孔，最好使用窗口进行选择。在同步设计环境中，有时还要选择与选定结构相关的表面，否则就不能进行对称操作。

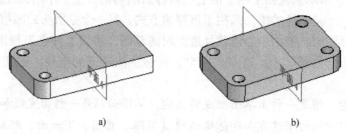

a)　　　　　　　　　　　　　　b)

图 2-64　结构的对称

a）用窗口选择圆角与孔，再选择对称命令　b）选择对称平面生成模型

　　操作方法：选择需要对称的结构（最好使用窗口选择，如图 2-64a 所示左侧的孔与圆角），单击"对称"按钮，选择对称平面，结果如图 2-64b 所示。

　　除了完整的结构可以对称以外，物体的表面也可以进行对称操作，对称后表面显示紫

色，可以用作绘制草图的平面或拉伸的终止面等，如
图 2-65 所示。有时选择的结构不完整，对称后的对象就
是表面，不是实体。

　　对于已经设计的模型中的表面，如果需要设置表面
的对称关系，可以使用面对称命令。先选择命令，再选
择要对称的一个表面，右击（或按〈Enter〉键）确认，
再选择另一个要对称的表面，右击确认，最后选择对称
面，确认即可，如图 2-66 所示。注意操作中需要去掉设
计意图中的选项，否则操作就不能实现，先要忽略原来的几何关系。

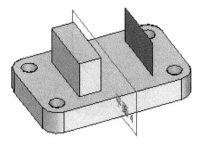

图 2-65　表面的对称

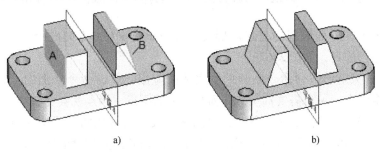

a)　　　　　　　　　　　　　　　　　b)

图 2-66　已经设计表面的对称

a）选择面对称命令，分别选择两面确认　b）再选择对称面后的模型

　　对称后的结构体一般具有对称的关系约束，如果对称以后还需要对复制的立体进行编辑
（如移动、旋转），需要把复制的对象分解成面集（在造型树中右击，在弹出的快捷菜单中
选择"断开"选项），然后再进行操作。读者练习时将左侧立体对称到右侧，旋转复制后的
右侧表面，左侧也一起旋转，因为有对称的关系，即使取消了设计意图也没有效果。此时可
以将对称的立体改为面集，然后再进行操作即可。

　　对称的结构在表达上与其他立体没太大的区别，尺寸标注时注意对称结构的尺寸要对称
标注。

2.12　阵列

　　阵列是沿着纵横或圆周方向复制立体的设计方法。当立体上具有较多的重复结构时，就
要考虑这里重复结构的特点是什么，能够用对称的用对称操作；对于较少的重复结构，能够
移动、旋转的就用移动、旋转复制的方法。如果重复结构较多，纵横方向的重复结构使用矩
形阵列，圆周方向使用圆周阵列。如果是沿零件轮廓边缘的重复结构也可以用沿曲线阵列。

2.12.1　矩形阵列

　　矩形阵列是沿纵横两个方向阵列复制零件结构的一种造型方法。阵列操作需要先选择阵
列的结构，如图 2-67a 所示的小立方体，再单击"主页"选项卡"阵列"选项组中的"矩
形阵列"按钮 ⊞。

　　选择图 2-67a 所示左下角的小立方体，再单击"矩形阵列"按钮 ⊞，然后阵列的平面
用〈F3〉键锁定，移动鼠标指针，单击画出一个矩形，该矩形的尺寸表示矩形阵列纵横两
个方向的尺寸，其中的绿边线表示 x 方向，可以按〈N〉键切换。按〈C〉键可居中进行阵

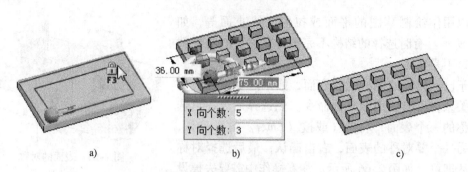

图 2-67　矩形阵列的步骤

a) 选择小立方体和命令，画矩形　b) 修改阵列参数　c) 确认完成矩形阵列

列，然后编辑显示在阵列周围的上述矩形尺寸以及 x 方向、y 方向的个数，如图 2-67b 所示，确认完成矩形阵列，如图 2-67c 所示。

图 2-68 所示为矩形阵列命令条与抑制实例的应用。单击命令条上的"抑制实例"按钮，会出现许多绿点，单击需要抑制的阵列结构上的绿点，绿点就会变成空心的红点，同时该处的阵列实例消失，单击择命令条上的"确认"按钮（绿色的勾或按〈Enter〉键）结束阵列操作。抑制区域需要先画草图，用草图确定草图内外需要抑制的实例。一般不建议采用抑制区域的操作方法，因为还需要画草图，操作比较烦琐，直接用抑制实例方法，单击几次就可以了。

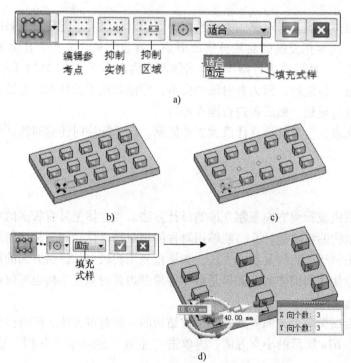

图 2-68　矩形阵列命令条与抑制实例的应用

a) 矩形阵列命令条　b) 选择命令条上"抑制实例"按钮后出现绿点

c) 选择中间三个实例上的绿点后变为空心的红点　d) 命令条上选择"固定"填充式样时的尺寸

命令条上的填充式样包括两项内容，一个是"适合"，另一个是"固定"。它们的区别是"适合"输入的是矩形边的总长度和总宽度，"固定"输入的是矩形边上两个方向的两个元素之间的长度与宽度。这两个选项操作时应当根据需要决定。图 2-67b 中使用的是"适合"填充式样，75mm 是总长度，36mm 是总宽度。图 2-68d 所示为命令条上选择"固定"填充式样时的尺寸，18mm 是每列上两者之间的宽度，40mm 是每行上两者之间的长度。

阵列操作过程中，方向盘上箭头显示的是 x 方向，如果需要切换可以选择方向盘上的其他方向作为 x 方向。低版本软件的操作尤其需要注意这一点。

阵列的编辑：选择左侧造型树上对应的阵列，将显示阵列的名称，单击阵列名称，就可以显示阵列命令条和阵列的有关参数，直接修改就可以。前面讲过的螺纹、孔都可以按照这样的方法进行编辑。

阵列以后，阵列中的实例一般不能单独进行编辑，如移动其中一个，将移动整个阵列。如果非要编辑其中的一个结构与尺寸，也可以在造型树中右击该阵列，在弹出的快捷菜单中选择"断开"选项，将阵列分解成一个个的立体，就可以编辑了，移动旋转都可以。

2.12.2　环形阵列

环形阵列与矩形阵列类似，是沿圆周进行阵列的工具，如图 2-69 所示。

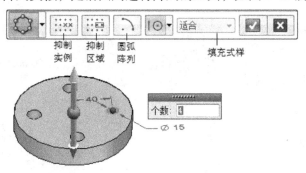

图 2-69　环形阵列

选择阵列对象（图 2-69 所示右侧圆孔），单击"环形阵列"按钮，再选择阵列的中心（鼠标指针放置在圆周上就可以捕捉到圆心），输入阵列个数然后在命令条上单击"确认"按钮（绿色的勾或右击或按〈Enter〉键）。如果不是整个圆周的阵列，单击图 2-69 所示的"圆弧阵列"按钮，输入阵列的角度和阵列的个数，然后在命令条上单击"确认"按钮即可，如图 2-70 所示。

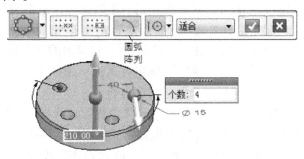

图 2-70　圆弧阵列（"适合"填充式样）

采用整圆阵列时（不选择圆弧阵列），填充式样只能使用"适合"。当选择圆弧阵列时，可以选择命令条上的"固定"选项，如图 2-71 所示。输入的参数是两个相邻阵列元素之间的角度。

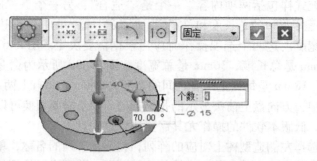

图 2-71　圆弧阵列（"固定"填充式样）

圆弧阵列的抑制操作与矩形阵列相同，不再进行介绍。

2.12.3　跟随曲线阵列

跟随曲线阵列是指跟随零件的边缘进行阵列，如图 2-72 所示。

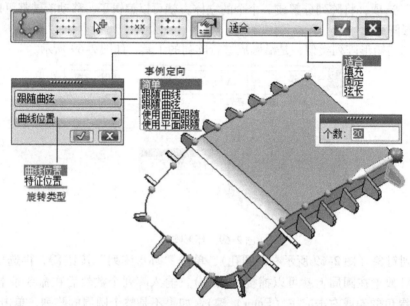

图 2-72　跟随曲线阵列

选择阵列的特征（一般使用窗口或在造型树中选择），单击"曲线阵列"按钮，在命令条上选择"链"或"单一"选项，再选择相切的轮廓线（如图 2-72 所示上表面边线）并右击确认；选择曲线上的起始点，再选择起始点处箭头上阵列的方向，然后在起始点处的编辑框中输入数量；单击命令条上的"选项"按钮，在弹出的两个选项中选择跟随曲线阵列，观察阵列的情况，满意后单击"确定"按钮并返回；选择命令条上的填充式样，单击命令条上"确认"按钮（绿色勾）退出跟随曲线阵列。

当设置为"适合"选项时，阵列操作可放置"个数"选项指定数量，并且间距相等。

当设置为"填充"选项时，阵列操作的数量由"间距"选项指定。

当设置为"固定"选项与"弦长"选项时，阵列操作需要输入"个数"与"间距"，具体位置由软件计算。

总结与讨论：本章主要介绍了一些常用结构的设计与表达方法，通过本章的学习，在产品的设计过程中应该合理运用这些方法去设计与表达物体。

第3章 视图的读图方法

在前面两章中，介绍了基本立体的造型与投影以及常用结构的设计与表达。产品的表达通常有两种方法，一种是视图的表达方法，另一种是轴测图的表达方法。视图的表达方法是产品表达很重要的一个方面，可以更清晰地表达产品的结构与尺寸。但是视图也有缺点，主要是立体感不强，读图比较难。轴测图也是表达的一种方法，优点是立体感强，但是一般只能表达产品的一个方向，标注比较麻烦。因此视图仍然是物体表达的一种主要方法。本节介绍视图的读图方法。

3.1 读图的基本方法

产品是设计者思想的表达，视图是产品表达的方法之一。作为一名工程技术人员，设计只是一个方面，还要会读图。尤其在三维设计时代，设计工作都是基于三维的产品设计，视图都是自动生成的，因此更应该加强读图的技能训练。

3.1.1 读图的基本要领

（1）几个视图联系起来读图

在工程图中，物体的形状一般是通过几个视图来表达的，每个视图只能反映物体部分形状。因此仅由一个或两个视图往往不能唯一地表达物体的形状。如图 3-1 所示的四组图形，虽然它们的俯视图都相同，但实际上表达了四种不同形状的物体。因此，要把几个视图联系起来分析，才能确定物体的形状。又如图 3-2 所示的四组图形，它们的主、俯视图均相同，但同样是四种不同形状的物体。由此可见，读图时必须将给出的全部视图联系起来分析，才能想象出物体的形状。

读者朋友们想一想：还有别的形状的物体的俯视图和图 3-1 所示俯视图是一样的吗？当然有，而且还有很多。

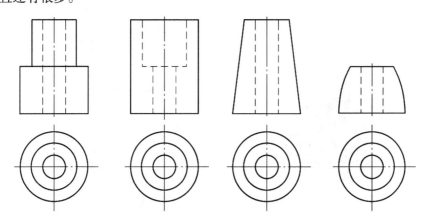

图 3-1　一个视图不能唯一确定物体形状的示例

（2）从主视图入手将几个视图联系起来分析

读图时，首先要找出最能反映物体形状特征的视图。由于主视图往往能反映物体的形状特征，故一般应从主视图入手，同时配合其他视图进行形体分析。

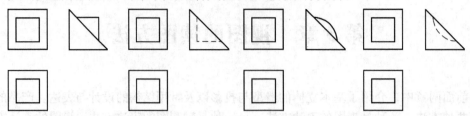

图3-2　两个视图不能唯一确定物体形状的示例

（3）明确视图中线框和图线的含义

视图中的每个封闭线框通常表示物体上一个表面的投影。如图3-3a所示主视图中有四个封闭线框，对照俯视图可知，线框 a'、b'、c'分别是六棱柱前三个棱面的投影，线框 d' 则是圆柱面的投影。

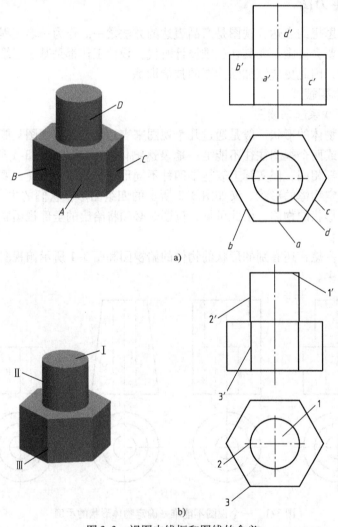

a)

b)

图3-3　视图中线框和图线的含义

a）相邻的线框代表不同面，可能相交也可能同向错开一定位置

b）图线代表积聚性的投影、表面交线的投影和转向轮廓线的投影

相邻两线框或大线框中有小线框，则表示物体不同位置的两个表面。可能是两表面相交，如图 3-3a 所示的 A、B、C 面依次相交；也可能是同向错位（如上下、前后、左右），如图 3-3b 所示俯视图，就是六棱柱顶面与圆柱顶面的投影。

视图中的每条图线，可能是立体表面有积聚性的投影，如图 3-3b 所示主视图中的 1′是圆柱顶面的正面投影；或是两平面交线的投影，如图 3-3b 所示主视图中的 3′是 A 面与 B 面交线的投影；也可能是曲面转向轮廓线的投影，如图 3-3b 所示主视图中 2′是圆柱面前后转向轮廓线的投影。

（4）善于构思物体的形状

下面以一个简单有趣的例子来说明物体形状的构思方法和步骤。

如图 3-4a 所示，已知某一物体三个视图的外轮廓，要求通过构思，想象出这个物体的形状。构思过程如图 3-5 所示。

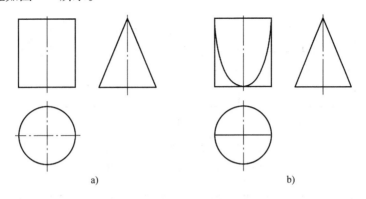

图 3-4　构思图例

a）物体视图外轮廓　b）物体的三视图

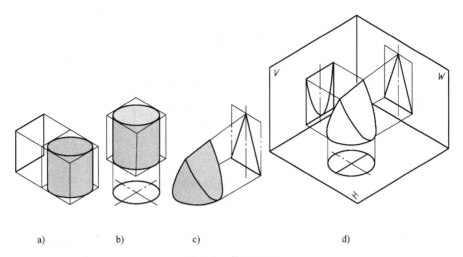

图 3-5　构思过程

a）根据主视图构思物体　b）根据主、俯视图构思物体　c）根据左视图构思截切面　d）物体的实际形状

主视图为矩形的物体，可以想象出很多，如长方体、圆柱等，如图 3-5a 所示。

主视图为矩形，俯视图为圆的物体，必定是圆柱体，如图 3-5b 所示。

左视图为三角形，只能由对称圆柱轴线的两相交侧垂面切出，而且侧垂面要沿圆柱顶面直径切下（保证主视图高度不变），并与圆柱底面交于一点（保证俯视图和左视图不变），结果如图 3-5c 所示。

图 3-5d 所示为物体的实际形状。必须注意，主视图上有前、后两个半椭圆重合的投影，俯视图上有两个截面交线的投影。构思以后得到的物体三视图如图 3-4b 所示。

（5）找到表达物体形状特征与位置特征的视图

一般表达物体时，尽可能地使主视图反映物体较多的形状特征与位置特征。但是考虑到其他因素，有时也不一定主视图就是最能表达物体形状的那个视图，这就要对视图进行分析，找出反映形状特征与位置特征的那个视图，从而确定物体的结构。

如图 3-6 所示，主视图和俯视图都是长方形，并不能反映物体的形状，左视图是反映物体形状的视图，通过左视图再加上其他视图就能理解物体的形状。

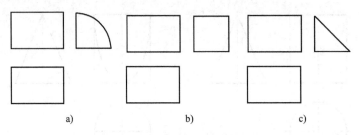

图 3-6 左视图为形状特征视图
a) 部分圆柱体 b) 长方体 c) 三棱柱

图 3-7 所示的立体 A 与 B 的主视图与左视图都是一样的，也不能反映物体的实际形状，能够反映实际形状的是俯视图。

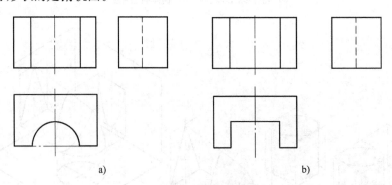

图 3-7 俯视图为形状特征视图
a) 立体 A b) 立体 B

图 3-8 所示两个立体的主俯视图相同，看不出中间结构的位置，左视图是反映位置特征的视图。

3.1.2 形体分析法

视图是物体在某一个方向的投影，是物体在该方向压缩挤压到一个平面的图形。读图的过程就是从这些视图中还原立体的结构。视图是由若干图线、线框组成的图形，每一个线框都表示一个面，每一条图线都表示物体的表面交线、棱线、轮廓线。视图中的若干个线框可

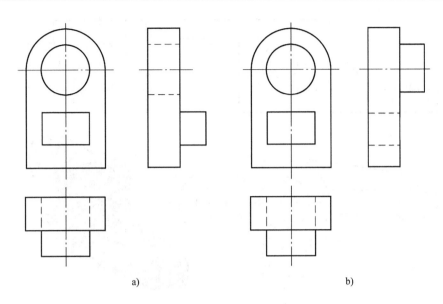

a)　　　　　　　　　　　　　　　　　　　b)

图 3-8　左视图为位置特征视图

a) 立体 A　b) 立体 B

能是一个立体（最少一个）。形体分析法是通过分析视图中的线框，将组合体分为若干个立体，然后根据立体的形状与位置确定组合体整体形状的一种读图方法。相对来说，这是一种比较好的读图方法，每个组合体总是由若干个立体所组成，通过简单分割来快速了解组合体结构。

如图 3-9a 所示为支座的三个视图，读图过程可分为以下三步。

首先，分线框。从主视图对应的几个大线框来看，可以把支座分成五个部分：左边底部是与圆筒相切的矩形线框、左中部是三角形线框、中间为矩形线框和圆形线框、右部是矩形线框。

其次，对投影，想形状。从主视图开始，分别把每个线框所对应的其他投影找出来，确定每组投影所表示的形体形状。根据视图对照分析，可以确定：左边底部是底板、左中部是三角形肋板、中间为直立圆筒和圆柱凸台、右部是 U 形耳板。支座由圆筒、底板、肋板、圆柱凸台及耳板五部分组成。

最后综合起来，想整体。在读懂每部分形状的基础上，根据物体的三视图，进一步研究它们的相对位置和连接关系，综合想象形成一个整体。由三个视图进一步分析可以确定：底板左端面是圆柱面，并开有圆孔，其两侧面与直立圆筒相切，在主、左视图中相切处不应该有线，底板顶面在主、左视图中的投影应画到相切处为止；肋板是三棱柱，耳板右端面是半圆柱，肋板和耳板的前、后两侧面均与直立圆筒相交，都有截交线；圆柱凸台与直立圆筒垂直相交，两者的内、外表面均有相贯线。形体分析结果见图 3-9b。

总结：分析视图时，不要将形体分得太细，大概分成几个部分，将一些小的形体可以认为是大形体上的部分结构，如底板上的孔、圆柱凸台上的孔等。按照先大后小，先实后虚的原则去观察视图上的图框，分析与识别形体。

例题 3-1　读懂图 3-10 所示立体的结构，完成它的造型，并补画左视图。

首先大概看一下视图，了解视图的构成。从提供的图形来看，该图形由主视图和俯视图构成。

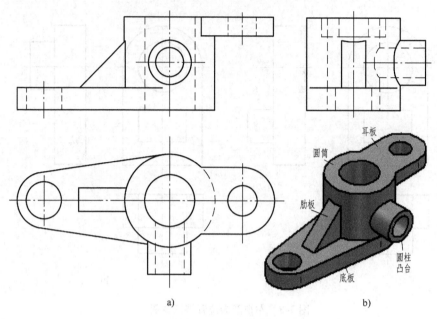

图 3-9　支座的读图

a）三视图　b）模型

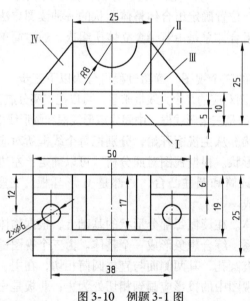

图 3-10　例题 3-1 图

　　第二步观察视图，看一看哪个视图能够表达立体的形状特征和位置特征。从两个视图来看，主视图的线框都是相邻的，而且上下、左右结构分明；而俯视图的线框都在外框之内，没有主视图明显，因此主视图是反映形状特征与位置特征的视图。

　　第三步是分线框、对投影、想形状。从主视图看可以分为四个线框。最大的是底部矩形轮廓 I，与俯视图中外框相对应，应该是长方体结构，对应的长、宽、高尺寸是 50、25、10。在主视图的线框 I 内部，还有一些细虚线，与俯视图对照来看，左右两侧应当是两个孔，对应的尺寸是 12、38、2×φ6。视图中水平的细虚线表明在后部还有不可见的结构。从孔的位置与图形分析，主视图对应的细虚线应该是水平面。因为如果该面是倾斜的侧垂面，则孔的底部应该是椭圆，如果该面是曲面的话，孔的底部就是一般的空间曲线（两个柱面交线），综合起来该部分就是一个　　形结构，上面有两个孔位于左右两侧，相应的该部分视图如图 3-11 所示。

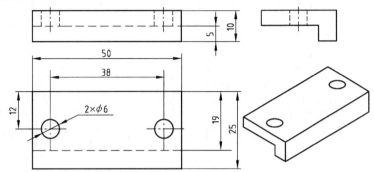

图 3-11　底板结构形状与三视图

主视图上面有三个线框，中间的最大，主视图中表达了该部分的结构，对应的俯视图中表达了该部分位于底板的后部中间位置，底板 I 与中间部分 II 的结构形状与三视图如图 3-12 所示。

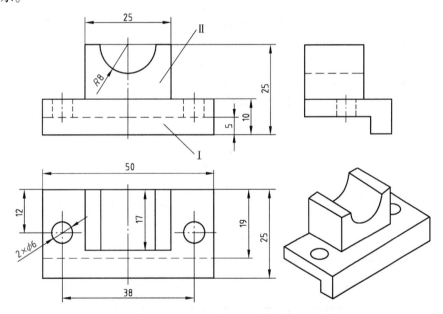

图 3-12　底板 I 与中间部分 II 的结构形状与三视图

主视图上面的左右部分是两块三角形肋板 III 与 IV，从俯视图可以看出，它们与底板 I 和中间部分 II 后面平齐。图 3-13 所示为完成后的立体三视图。一般细虚线上尽量不标注尺寸，将三个尺寸调整到了左视图上，这样标注就显得更加清晰。

观察一下图 3-13，实际上底板 I 的形状特征视图为左视图，该结构具有左右对称的关系。造型设计时，画出左视图对应的图形并双向对称拉伸 50mm，再加上 2 个 ϕ6mm 的圆孔即可。中间部分的特征在主视图上并和底板后面靠齐。在底板后面的面上画出主视图的图形，拉伸 17mm 即可。后面的肋板在底板后面画两条线并拉伸 6mm 即可。

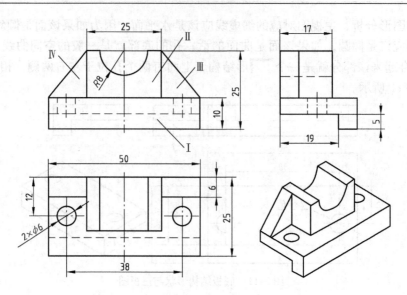

图 3-13　完成后的立体三视图

例题 3-2　观察图 3-14 所示视图，理解该立体的结构，完成该立体的左视图。

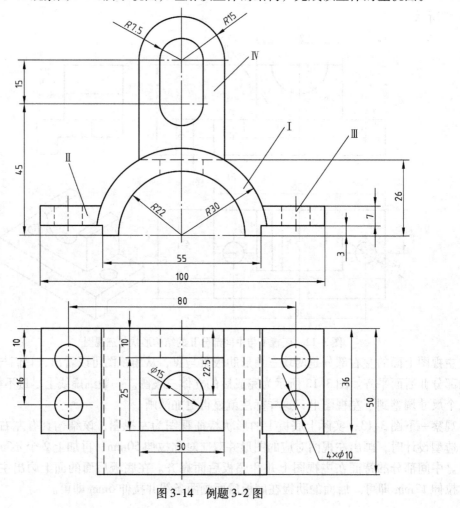

图 3-14　例题 3-2 图

从主视图上看，该立体由四个部分组成，半圆柱筒Ⅰ最大，其次是上面的耳板Ⅳ，左右还有两块平板Ⅱ与Ⅲ。从俯视图上看，有两个线框可以和主视图Ⅳ部分的线框对齐，这就要进一步进行分析。主视图中的线框Ⅳ中间还有长圆图形，俯视图中应该有对应的图形。如果是孔或槽，俯视图中就是细虚线；如果是凸出的结构，俯视图中就应该有粗实线的矩形。因此得到结论，耳板Ⅳ中间是长圆槽形结构，俯视图中对应的是细虚线。可以认为长圆槽形结构是该部分的附属结构，可以在读图时作为读图的标志性结构。俯视图中带圆的矩形线框就是半圆柱筒上的附属结构，结合主视图，该部分就是切掉了一个水平面并加了一个圆孔。平板Ⅱ、Ⅲ后面平面与耳板Ⅳ和半圆柱筒Ⅰ的后表面对齐，平板上有圆孔。在该立体底部的左右还切去了一小部分，对应的尺寸是高度尺寸 3 和长度尺寸 55。

通过前面的分析就了解了该立体各部分的结构与位置，可以完成它的左视图或进行造型设计。

半圆柱筒部分造型分为三个部分，即半圆柱筒、中间部分切除、再加中间的小孔，如图 3-15 所示。手工作图也可以按照同样的方法去画出左视图三个部分的投影。

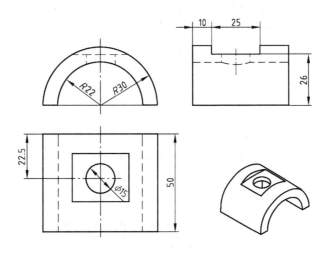

图 3-15　半圆柱筒的造型与三视图

然后完成后面耳板Ⅳ的设计，在后面的平面上画出主视图中对应的图形，拉伸 10mm，如图 3-16 所示。

最后画出俯视图所示平板的草图，拉伸 10mm。切除底部多余的部分，最终的结果如图 3-17 所示。

注意：尺寸最好标注在最清晰的一个视图上，细虚线上最好不要标注尺寸，相互关联的尺寸最好标注在一起，读图时便于查找。

总结与讨论：

1）形体分析法是读图很重要的一种方法，通过形体分析将立体分成几个大的部分，然后再去详细分析。

2）分割线框时，不要分得太细，立体上的一些小结构可以算在大的结构上，同时它们也可以作为读图的依据。

3）按照先大后小、先主后次、先实后虚的原则去理解和识别立体。

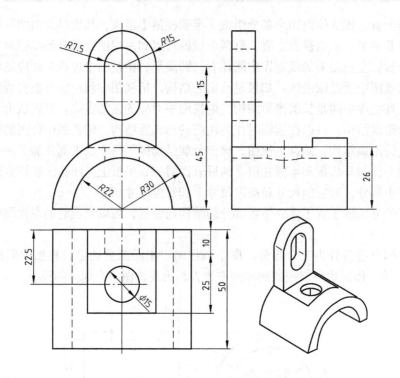

图 3-16　完成第二部分后的造型与三视图

4）视图中的一些交线可以作为读图的一种依据，如依据交线的弯曲方向等判断立体。例如，圆柱间交线为小圆柱向大圆柱轴线方向弯曲的曲线。

3.1.3　线面分析法

对于形体清晰的组合体，用形体分析法读图即可。但有些比较复杂的形体，尤其是切割或穿孔后形成的形体，往往在形体分析法的基础上，还需要运用线面分析法来帮助想象和读懂局部的形状。线面分析法就是根据视图中图线和线框的含义，分析相邻表面的相对位置、表面的形状及面与面的交线特征，从而确定空间物体的形体结构。

当基本体被平面截切后，如果截平面与投影面平行时，则截平面在该投影面上的投影反映实形；如果截平面与投影面垂直时，截平面在该投影面上的投影积聚为直线，在另外两个投影面上的投影为类似形。读图时，也常常利用投影的类似性来判断截平面的空间形状。有时也可以通过截交线与相贯线的形状与位置来判断表面的形状与位置。

例题 3-3　已知立体的主视图和俯视图，如图 3-18a 所示，读懂该立体的形状，完成该立体的左视图。

从两个视图来看，这是一个切割体，主视图与俯视图的外框基本上是矩形，说明没有切割以前是长方体。从主视图看，左上角缺一个角，说明是切除以后的结构。主视图中图线不是很复杂，外框加两条线，一条粗实线和一条细虚线。俯视图中图线就比较多。读图时不能只抓住一个图去分析，必须两图结合起来分析。

通常首先分析视图中比较大、形状稍微复杂一些的线框。从两个视图看，顶部要复杂一些，那么就先从顶部分析。主视图最上面的图线对应俯视图中两个多边形，此面是水平面，形状反映在俯视图中，位于最上面，如图 3-18a、b 所示。主视图的左上角斜线对应俯视图

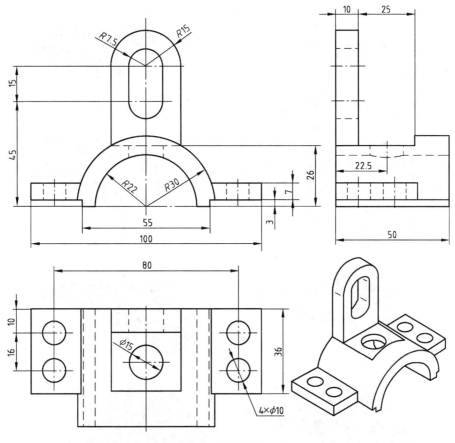

图 3-17　最终的三视图

中左侧前后的两个梯形，此面是正垂面，形状是梯形，位于左上角的前后，与顶面相交，如图 3-18c 所示。与上述两面相交的面在主视图中是带细虚线的三角形，俯视图中是一条线，表明这两个面是铅垂面，如图 3-18d 所示。主视图中的细虚线与俯视图中间的梯形相对应，表明该面是一个正垂面，位于上面的中间，是左大右小的梯形，如图3-18e所示。两个视图最左侧的线相对应，是一个侧平面，形状是一个矩形，与上面三个面，前面两个面相交，如图 3-18f 所示。最前面和最后面是正平面，形状是多边形，为主视图左侧的实线框形状，如图 3-18g 所示。右侧的前后面为正平面，形状为主视图右侧的三角形形状，如图 3-18h 所示。面向右侧的三个面为两个前后正垂面和右侧一个侧平面，形状都是矩形，如图 3-18i 所示。底面就是俯视图外围线框的形状。

　　要徒手绘制左视图，可以先画出左视图外围的矩形线框，然后逐渐补充各个表面在左视图中的图形。先画大的、主要的表面，后画小的、次要的表面，如图 3-19 所示。

　　如果要采用造型投影的方法，可以先画出一个 32mm × 28mm × 21mm 的长方体，如图 3-20a 所示。然后在左上角画一条直线，定位尺寸为 11、23，前后拉伸切除，如图 3-20b 所示。中间的槽如何做出呢？直接用主视图中的三角形拉伸是不行的，因为前后拉伸距离不一样。用俯视图中间的梯形向下拉伸切除，距离也不一样。可以先用主视图中的细虚线拉伸做一个平面，再用俯视图中间的梯形拉伸切除到做出的平面上，拉伸的方式是"起始 – 终

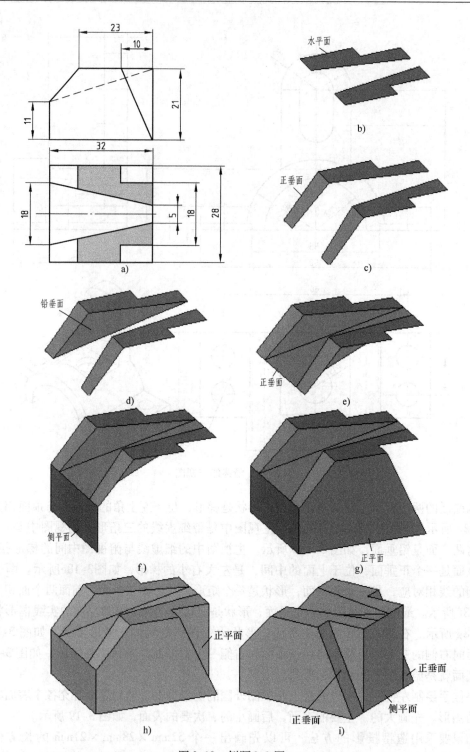

图 3-18　例题 3-3 图

a）已知视图　b）顶部为水平面　c）左上角为正垂面　d）主视图细虚线以上的三角形对应铅垂面
e）俯视图中间的线框对应正垂面　f）左侧为侧平面　g）最前面和最后面为正平面
h）右侧前后面为正平面　i）右侧前后面为正垂面，右侧面为侧平面

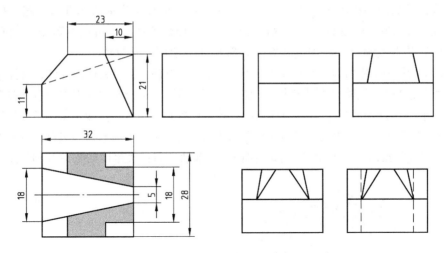

图 3-19　徒手绘图时左视图的绘图方法

止"方式。需要画斜线与顶部的梯形草图，再通过拉伸实现，如图 3-20c 所示。在前面的右侧画一条线，尺寸为 10、21，然后拉伸切除（28 - 18）/2 的距离，如图 3-20d 所示。另一侧相同的结构使用对称复制即可，如图 3-20e 所示。最后使用投影方式完成左视图。

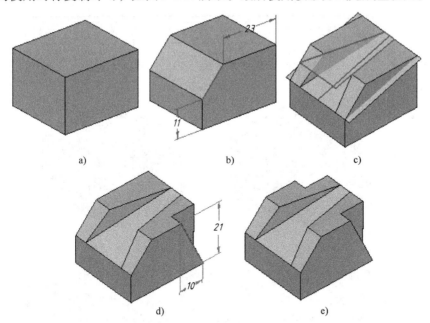

图 3-20　造型过程

a）长方体，32mm × 28mm × 21mm　b）左上角切角　c）中间做正垂面，拉伸切除　d）切角　e）对称操作

中间的槽有没有别的方法来实现呢？读者可以考虑一下。左侧的上部画一个矩形，右侧顶部画一条线，使用放样切除是不是也可以呢？实际上是不行，因为实体放样的草图都必须是封闭的，只有一条线是不行的。那还有没有别的方法呢？可以考虑曲面造型的方法，使用曲面中的蓝面来构造中间部分的类锥体，再使用缝合来生成立体，最后使用布尔运算减去来完成，这就麻烦多了，大家可以试一试。采用布尔运算时，先选择布尔运算减去命令，再选

择整体确认，然后选择被减去的立体并确认。设计过程中如果实体影响选择草图，也可以关闭实体。在 Solid Edge 中没有提供曲面的放样，由蓝面命令代替，可以有若干个截面曲线和引导线，也有映射点编辑（添加或者删除）等操作，使用非常灵活。

图 3-21a 所示为采用曲面设计时画的草图，为了选择方便，暂时关掉设计体，去掉造型树中设计体前面的复选框，只显示草图或曲面，如图 3-21b 所示。选择曲面处理中的蓝面命令，选择矩形角点，再选择直线的端点，注意对应点的选择。如果是一组线，直接一条一条线的选择，再选择引导线，然后选择另一组线，在命令条上确认或取消后可以重新选择。选择命令条上的下一步，单击"完成"按钮（图 3-21c）结束蓝面设计，蓝面设计的类锥体如图 3-21d 所示。

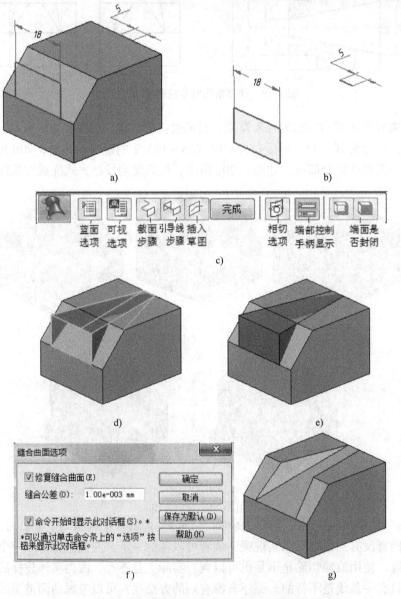

图 3-21 蓝面、有界曲面与体的布尔处理在设计中的使用

a）采用曲面设计时画的草图　b）仅显示草图或曲面　c）选择两组线确认后，选择命令条上的下一步后的命令条
d）蓝面设计的类锥体　e）单击"有界曲面"按钮将左端封闭　f）"缝合曲面选项"对话框　g）使用减去布尔运算得到的立体

单击曲面处理中的"有界曲面"按钮 🖳 将左端封闭,如图 3-21e 所示。再使用曲面处理修改命令组中的缝合命令,将前面的曲面变为实体。图 3-21f 所示为"缝合曲面选项"对话框,可以在造型树中选择缝合的曲面。注意设计环境中没有由曲面组成的封闭空间时,缝合命令是灰色的,不起作用。最后使用"主页"选项卡"实体"选项组中添加体命令组 🗂 的减去命令 🗐 得到想要的立体,结果如图 3-21g 所示。操作时先选择整体并确认,再选择减去的立体然后确认。

例题 3-4 分析图 3-22a 所示的视图,完成它的左视图和造型。

从主视图和俯视图来看,都是由六个上下相邻的正方形组成,每个线框的相邻线,都是这些表面或结构的交线。

主视图的上下两排线框表示了这些表面或结构是上下结构的关系,相邻形体之间相交后有前后错位的关系。从俯视图看也是同样的结构形式。

由于主视图和俯视图中都是可见的线框,因此主视图中上面一层应该是后面一层,与俯视图后面一层对应,否则 Ⅰ、Ⅱ、Ⅲ 向前凸出的话必然会在俯视图出现不可见的细虚线。也就是说:主视图中的线框 1′、2′、3′ 与俯视图中的线框 1、2、3 相对应,4′、5′、6′ 与俯视图中的线框 4、5、6 相对应,如图 3-22b 所示。

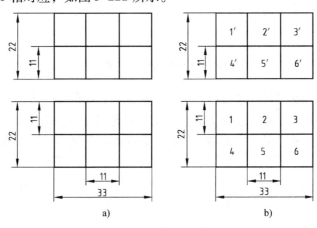

图 3-22 例题 3-4 图
a) 线面分析法读图 b) 线框分解

对于每个表面来说,主俯视图中投影都是正方形,在空间都应是正方体一部分,也有可能是等边三棱柱、1/4 圆柱等。实际形体中可以用平面和 1/4 圆柱面设计。假如 Ⅰ 是侧垂面,对应的形体可能是三棱柱,如图 3-23a 所示。Ⅱ 与 Ⅰ 相邻,假如说 Ⅱ 为圆柱面,可以形成如图 3-23a 所示的结果。Ⅲ 一样可以和 Ⅰ 是一样的。Ⅰ 和 Ⅳ 相邻,Ⅰ 是斜的,Ⅳ 可以凸起,Ⅴ 与 Ⅳ 相邻就得是凹下的结构,最终的结果如图 3-23a 所示。这种凸与凹的关系也可以相互换位,如图 3-23b 所示。

当然也可以认为主视图中的 1′ 与俯视图中的 1 不是一个面,而是两个相邻的表面,如 1′ 是正平面,1 是水平面,那么这个位置就是一个正方体。相邻的一个形体就是一个三棱柱或 1/4 圆柱。按照这个想法对应的结构如图 3-23c 所示。当然,这种凸与凹的关系也可以相互换位,如图 3-23d 所示。

该物体的左视图可以用手工绘图,根据自己的想法把左视图画出来。造型的话,就需要根据读图的结果做出各部分的结构,最后投影得到左视图,如图 3-24 所示为其中两种结果。

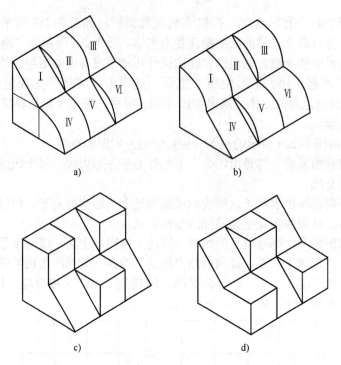

a)　　　　　　　　b)

c)　　　　　　　　d)

图 3-23　面形分析读图结果

　　该例题的主视图与俯视图不能反映物体的实际形状，可能会得到不同的解。实际的题目中，可以只做出其中的一个解。实际上，左视图更容易读懂该物体的实际结构，它才是反映结构的一个视图。以后在表达物体时也是一样，表达形状特征的视图不能缺少。

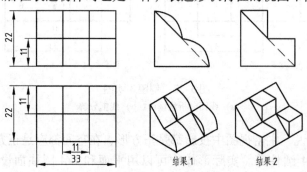

结果1　　　　　　结果2

图 3-24　读图绘制左视图

　　例题 3-5　已知物体的主视图和俯视图（图 3-25a），利用线面分析法读图，画出左视图。

　　从两个视图来看，好像差不多，外框都是矩形，可以认为是长方体，左侧都含有正方形，什么结构的投影是正方形呢？可能首先想到的是正方体，那右侧也是一样的。中间是什么结构呢？两侧端面都是正方形，大小不一样，连起来就是棱锥。造型的话就比较简单了，先做外围长方体，再切除左右两侧的正方体，最后放样切除中间的锥体即可。顶面的形状为俯视图后部的六边形，如图 3-25b 所示。左侧是侧平面，后面高前面低，是一个 L 形的形状，如图 3-25c 所示。前面左右侧为两个正方体，中间是锥体，如图 3-25d ~ g 所示。

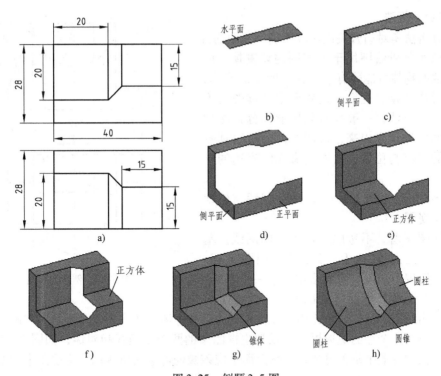

图 3-25　例题 3-5 图

a) 主视图和俯视图　b) 顶面为水平面　c) 左侧为侧平面，L 形　d) 前面为正平面
e) 左侧正方体　f) 右侧长方体　g) 中间锥体　h) 中间为回转体

实际上不是出现个框就是平面立体，也可能是圆柱一部分，中间的部分也可以是圆锥的一部分，如图 3-25h 所示。图 3-26 所示为投影后的三视图。

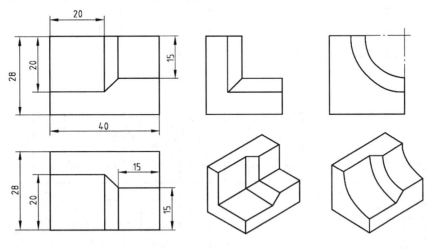

图 3-26　投影后的三视图

总结与讨论：线面分析法是通过分析视图中线框来了解组成物体的各表面的形状与位置，从而弄清楚物体结构的读图方法；"二求三"是最典型的读图练习，读者试着多做一些练习，就可以熟能生巧了。

3.1.4　综合分析法

形体分析法是对组合关系比较明确的视图的读图方法，线面分析法则用于不规则的切割体。但是，大多数的物体可能既有叠加比较明显的形体，又有切割形成的槽、孔等。这就要求在读图时不一定就用一种方法，一般都是先用形体分析法把比较明显的立体识别出来，再用线面分析法理解个别表面的形状与位置，从而读懂视图表达的具体结构。

例题 3-6　已知图 3-27 所示的主视图与俯视图，补画左视图。

从主视图来看，不考虑线框内部的图线，基本上可以分成三个线框 Ⅰ、Ⅱ、Ⅲ，如图 3-28a 所示。对于俯视图来说，前面多出来了一个半圆，后面部分是矩形框，半圆与主视图中的线框 Ⅰ 内

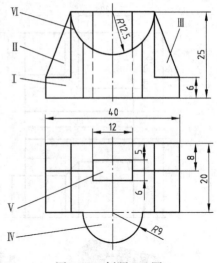

图 3-27　例题 3-6 图

部的一部分相对应，这样这个物体可以大致分为四个形体，如图 3-28b 所示。在俯视图后部中间部分，还有一个小的矩形框，可以和主视图中的两条细虚线相对应，如图 3-28c 所示。既然该矩形在俯视图中是可见的，自然上面不应该被任何东西所遮挡。主视图中与细虚线相

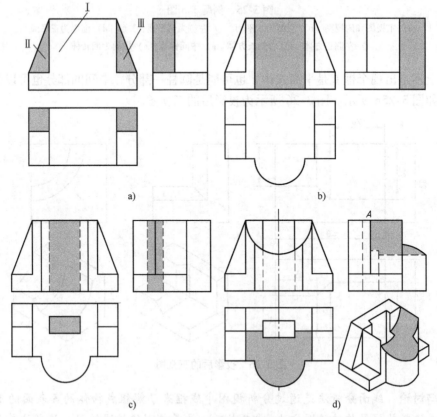

a)　　　　　　　　　　　　　b)

c)　　　　　　　　　　　　　d)

图 3-28　读图分析过程

a）先分成三个线框　b）半圆对应的投影　c）矩形对应的投影　d）俯视图阴影部分与主视图圆弧对应

连的两条实线也可以与俯视图中的该矩形框相对应。在主视图中既然两条线是可见的，说明前面也没有被任何东西所遮挡，是空的结构。同时也说明主视图此处与细虚线和实线相交的半圆弧就是把上面的实体切除的"刀具"线，圆弧在俯视图中对应的线框就是该圆柱面的水平投影，如图 3-28d 所示。根据分析的过程，同时也画出了这些部分的左视图，最终的结果如图 3-28d 所示。

在该实例的分析过程中，能用体理解的尽量用体的概念理解，同时也想想该形体各表面的形状与位置。例如：形体 II 和 III 就是由倾斜的正垂面和正平面组成，后侧与形体 I 的表面平齐（共面），底部另一侧与形体 I 相交。俯视图中左侧的两个小矩形框都可以和主视图中的三角形线框相对应，为何说三角块一定就在后面呢？这是因为如果这部分在前面，三角块的前面就会和形体 I 的前面共面，一个面只能用一个线框表示，两条粗实线就没有了。同时后面是空的话，在主视图中也必然会有细虚线，因此三角块一定就在后面。

主视图中的圆与俯视图中的圆是两个圆柱面，虽然是一虚（空）一实，在空间也会有交线，交线应当符合圆柱面相交时交线的规律：小的向大的方向弯曲，如图 3-28d 所示。

在前面分析的基础上，立体的造型过程如图 3-29 所示。

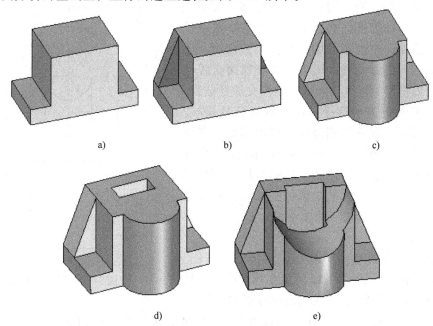

图 3-29 立体的造型过程

a) 形体 I 造型 b) 形体 II、III 造型 c) 形体 IV 造型 d) 形体 V 造型 e) 形体 VI 造型

从视图中的尺寸标注看，立体左右对称，对称面是长度方向的尺寸基准，底面、后面是高度与宽度方向的尺寸基准。前面是圆柱结构，不标注宽度方向的总体尺寸，标注圆柱的定位尺寸和半径即可。

想一想这个例题还可能有别的结构吗？图 3-30 可以吗？显然是可以的。那这个曲面立体怎么做出来呢？曲面中有一个有界（或蓝面）曲面，再加上底面和两侧面缝合，附加即可。

例题 3-7 已知物体的主视图和俯视图，如图 3-31 所示，求它的左视图。

从两个视图来看，该物体由三个主要的形体组成，中间的 I 最大，为上下两部分，上部

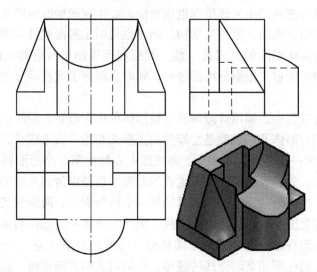

图 3-30　添加了一个锥体（可以用放样生成：底面－顶点为草图）

主视图中投影是圆，俯视图中投影也是圆，大小也一样，那就是半球面的结构。Ⅰ 的下部主视图中投影是矩形，俯视图中投影是圆，那就是圆柱面。形体 Ⅱ 根据交线判断是圆柱，因为圆柱与球面交线是圆，此处交线投影为直线。圆柱与圆柱交线是曲线，且曲线向大直径的方向弯曲。形体 Ⅲ 应该是棱柱。因为从它的前面、顶面和圆球面交线都是圆。在中间的立体内部，主视图中的圆与俯视图中的细虚线相对应，说明是圆孔。俯视图中最前与最后面是两条直线，外侧没有任何图线，说明圆球和圆柱被这两条图线给切除了，形成了两个平面，如图 3-32 中的轴测图所示。

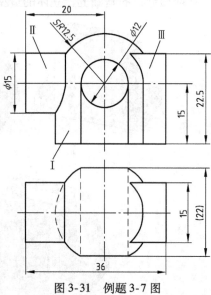

图 3-31　例题 3-7 图

　　根据上面的分析就不难画出该物体的左视图。先画中间的形体 Ⅰ，如图 3-32 所示左视图中的线框 1，然后画形体 Ⅱ 的圆 2，其次画出形体 Ⅲ 的线框 3，线框 3 在左视图中都是不可见的，应该为细虚线。最后画出中间圆孔的投影（细虚线），检查补充中心线，如图 3-32 所示。

　　该物体造型的话，也是先做中间的立体 Ⅰ，画如图 3-33a 所示草图，旋转得到中间的立体 Ⅰ。在中间的平面上画出圆和矩形草图，分别向两侧拉伸形成立体 Ⅱ 和立体 Ⅲ，如图 3-33b 所示。再画出图 3-33c 所示的圆，双向拉伸切除得到孔，将孔的边缘线投影到右侧顶面，拉伸切除得到前后两个平面。

　　总结与讨论：综合分析法是一般读图常用的方法，先将立体用形体分析法分成几个较大的区域，理解它们的形状与位置，对于某些立体上特殊的表面，如投影面垂直面，就可以分析表面，根据垂直面的投影特点理解它的形状与位置。对于相交的表面，也可以根据截交线或相贯线的形状与位置理解表面的形状，分析单一的表面就使用线面分析法。两个视图有时表达复杂一些，读图时有一定的困难，由两个视图求第三个视图有可能有多解的情况，实际做题时可以做简单一点的解。

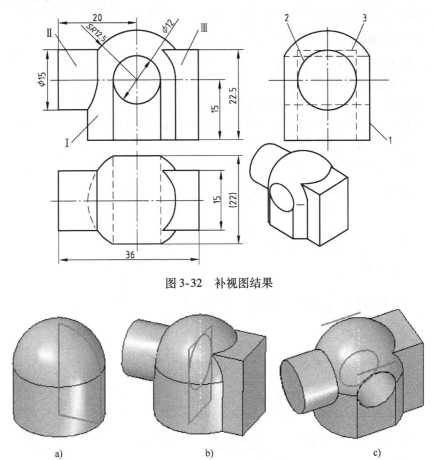

图 3-32 补视图结果

图 3-33 造型过程

a）画草图，旋转 b）画草图，分别向两侧拉伸 c）画圆生成孔，画线切出面

3.2 视图的读图与造型方法

过去仅有视图表达的方式，许多图样都是二维的电子图样，那能不能利用这些电子数据生成三维模型呢？实际上每个视图都表达的是两个方向的数据，如果把这些数据导入三维设计环境并有效加以利用就可以建立三维模型。

在工程图学中也可以利用这一技术进行读图的练习，将视图导入三维零件环境，根据读图的想法，利用拉伸、旋转、放样、扫掠等造型技术建立三维模型，再投射成二维工程图，实现"二求三"的目的。

3.2.1 视图导入零件环境

视图可以导入到 Solid Edge 的零件环境，软件中已经提供了相应的工具。一般二维工程图都是在一个区域中。

1）在工程图环境中双击进入视图。如果是其他 DWG 格式的文件也可以先在 Solid Edge

的工程图环境中打开该文件，就不用双击了。

2）单击"工具"选项卡中的"创建 3D 工具"按钮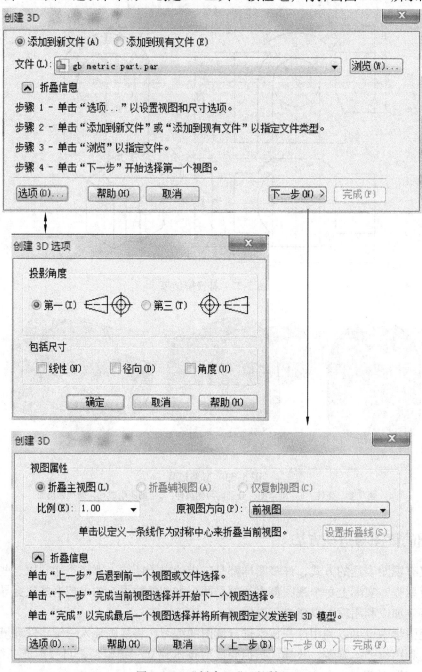，将弹出图 3-34 所示的对话框。

图 3-34　"创建 3D"对话框

在第一个对话框中单击"选项"按钮，弹出第二个对话框并在该对话框中选择"第一"单选按钮（一般情况），单击"确定"按钮返回第一个对话框；单击"下一步"按钮弹出第三个对话框，在"视图属性"中选择"折叠主视图"，再选择如图 3-35 所示的主视图。选择视图时，尽量不选择超出视图的点画线。为什么呢？主要是因为选择了点画线，系统按照选择图形的总尺寸放置视图，视图不对齐，造型时从视图拉伸时就会多一点尺寸，造成一定的麻烦。选择主视图以后，单击对话框中的"下一步"按钮，再选择其他视图。如果还有其他视图，重复上面的步骤。视图导入以后，根据需要也可以对视图进行适当移动。很显然导入后的俯视图放在两个立体的结合面上更好，导入视图以后，在左侧的造型树上，"创建 3D1"就是主视图，"创建 3D2"是俯视图，"创建 3D3"是两个视图的选择集。导入到零件环境的草图如图 3-35b 所示。选择"创建 3D2"（俯视图），单击移动的方向，移动鼠标指针，选择移动的特殊点（如端点等），如图 3-35c 所示。

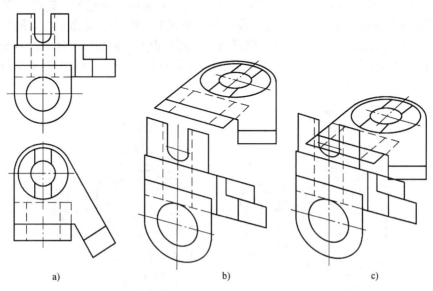

a)　　　　　　　　　　　　　　b)　　　　　　　　　　　　c)

图 3-35　视图导入三维空间
a) 物体视图　b) 导入到零件环境的草图　c) 移动视图到适当位置

　　俯视图默认放在主视图上面，左视图默认放在主视图的左侧，必要时可以用上面的方法进行移动。视图导入时，如果遇到物体的结构对称或有其他的原因，对于俯视图或左视图，可以定义主视图相对于该视图在前后方向的位置。如图 3-34 所示最后的对话框，单击"设置折叠线"按钮，再选择图 3-36a 所示俯视图的 A、B 两点，即可将主视图放在俯视图的中间位置，如图 3-36b 所示。

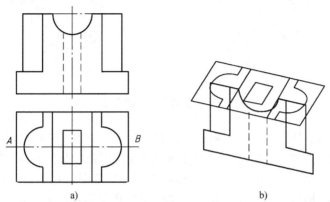

a)　　　　　　　　　　　　　b)

图 3-36　导入视图时定义主视图相对于其他视图的位置
a) 物体视图　b) 主视图放在俯视图的中间位置

总结与讨论：导入视图时，可以选择主视图的位置。因此导入视图时，就应该对视图进行分析，确定视图导入时主视图的位置，导入以后也可以根据需要对视图进行移动。

3.2.2　读图与造型

视图导入到三维空间以后，实际上还是几张"照片"，草图可能叠加在一起，这就要求对视图进行分析，根据需要选择不同的方法进行造型。

如图 3-35 所示的形体，从主视图分析可以分为三个线框，中间的一个线框最大，因此将俯视图移动到上面与中间的结合面上，以俯视图中该部分的外围实线框作为草图，做出中间部分的实体。由于中间部分内部比较乱，可以先不考虑内部的情况。选择草图时，使用"链"的方式选择比较容易一些，或使用窗口全选俯视图。再看中间部分右前侧的台阶，对照俯视图中该部分的投影，可以知道是俯视图中的倾斜矩形拉伸切除实现的。对于这一小部分，可以在中间部分主体生成以后，直接单击该小矩形区域，单击显示的箭头用拉伸切除即可。图 3-37a 所示为中间部分的造型。

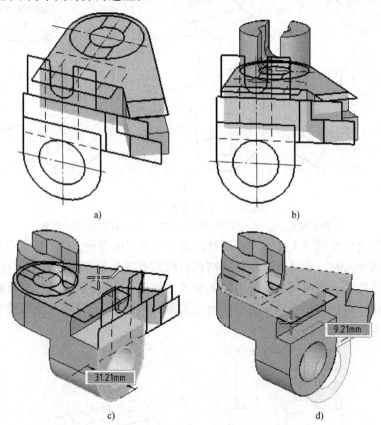

图 3-37　三维空间中的读图造型实例 1

a）中间部分的造型　b）上面部分带槽圆柱筒的造型　c）下面部分的拉伸造型　d）平面移动在造型中的应用

对于上面部分的圆柱，从主视图和俯视图看，就是一个前后开槽的圆柱筒。圆柱筒中间圆柱孔贯穿了中间的立体。造型时可以先选择圆草图，再选择拉伸命令，捕捉主视图中对应的高度。中间的槽可以选择拉伸命令，再选择"单一"草图选择方式，然后选择槽的三条线确定，最后选择拉伸的方向，向后完全贯穿即可。孔草图在中间，同样是选择完全贯穿，方向选择双方向，或选择对称拉伸切除，拉伸距离大于其高度即可。图 3-37b 所示为上面部分带槽圆柱筒的造型。

对于下面部分的立体，可以和俯视图左前部分相对应，属于带孔的柱体，直接拉伸增料即可。但是从俯视图来看，该部分并不在前平面，还有一定的距离，做前平面的平行面，将该部分草图投射到该平面上再拉伸就可以了，如图 3-37c 所示。也可以换一种想法，直接将视图上该部分拉伸到俯视图中对应的细虚线位置，再将前平面移动到需要的位置即可，如图 3-37d 所示。移动物体表面时，可能由于上面有不少草图，不便于选择该平面，可以在左侧的造型树中对应草图的前面选择框中选择关闭不需要的主视图，只留下需要的俯视图部分，移动平面时捕捉俯视图的对应点即可，如图 3-37d 所示。

对于图 3-36a 所示的物体，从主视图来看，可以分成三个部分，中间部分最大，导入视图以后可以选择拉伸命令，再选择"链"草图选择方式，拉伸到俯视图对应的位置上。拉伸时使用双向对称拉伸方式，如图 3-38a 所示。左右两个半圆柱先选择拉伸命令，再选择"面"草图选择方式，然后选择两个区域，拉伸到"下一面"，如图 3-38b 所示。最后选择拉伸命令，选择"链"草图选择方式，生成中间的方孔，如图 3-38c 所示。

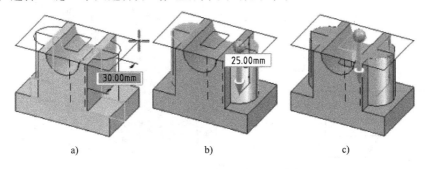

图 3-38　三维空间中的读图造型实例 2
a）拉伸生成中间形体　b）拉伸生成左右形体　c）拉伸除料生成方孔

在造型过程中，以前学过的知识都可以采用。除了移动草图获得需要的图线外，还可以用下面的方法得到需要的草图或结构。

1）直接绘制。就是直接利用绘制工具画出需要的图线。绘图时注意捕捉模型边线与绘图平面的交点（如图 3-39 所示的点 C）或与其他点之间的对齐关系（如点 A 与点 a 竖直对齐关系）。

2）使用投射到草图工具。利用草图工具中投射到草图工具，将其他图线投射到草图平面上（将线 ab 投射到下面的水平面上，如图 3-39 所示）。

3）使用交叉曲线工具。生成的图线可以作为扫掠或放样的草图，不能作为拉伸用草图，需要的话可以再用投射到草图工具转换成草图后再进行拉伸操作。

4）使用旋转工具。也可以使用旋转工具旋转平面、立体、草图，达到需要的目的。如图 3-39b 所示的前面 P，绕底边旋转可以形成图 3-39c 所示的模型。

5）使用拉伸到面的功能。有些结构拉伸的边界是斜面、曲面，可以使用先做辅助的曲面，再使用拉伸到面的功能来完成设计。如图 3-40a、b 所示，可以将左视图中的 $a''b''$、$c''d''$ 用投射到草图工具投射在左侧的平面，形成 $ABCD$ 区域，选择该区域拉伸到平面 P 即可，如图 3-40c 所示。图 3-40d 所示为用曲面中的旋转工具做了一个锥面，然后可以将左端的六边形草图拉伸切除到锥面。

6）使用面关系工具。图 3-40b 中也可以用区域随便拉伸一个深度，再选择"主页"→

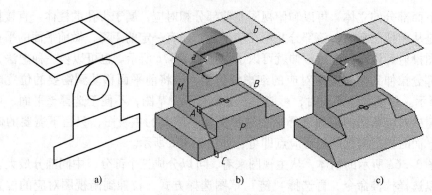

图 3-39 造型方法讨论
a）导入后的视图 b）生成主体，绘制或投影草图 c）拉伸除料或旋转前面 P

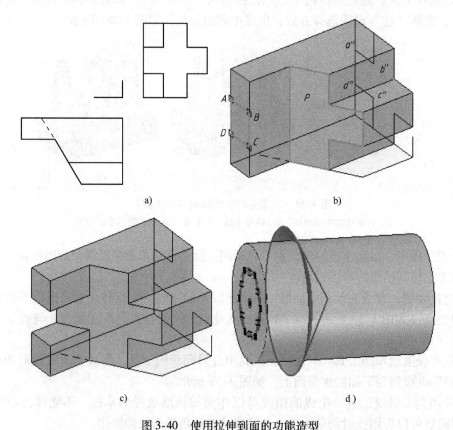

图 3-40 使用拉伸到面的功能造型
a）已知俯视图与左视图、求主视图 b）使用 ABCD 区域拉伸到平面 P
c）造型结果 d）使用旋转工具生成锥面，拉伸切除到锥面

"面相关"→共面工具回完成造型。

7）对于视图中比较复杂的线框，也可以使用窗口选择该视图，再选择拉伸工具；还可以先选择拉伸工具，再选择"链"选择方式选择整个视图的外框。

8）使用投影工具。主要是针对图形中倾斜的结构，可以将圆投影以后的椭圆再变回原来的圆，以便进行造型。不过转换过来的圆还需要通过投射到草图工具转换为草图才能使用。

9）注意使用对称、阵列、平移复制与旋转复制工具。物体上有时会有一些对称、旋转的结构，可以适当地使用复制的工具和手段来完成这些结构。

上面提出了许多绘制草图和造型的方法，实际使用过程中，应当灵活运用，如草图的选择可以使用单一、链、区域多种方法，操作时可以先选择命令，也可以先选择草图对象，哪一种更好只能根据具体的情况才能决定。

总结：读图是工程制图学习中的一个主要方面。视图是工程产品表达的一种方法，在工程界大量采用。但是毕竟视图是物体在某一个方向的投影，虽然可以用几个视图来进行表达，但是毕竟那是一张一张不同方向压缩以后的图片，读图会有一定的困难。多做一些练习就可以熟悉视图的表达方法。

读图一般有形体分析法、线面分析法和综合分析法。一般多采用综合分析法，用形体分析法把能够识别的形体识别出来，再使用线面分析法去理解形体上一些不规则的表面，最终理解整个物体的结构。读图一定要几个视图一起看，理解它们之间的关系。

"二求三"是读图的一种重要练习方法。根据形体分析法、线面分析法可以手工画出视图上每一个部分的投影。一般先画大的形体结构或比较大的表面。先画实体，后画孔槽等结构。造型设计也是一样，应当根据形体的特点选择草图的绘图平面，一般选择结合面作为绘图平面比较好，也可以选择对称面作为绘图平面。草图绘图过程中，可以使用投射到草图工具将其他图线投射到当前绘图平面上。

视图导入与读图造型是三维环境下练习读图的一种方式，视图导入到三维空间以后，可以平移以便于使用，也可以在造型过程中根据自己的读图理解画出需要的图线，也可以使用投射到草图工具将视图中的图线投射到需要的位置，还可以利用曲面作为拉伸造型的终止面。

设计的方法是多种多样的，不同的设计者可能有不同的理解，但总有一种或几种比较合适的方法能够快速、方便地设计出需要的结构。读者朋友们可以多练习，细心地去体会其中的奥秘，找到比较适合自己的设计方法。

第4章　物体常用表达方法

对于复杂的物体，使用三视图表达往往视图中的细虚线很多，读图也很不方便。对于物体上的倾斜结构，在三视图中往往不能反映这些结构的实际形状，因此三视图的表达方法常不能满足需要。本章主要介绍视图、剖视图、断面图、简化画法等常用表达方法。

4.1　视图

视图是物体在投影面上的投影，主要用来表达物体的外部形状，不可见的部分用细虚线绘制，在不影响读图的情况下（由其他视图反映），细虚线可以省略不画。视图可以分为基本视图、向视图、斜视图和局部视图。视图的标准为 GB/T 17451—1998《技术制图　图样画法　视图》、GB/T 4458.1—2002《机械制图　图样画法　视图》。

4.1.1　基本视图

基本视图是向基本投影面投射生成的视图。本节重点介绍基本视图的概念以及在 Solid Edge 中如何生成基本视图。

1. 基本视图的概念

物体向基本投影面投射生成的视图称为基本视图，三视图属于基本视图中的三个视图。在空间共有六个基本投影面，如图 4-1a 所示。在正立投影面、水平投影面、侧立投影面基础上，增加了另外三个投影面。空间物体放置在六个基本投影面之间，从六个方向（$A \sim F$）向这些投影面进行投射，得到主视图（方向 A）、俯视图（方向 B）、左视图（方向 C）、右视图（方向 D）、仰视图（方向 E）、后视图（方向 F）。将俯视图向下旋转，左视图、后视图向右旋转，仰视图向上旋转、右视图向左旋转，使这些视图位于与主视图重合的平面上，以便于画图，如图 4-1b 所示。六个基本视图按照如图 4-1b 所示进行布置时，视图名称和投射方向不需要标注。

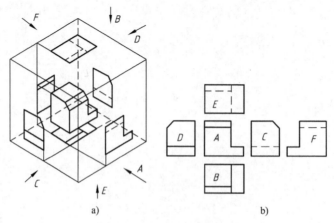

a)　　　　　　　　　　　　　b)

图 4-1　六个基本视图

a）基本视图投射方法　b）基本视图配置方法

在六个基本视图中，主视图、左视图、右视图、后视图保持高平齐的关系；主视图、俯视图、仰视图保持长对正的关系；同样俯视图、左视图、右视图、仰视图应当保持宽相等的投影关系。主视图与后视图的左右关系颠倒，后视图的左侧反映物体的右侧；左视图、右视图以及俯视图、仰视图的前后关系颠倒，在俯视图、左视图、右视图、仰视图中远离主视图的方向为前方。上面这些关系在制图与读图时应当牢记。

基本视图在实际使用时还是要根据具体情况，需要几个视图就安排几个视图，一切以清晰、易读为原则。

2. Solid Edge 中生成基本视图的方法

在 Solid Edge 的工程图环境中，根据物体的立体模型可以生成六个基本视图和轴测图。在前面的章节中已经介绍过生成视图的方法。生成主视图以后，单击"主页"选项卡中"图纸视图"选项组的"主视图"按钮 ，再单击主视图并向下移动生成俯视图，向右移动生成左视图，向上移动生成仰视图，向左移动生成右视图；单击左视图向右移动生成后视图；单击主视图向右下、左下、左上、右上方移动可以生成四个方向的轴测图。利用上面的方法生成的视图是立体模型轮廓的真实投影，对于圆的中心线及对称物体的中心线这些虚拟的图素不能显示出来，可以利用工具栏上的工具 画出中心线。图 4-1 中的六个基本视图和轴测图就是利用这一软件生成的，其中的字母为编者所加，用于说明对应的投射方向。图 4-2所示为主视图命令条。在生成视图的过程中，可以对即将生成的某个视图选择渲染的类型。

图 4-2　主视图命令条

图 4-3 所示为物体的六个基本视图，不难看出主视图与后视图是左右颠倒的，俯视图与仰视图是上下颠倒的，俯视图看得见的结构，仰视图可能看不见。六个基本视图可以分为三对，实际使用时，一定要根据需要选用，物体的结构能够反映清楚即可。该物体有主视图和俯视图两个视图也就足够了。

4.1.2　向视图

从图 4-3 来看，如果真需要六个基本视图来表达一个物体，按照该图的布置方式，上面一排也就只有一个视图，下面的两边也都空着，这样图纸就造成了一定的浪费，显得也不美观。因此，在必要时可以将基本视图放置在合理位置上，做到整齐美观。向视图就是根据这种情况提出来的一种视图概念。

1. 向视图的概念

向视图是可以自由配置的基本视图。这就是说向视图是基本视图，但是它不放置在原来各基本视图的位置上，而是可以自由选择一个位置进行放置。自由放置后怎么知道这个视图

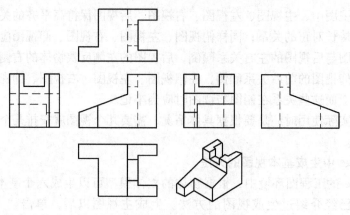

图 4-3　物体的六个基本视图

是怎么来的呢？这就需要进行标注。

2. 向视图的标注

在机械等行业中，在向视图的上方用大写英文字母标注视图名称，在相应视图的附近用箭头指明投射方向，并标注相同的字母。

如图 4-4a 所示，右视图和仰视图如果布置在投射方向上是不用标注的，但是为了布图美观、合理利用图纸，将右视图放在左视图的右面，将仰视图放在左视图下面（当然根据需要也可以放在其他任意地方）。这样布置时，必须加以标注，用字母表示视图名称，用箭头表示投射方向。

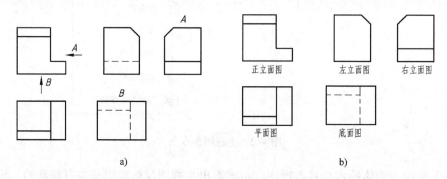

图 4-4　向视图的标注

a）机械工程图　b）建筑工程图

在建筑等行业中，常常用文字表示视图名称和投射方向，文字可以标注在视图的下方（或上方），如图 4-4b 所示。图 4-4a 与图 4-4b 的表示方法只能采用一种，不能混合使用。

3. Solid Edge 中生成向视图的方法

在 Solid Edge 中可以有两种方法生成向视图。一种方法是移动视图，再手工添加标注。采用这种方法时，由于视图之间存在关联性，需要先解除这种关联，然后才能随意移动这个视图。解除关联关系的方法是右击视图，在弹出的快捷菜单中选择"保持对齐"选项 即可解除原来的关联关系。解除关联关系以后选择该视图，按下鼠标左键不松开，拖动到需要的地方即可。如图 4-3 所示物体，可以先用视图向导生成需要的基本视图，然后再用上述方法完成向视图，如图 4-5 所示。

　　Solid Edge 中生成向视图的第二种方法是用辅助视图工具 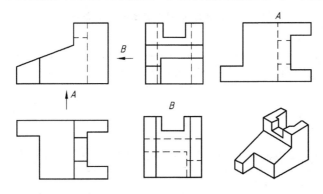。利用该工具可以将视图中某线的平行面或垂直面作为投影平面进行投射，得到该方向的视图。如图 4-6a、b 所示，单击并以该线的平行面（命令条上也可以改为垂直面）作为投影平面，移动鼠标指针到合适的位置，单击即可生成视图，同时生成的箭头方向也表示了投射方向。视图生成以后在视图上右击，从弹出的快捷菜单中选择"保持对齐"选项，即可将视图移到任意的位置上。生成向视图后，将视图上方的视图名称前显示的"视图"两字去掉，方法是选择该向视图，删除命令条上对应的两字后按〈Enter〉键确认即可。视图生成以后，箭头的长度和字母的位置可能并不合适。单击箭头，命令条上可以更改字母，按〈Enter〉键确认。同时箭头上面和字母上显示四个点，如图 4-6c 所示，单击字母上的点可以拖动字母到其他位置，单击箭头左侧的点拖动可以使箭头线延长或缩短，单击右侧的点拖动可以使箭头上下移动位置。

图 4-5　向视图的布置与生成方法

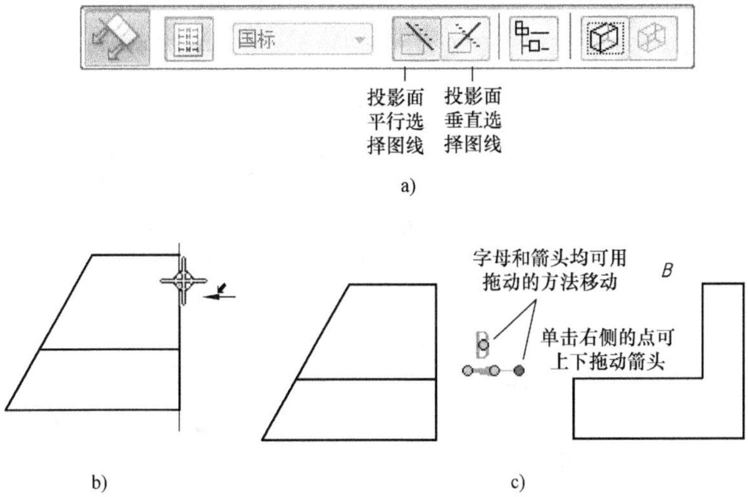

图 4-6　Solid Edge 中向视图生成方法
a）辅助视图工具命令条　b）选择投影平面　c）生成的视图结果

　　早期的 Solid Edge 版本有两点与新版本不同。第一点是生成的视图上方多余的"视图"两个字删除方式不同，早期版本在选择视图后，命令条上有一个开关，如图 4-7 所示，单击"显示标题"按钮就可以删除"视图"两个字，这是一个反复开关，再按一下，又重新显示标题的内容。第二点是调整箭头方向和箭头位置的方式不同，早期的版本需要先选择箭头，命令条上单击"箭头"属性按钮，改为双箭头方式，调整两侧箭头的位置后，再改成单箭头方式即可。图4-8a所示为选择箭头后的命令条。单击命令条上的"箭头属性"按钮，弹出图4-8b所示的"查看平面属性"对话框，单击对话框中的"双"单选按钮后退出对话框。显示的箭头方式如图4-8c所示左侧的图形。调整箭头两端的位置，如图4-8c所示中间的图形，按照前面的方法重新打开"查看平面属性"对话框，再改回单箭头显示，箭头将位于原来双箭头的中间位置上，如图4-8c所示右侧的图形。Solid Edge ST10 也可以采用这种方法改变箭头位置。

显示　　　　　　显示　　视图　视图　　　视图渲染
标题　　　　　　比例　　属性　边界

图4-7　Solid Edge 早期版本的视图命令条

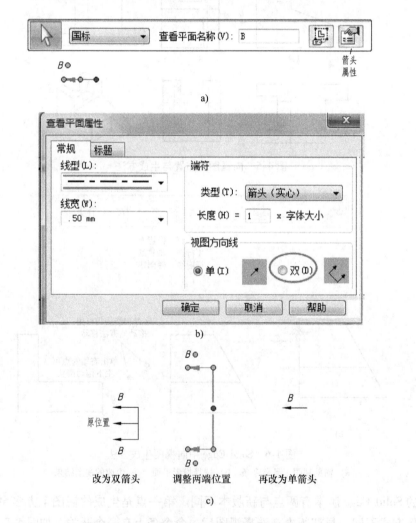

图4-8　命令条、属性及其位置调整方法

a）选择箭头后的命令条　b）"查看平面属性"对话框　c）箭头位置调整的另外一种方法

　　总结与讨论：生成向视图有两种方法，第一种方法要手工画出箭头（单击工程图注释中的"引出标注"按钮 ），用文字标注名称，移动视图时视图的名字不跟着移动；第二种方法显得要方便一些，视图生成以后一定要去掉视图上方的"视图"两个字，适当调整箭头的长度和位置；向视图是自由放置的基本视图，必须加以标注。读者一定要亲自练一练，不能只看书。实际使用时，不能只求方便，一定要按照制图的原则标注。视图上方向视图的名称只要字母，不要"视图"两字。

4.1.3　斜视图

　　斜视图是视图的一种，主要用来表达倾斜的结构。本节重点介绍斜视图的概念、表达、标注方法以及在 Solid Edge 中的生成方法。

1. 斜视图的概念

　　向某个与基本投影面倾斜的投影面投射得到的图形称为斜视图。斜视图的斜只是说投射方向倾斜于基本投影面，实际上投射方向仍然是与投影面垂直的。因此斜视图不是斜投影。

　　斜视图必须进行标注，标注方法同向视图一样，用箭头表示投射方向，用字母表示视图名称。表示视图名称的字母应水平放置，不能随视图倾斜，如图 4-9a、b 所示。为了画图方便，斜视图也可以旋转到水平或垂直位置，用带箭头的半圆弧表示旋转的方向，视图名称注写在圆弧的箭头一侧，如图 4-9c、d 所示；必要的话可以在视图名称的后面注写旋转的角度，如图 4-9d 所示。

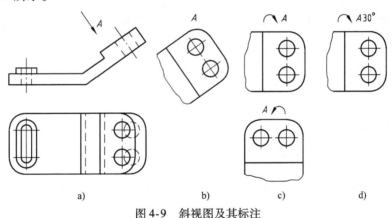

图 4-9　斜视图及其标注

a）视图　b）局部斜视图　c）旋转标注　d）标注角度

2. Solid Edge 中生成斜视图的方法

　　在 Solid Edge 的工程图环境中，可以使用辅助视图工具 生成斜视图。选择该工具后，将鼠标指针移到视图中倾斜的图线上，单击即可向与该斜线平行（或垂直）的平面投射，移动鼠标指针可以选择投射方向，此时视图与箭头的位置不一定合适，单击先生成需要的视图，如图 4-10 所示。视图的名称默认显示在视图的上方，但是多了"视图"两个字。去掉该两字的方法是：选择视图，在命令条上"标题"编辑框中删除"视图"这两个字，右击或按〈Tab〉键确认即可，如图 4-11a～c 所示。注意不要按〈Enter〉键确认，否则可能达不到目的。对于早期版本，读者直接单击命令条上标题后面的"显示标题"按钮即可，如图 4-7 所示。

　　斜视图可以旋转到水平或垂直位置放置，旋转的角度不能超过 90°。旋转视图时单击"绘制草图"选项卡→"绘图"选项组→"旋转"按钮 。旋转符号是带箭头的半圆弧。

在 Solid Edge 中该符号是预定义好的，直接使用即可。逆时针带箭头的半圆弧是%CA，顺时针带箭头的半圆弧是%C2，直接添加在命令条上%AS 的前面或后面即可。顺时针加在%AS 之前，结果如图 4-11d 所示；逆时针加在%AS 之后，结果如图 4-11e 所示。在早期版本的 Solid Edge 中没有专门的符号，可以自己画两个符号（左转和右转的符号）存放在符号库中备用，用的时候插入（鼠标拖动）即可。

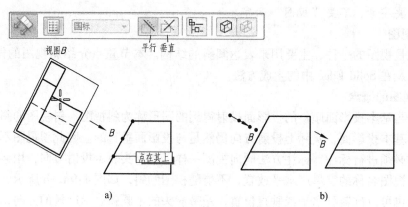

图 4-10　斜视图的生成与箭头位置的移动
a）生成斜视图　b）移动箭头位置和长度

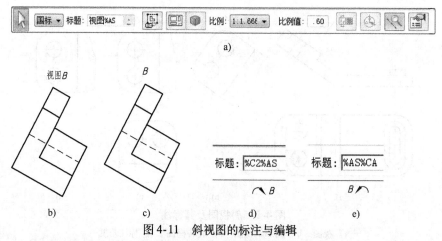

图 4-11　斜视图的标注与编辑
a）选择斜视图命令条　b）斜视图　c）删除"视图"文字　d）顺时针　e）逆时针

总结与讨论：斜视图就是一种表达方法，目的是反映倾斜部位的形状大小，便于标注尺寸；斜视图放置可能占空间较大，使用旋转工具将斜视图的主要轮廓线旋转成水平或垂直状态，旋转的角度不能超过 90°。斜视图旋转时必须要加旋转符号。视图名称的字母一定要放在有箭头的一侧。Solid Edge 操作时，在命令条的标题上加旋转符号即可。

4.1.4　局部视图

局部视图是视图的一种，是将物体的一部分向投影面投射所得到的图形。本节重点介绍局部视图的概念、表达与 Solid Edge 中生成局部视图的方法。

1. 局部视图的概念

局部视图是将物体的一部分向投影面投射所得到的图形。在局部视图中用波浪线（或双折线）表示局部视图的边界，如图 4-12 所示的视图 A。当局部视图构成一个完整的图形时，表示边界的波浪线可以省略，如图 4-12 所示的视图 *B*。

同向视图一样，局部视图如按投影关系配置，可以不标注。不按投影关系配置时，可以按照向视图的标注方法进行标注，如图 4-12 所示。

局部视图是不完整的视图，可以是视图的一大部分，也可以是一小部分，甚至也可以是斜视图或剖视图的一部分。

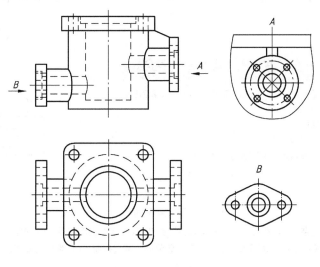

图 4-12　局部视图

2. Solid Edge 中生成局部视图的方法

在 Solid Edge 中，根据已有的模型，生成完整的视图很容易，局部视图的生成还是稍微麻烦一些的。

首先使用视图向导、主视图或辅助视图工具，生成基本视图、斜视图等，再根据需要改成局部视图，操作过程如下。

1）选择视图，在命令条上单击"修改视图边界"按钮，如图 4-13a、b 所示。

2）绘制曲线边界并修改边界，如图 4-13c 所示，单击功能区右侧"关闭边界裁剪"按钮。

3）单击命令条上"视图属性"按钮，选择视图属性对话框中的"注释"选项卡，再单击"显示修剪边"复选按钮，如图 4-13d 所示，单击"确定"按钮退出对话框。

4）单击功能区"主页"选项卡中的"更新视图"按钮即可，生成的局部视图如图 4-13e 所示。

局部视图的边界线是细波浪线，细波浪线的两端需要与视图的边界线相交。边界线也可以用双折线代替，双折线的两端在视图的轮廓线之外。如图 4-14a 所示，俯视图是局部视图，边界线是双折线，斜视图也是局部视图，边界线是细波浪线。在 Solid Edge 中并没有双折线，可以右击视图，选择快捷菜单中的"添加断裂线"，若一条边界在视图之外，选择双折线类型即可。一般边界线常用的都是细波浪线，且一张图中只能用一种方式的边界线。选择双折线作为边界线时，也可以使用断裂视图工具来生成局部视图，如图 4-14b 所示。操作方法是右击选择视图，在快捷菜单中选择"断裂视图"选项，再选择断裂视图方向、断裂线类型；如果是双折线，还需要在命令条上选择断裂线中间符号的高度与个数。选择第一和

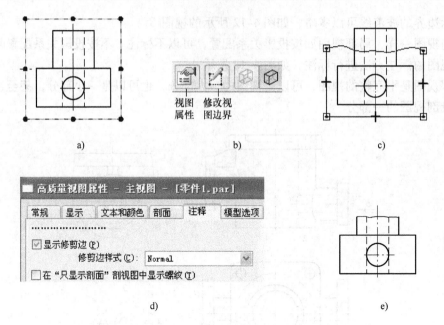

图 4-13　局部视图的生成方法

a）选择视图及默认边界　b）单击"修改视图边界"按钮　c）修改视图边界　d）单击"视图属性"按钮，
选择"注释"选项卡，单击"显示修剪边"复选按钮　e）生成的局部视图

第二断裂线的位置，第二断裂线的位置放在视图之外，最后在命令条上单击"完成"按钮，即可生成局部视图。如果两个断裂位置都在视图之内，就可以生成断裂视图，也称为断开视图。Solid Edge 2019 也支持倾斜方向的断裂视图。

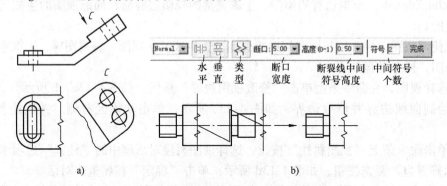

图 4-14　用双折线或细波浪线表示视图边界

a）双折线或细波浪线作为边界线　b）使用断裂视图工具生成局部视图

对于无边界的局部视图，就只能采用隐藏视图图线的方法来处理了。

总结与讨论：局部视图需要通过修改视图边界来生成，通常来说能用完整视图就不要用局部视图，费力不讨好。基本视图与斜视图都可以用修改视图边界的方法来得到局部视图。局部视图的边界线还可以使用双折线，可以通过断裂视图生成方法来实现。使用细波浪线作为边界线时，能不能用断裂视图方法生成局部视图呢？读者朋友们自己可以试一试。实际上也可以，但是生成的边界线不好看。

4.1.5　第三角投影及其应用

投影空间一般分成八个分角，如图 4-15a 所示。中国和大多数欧洲国家采用第一角投影

法，即将物体放在如图 4-15a 所示的第一分
角中，然后向基本投射面进行投射，再旋转
到与正立投影面重合的平面上。第一角投影
法（简称为 E 法），投影面放在物体的后边，
符合人们对自然界中阴影的认识，易被初学
者所掌握。

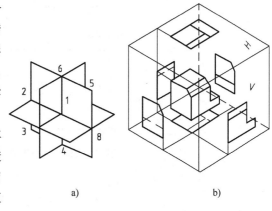

　　第三角投影法（简称为 A 法）是将物体
放在空间中的第三分角，将投影面看成是透
明的，然后向基本投影面投射，再旋转到与
正立投影面重合的位置。美国、日本等国家
采用第三分角。

图 4-15　分角与第三角投影

　　在第三角投影法中，视图的名称与第一
角投影法不同，对照关系见表 4-1。

a）投影空间分为八个分角　　b）物体的第三角投影

表 4-1　第一角投影法与第三角投影法视图名称的对照关系

第一角投影法（E 法）	主视图	俯视图	左视图	右视图	仰视图	后视图
第三角投影法（A 法）	前视图	顶视图	左视图	右视图	底视图	背视图

　　在 ISO（国际标准化组织）的标准中，第一角投影法和第三角投影法等效采用，但标准
中的举例均采用第一角投影法。我国国家标准规定采用第一角投影法，但必要时可以根据合
同规定采用第三角投影法。

　　第三角投影法中视图的布置与第一角投影法中视图的布置相同。图 4-16 所示为图 4-15
所示立体的第三角投影视图的布置方法。采用这种布置方法时，不需要任何标注。如果为了
布图方便，不按规定的方法布置时，应按向视图的标注方法进行标注。国家标准规定，采用
第三角投影法时，必须在图样中（标题栏中）画出第三角投影的识别符号，如图 4-17
所示。

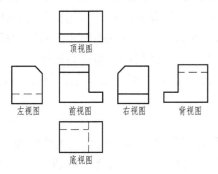

图 4-16　第三角投影视图的布置方法

图 4-17　第一、第三角投影的识别符号

　　在 Solid Edge 工程图环境中，可以单击屏幕左上角的"应用程序"按钮，选择菜单
中的"设置"选项→"选项"选项，在弹出的对话框左侧选择"制图标准"选项，并从中
选择需要的投影方法和螺纹画法标准，如图 4-18 所示。选择第三角投影标准后，就可以用
第三角的投影模式生成视图。

图 4-18 第三角投影法的设置

第一角投影法与第三角投影法的对比如下。

1）投影顺序。第一角投影法的投影顺序是人→物→投影面，因人的眼睛不能直接看到物体的投影（中间隔着物体），故称为间接法。第三角投影法的投影顺序是人→投影面→物，因人的眼睛可以直接看到物体的投影图（假设投影面是透明的），故称为直接法。

2）投影关系。第一角投影法与第三角投影法均采用正投影法，都可以得到六个基本视图，六个基本视图之间均符合"长对正、高平齐、宽相等"的投影关系。

3）视图名称。第一角投影与第三角投影体系中的视图名称不同（对照关系见表4-1）。

4）方位关系。在第一角投影中，除后视图外，其他视图均是靠近主视图的一侧为物体的后面，远离主视图的一侧为物体的前面。对后视图而言，靠近主视图的一侧为物体的右面，远离主视图的一侧为物体的左面。在第三角投影中，除背视图外，其他视图均是靠近前视图的一侧为物体的前面，远离前视图的一侧为物体的后面。对背视图而言，靠近前视图的一侧为物体的右面，远离前视图的一侧为物体的左面，这一点与第一角投影相同。

5）识别符号。第一角投影的识别符号与第三角投影的识别符号相似，但左右位置相反，如图4-17所示。

第三角投影的特点如下。

1）近侧布置、识读方便。在第三角投影中，除背视图外，其他所有视图均可布置在表达部位的近侧，这样的布置读图比较方便。这是第三角投影的一个特点，特别是对于较长的部件，这个特点会更加突出。如图4-19所示，第三角投影的左视图和右视图离它们表达的部位较近，这样对于画图和读图都比较方便，不用再穿过视图到另一端去度量。

2）易于想象空间的形状。由物体的二维视图快速想象出物体的空间形状对于初学者来说往往比较困难。第三角投影的配置特点易于帮助想象物体在空间的形状。图4-20a所示为第一角投影，左视图中的粗实线表达的是主视图左端可见轮廓的投影，距离较远。图4-20b所示为第三角投影，右视图反映的是前视图右端的可见表面向左观察的投影，因此可以想象将右视图向前视图靠近并翻转 90°，就能直接想象出这些表面的形状。

3）便于表达机件的细节。利用近侧配置的特点，可以方便简明地采用各种辅助视图（如局部视图、斜视图等）表达出物体的细节，只要将视图配置在适当的位置上，一般不需要加注投射方向的箭头，如图 4-20c 所示。

4）便于集中标注尺寸。由于第三投影采用近侧配置的方法，因此同一结构的尺寸，可以在两个视图中标注，也便于集中标注。

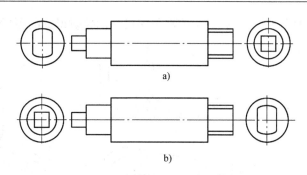

图 4-19　第一角投影与第三角投影的对比
a）第一角投影　b）第三角投影

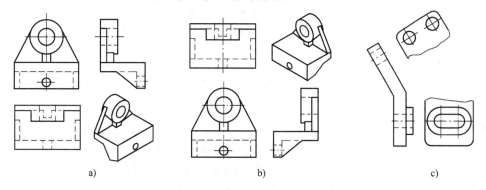

图 4-20　第一角、第三角投影比较
a）第一角投影　b）第三角投影　c）表达机件的细节

　　总结与讨论：第三角投影法是美国、日本等国家使用的表达方法，对于从事对外贸易或服务的公司来说，可能会遇到这样的表达方法。读者应当知道第三角投影法的概念、软件中的设置方法、视图的放置方法等。对于少学时的制图教学，教师可以将这部分内容作为自学内容，并进行相应的指导。国内的设计者均应采用第一角投影法。第三角投影中，前视图四周的视图，靠近前视图的一侧都是前面。

4.2　剖视图

　　用视图方法表达物体的结构形状时，机件内部不可见的结构都用细虚线来表示。不可见结构的形状越复杂，图中的细虚线就越多，这样就会使图形不够清晰，既不利于读图，又不利于标注尺寸。为此国家标准规定了剖视图和断面图的表达方法。剖视图与断面图的国家标准代号为 GB/T 17452—1998，剖面区域表示法（剖面线）的国家标准代号为 GB/T 17453—2005。

　　前面的章节中，在介绍螺纹孔时使用过剖视图进行表达。一般通过孔轴线剖切，剖切面后可见的结构全部画出。但前面没有提到剖视图标注的问题。本节将系统介绍剖视图的概念、标注、种类及其应用。

4.2.1　剖视图的概念

1. 剖视图的形成

如图 4-21 所示，假想用剖切面（平面或柱面）切开机件，将处在观察者与剖切面之间的部分移去，将剩下的部分向投影面投射得到的图形称为剖视图（简称为剖视）。

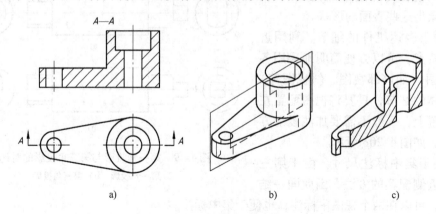

图 4-21　剖视图的概念

a）剖视图　b）剖切平面与物体交线　c）剖切轴测图

2. 剖视图的特点

1）图形。剖切面后所有可见结构的投影应当全部画出。不可见的细虚线一般不画。剖视图主要表达的是内部结构，如图 4-21 所示主视图。剖切是假想的，其他视图应按照没有剖切表达。

2）剖面符号。在剖视图中，剖切面与物体实体部分的相交区域应当画上剖面符号。不同的材料，剖面符号不同。45°的细实线是通用剖面符号（称为剖面线），方向一般和视图的主要轮廓线成 45°，可以向左倾斜，也可以向右倾斜，如图 4-22a 所示。剖面线的间隔一般根据剖面范围大小决定，范围大就可以宽一些，范围小就可以窄一些。

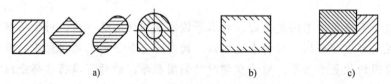

图 4-22　剖面符号（剖面线）

a）剖面线的角度　b）大区域的剖面线　c）相邻物体的剖面线

同一零件的各个剖面区域，其剖面线的画法应当一致，即对于一个零件的不同剖视图和不同断面图，剖面线的方向、间隔应当相同。

对于较大的剖面区域，可以沿着剖面区域的轮廓线画出部分剖面线，如图 4-22b 所示。在部件的剖视图中，相邻物体的剖面线必须以不同的方向或不同的间隔画出，如图 4-22c 所示。

对于非金属材料，有规定的材料除外，一般采用 45°网格线绘制，如图 4-23a 所示。其他常见材料的剖面符号如图 4-23 所示。

对于窄小的剖面区域，手工绘图时可以涂黑表示。对于不同的行业，剖面符号的差异较大，上面是一些通用的规则，使用时应当参考具体行业的制图规范。

3. 画剖视图应该注意的问题

1）剖切是假想的，物体并没有真正被切开，因此除剖视图外，其他视图应该画成完整的图形。

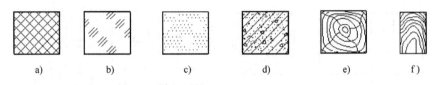

图 4-23 常见材料的剖面符号

a）非金属材料 b）玻璃 c）砂、硬质合金 d）钢筋混凝土 e）木材横剖面 f）木材纵剖面

2）为了使剖视图上不出现不完整的形体，也为了画图方便，剖切面应该通过物体的对称平面或回转中心线。

3）剖视图中一般不画细虚线，除非画出少量的细虚线可以减少某个视图，又不影响剖视图的清晰性时，可以用细虚线表示剖切面后面的不可见结构。

4）在剖视图中，剖切面后面可见的轮廓线都应画出，不能遗漏。

5）在剖面线内一般不可能出现粗实线。

4.2.2 剖视图的标注

剖视图表达方法一般需要标注剖切面位置、投射方向、剖切面名称、剖视图名称。

1. 剖切符号（剖切面位置与投射方向）

用来表示剖切面的起、止及转折位置（用粗短画线表示）及投射方向（用箭头表示）的符号称为剖切符号。绘图时，剖切符号尽量不要与轮廓相交。表示投射方向的箭头绘制在剖切位置线的起止处，如图 4-21a 所示。

2. 剖切面与剖视图名称

在剖切符号的起、止及转折处用字母表示剖切面名称，以便于和其他剖切面相区别，在剖视图的上方用"×—×"标出剖视图名称，"×"应与剖切符号处的字母相同，如 $A—A$、$B—B$、$C—C$ 等，如图 4-21a 所示。

3. 剖切线

指示剖切面位置的线称为剖切线，用细点画线绘制。剖切线与剖切符号上的剖切位置线不同，剖切符号上的剖切位置线只画在剖切面的起止位置和转折处，用粗短画线表示。剖切线表示整个剖切面的位置，不只是起止位置和转折处。剖切符号通常能够表示剖切面的位置，一般剖切通过的轴线、对称面也需要画点画线，因此剖切线一般不画。

4. 省略标注

1）剖切符号、名称全部省略。当单一剖切面通过对称物体的对称平面或基本对称平面，且剖视图按照投影关系配置，中间又没有其他视图隔开时，可以不加任何标注，如图 4-24a 所示。

2）省略投射方向的箭头。当剖视图位于主视图、俯视图、左视图等基本视图的位置，按照投影关系配置，中间又没有其他视图隔开时可以省略表示投射方向的箭头，如图 4-24b 所示。

3）省略剖切面和剖视图的名称。当剖切面不通过物体的对称平面，剖视图按照投影关系配置时，可以不标注剖切面和剖视图名称的字母，但剖切面的位置符号不能省略。图 4-24b 所示的字母标注也可以省略，左视图与主视图没有别的视图隔开，也没有别的剖视图，因此只标注剖切面位置就可以了。

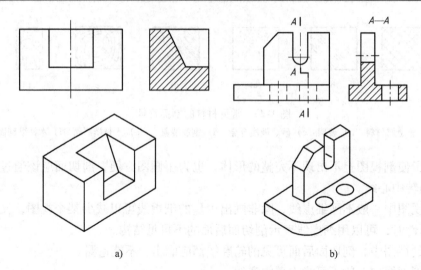

a)　　　　　　　　　　　　　b)

图 4-24　剖视图的省略标注

5. 剖切面的选择

1）剖切面尽量通过回转面轴线、对称物体的对称面。剖视图主要是表达内部结构，因此剖切面通常都要通过内部结构的轴线、对称面等，尽量不要出现不完整的结构。如剖切面通过孔的轴线，剖视图可以标注直径，否则就不能标注。

2）剖切面尽量垂直于物体的轮廓线。剖切面垂直于物体的轮廓线，形成的截面才有意义。

总结与讨论：剖视图需要标注剖切位置、投射方向及名称。沿对称面剖切，按照投影关系配置，中间无其他图形隔开，可不做任何标注；剖视图布置在投射方向上，无其他图形隔开，可以只标注剖切面的位置，不标注名称；其余的情况必须标注剖切位置、投射方向与名称。

4.2.3　全剖视图

根据剖切范围，剖视图可以分为全剖视图、半剖视图、局部剖视图。本节重点介绍全剖视图的概念、表达以及在 Solid Edge 中生成全剖视图的方法。

1. 全剖视图的概念

用剖切面全部切开物体，进行投射得到的图形称为全剖视图。剖切面可以是单一的剖切面（平面、曲面），也可以是复合的剖切面（如相交的剖切平面、平行的剖切平面等），图 4-25 所示主视图为全剖视图，图 4-24 所示左视图也是全剖视图。其中图 4-24b 属于多剖切平面的剖切。

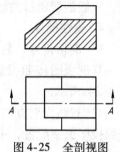

全剖视图主要用于表达在投射方向上不对称、外部结构比较简单（或外部结构由其他视图表达）、内部结构比较复杂的物体。全剖

图 4-25　全剖视图

视的标注如图 4-25 所示，由剖切位置符号、投射方向箭头、剖切面和剖视图名称的字母组成。

2. Solid Edge 中生成全剖视图的方法

在 Solid Edge 的工程图环境中生成全剖视图可以有两种方法。第一种方法是利用剖切位置工具画出剖切位置，再利用剖视图工具生成剖视图；第二种方法是使用局部剖工具，选择剖切范围时，选择整个模型，再选择剖切深度，最后生成剖视图。

（1）使用剖切位置工具和剖视图工具生成全剖视图

单击"主页"选项卡→"图纸视图"选项组→"剖切位置"按钮 ，选择一个视图，进入绘制剖切位置线环境，如图 4-26a 所示；在视图上画出剖切位置线的位置，线的端点一定要在视图以外，以保证生成的剖切位置线在视图外并且与视图不相交，如图 4-26b 所示；单击命令条右侧的"关闭切割平面"按钮；然后选择投射的方向；再单击"剖视图"按钮 ，单击剖切位置的箭头，选择剖视图的位置即可生成剖视图，如图 4-26c 所示；最后将生成的剖视图与其他视图创建对齐，以保证满足投影关系，同时还要删除剖视图上面的"剖面"两字，使用点画线工具为视图添加点画线，如图 4-26d 所示。

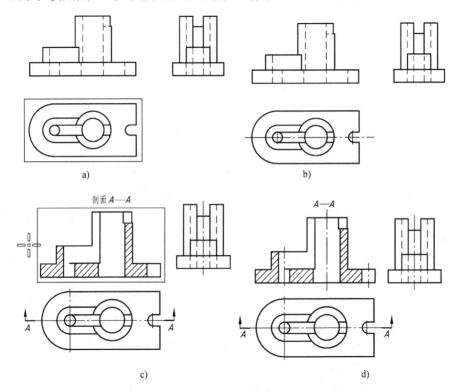

图 4-26　Solid Edge 中全剖视图生成方法

a）选择剖切位置工具，再选择视图　b）用直线工具画剖切线，端点在视图外　c）用剖视图工具，单击剖切位置箭头
d）删除"剖面"两字并创建与其他视图对齐关系

剖切符号的编辑：选择图 4-26c 所示的剖切符号（剖切位置线与箭头），拖动箭头控制点可以改变箭头长度，拖动字母控制点可以改变字母位置。箭头与视图名称的字母可以在命令条上直接修改，按〈Tab〉键或〈Enter〉键确认。剖切位置线的长度和箭头大小需要单击命令条上的"属性"按钮（图 4-27），将弹出"切割平面属性"对话框，如图 4-28a 所示，粗线长度就是剖切位置线的长度，默认是 3 倍标注字体大小，如改为 1 就是 1 倍的标注字体大小。如果需要编辑剖切位置线的位置，需要单击图 4-27 所示的"编辑"按钮，将回到原来绘制剖切位置线的状态，此时可以改变原来的剖切位置，添加几何约束关系，修改以

后单击"关闭切割平面"按钮，返回到编辑投射方向的步骤，再单击可以改变投射方向，完成剖切符号的编辑。

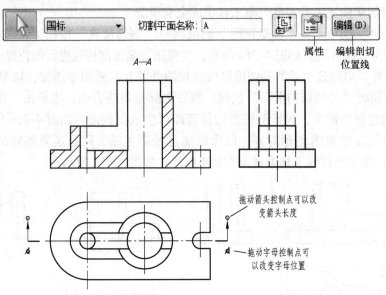

图4-27 剖切符号的命令条与单击剖切符号后的视图

箭头旁字母的大小需要单击图4-28b所示的"标题"选项卡，改变"格式"选项组中"字体大小"编辑框中的数值，单击"确定"按钮退出对话框即可。视图名称字母的大小，需要单击视图，在命令条上选择"属性"按钮，在弹出的对话框中的"标题"选项卡中修改文字大小即可。

如果只想改变剖切位置线的位置或箭头方向，也可双击视图上的剖切符号，直接进入编辑图线的状态。

剖视图生成以后，可以在该视图上再画剖切位置线，生成新的剖切符号，利用该剖切符号可以生成新的剖视图，但是需要单击命令条上的"完整模型"按钮 ▣，否则生成的剖视图是不完整的剖视图。如图4-29a所示，在左视图位置有三个图形，第一个就是默认不单击"完整模型"按钮生成的剖视图，中间一个是单击"完整模型"按钮生成的剖视图，第三个是剖切符号画在视图以外生成的视图。在有些情况下，主视图生成为剖视图之后，左视图或俯视图也是需要的，此时的剖视图不具有一般视图的属性，不能再使用图纸视图工具中的"主视图"工具生成其他视图，这时也可以用生成剖视图的工具生成新的剖视图。如图4-29a所示，在主视图的外面画出了剖切符号，投射方向是左视图投射方向，此时用生成剖视图的工具就能生成左视图，如图4-29a所示 C—C，此时是不需要标注的，单击生成的 C—C 视图，命令条上选择不显示主标题即可。图4-29a所示 F—F 剖视图与 B—B 剖视图是一样的，其实这是两个完全相同的剖切面，如将 F—F 剖视图放在左视图位置，就应该按照左视图的图形形状放置（F—F 图形转90°）。

有时只需要剖切位置线，不需要箭头旁名称和剖视图名称，剖视图的名称取消按照图4-29b所示操作。取消视图名称也可以在图4-29c所示对话框中取消选择"显示视图注释"前面的勾。箭头旁名称的参数编辑可以选择剖切符号，在命令条上单击"属性"按钮，

a)

b)

图 4-28　剖切符号与名称参数的编辑

a）切割平面属性对话框　b）"标题"选项卡

在对话框中的"标题"选项卡中编辑，如图 4-30 所示。

剖视图中一般不显示细虚线，选择已经生成的剖视图，可以单击命令条上"属性"按钮，在弹出的对话框中取消选择"显示"选项卡中"隐藏线样式"前面的勾，单击"确定"按钮即可。细虚线比较少时也可以单击"主页"选项卡"图纸视图"选项组中的"隐藏边"按钮 ⬡，选择需要隐藏的细虚线即可。

对于剖面线的编辑，需要在生成剖视图时，在命令条上选择剖面线的类型即可。对于已经生成的剖视图，可以右击生成的剖视图，选择快捷菜单中的"在视图中编辑"选项，再选择剖面线，然后在命令条上更改剖面线的类型即可。当然，采用这两种方法也可以在不修改类型的情况下修改剖面线的角度、间隔等。如图 4-31 所示，ANSI37 是网格类型的图线，

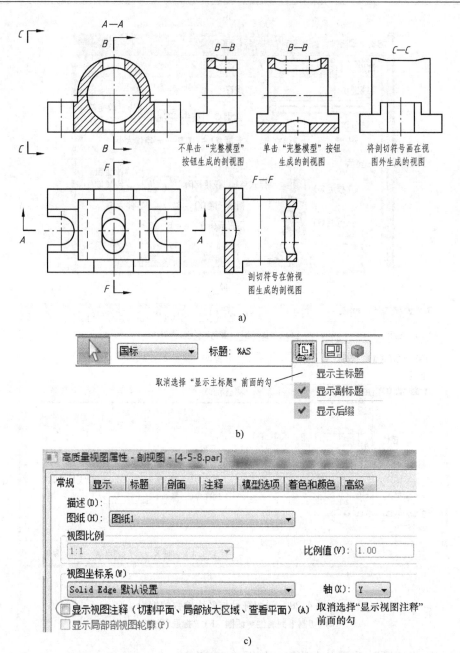

图 4-29　由剖视图生成新剖视图及剖切符号与名称的显示控制
a）从剖视图再生成新的剖视图和视图　b）剖视图命令条——剖视图名称（标题）的显示控制
c）高质量视图属性对话框

一般表示非金属类型的材料，在图中的命令条上，也可以改变角度或剖面线间的间隔，如网格改为垂直水平状态，将角度改为 45°就可以了。

　　剖面线的线宽能不能修改呢？自然也是可以的，但是不能用上述方法在命令条上修改，需要在"在视图中绘制"命令中，右击剖面线，在弹出的快捷菜单中选择"属性"选项；在弹出的对话框中，更改线宽，单击"确定"按钮退出对话框即可。采用这种方法编辑时，只能每次修改一个区域的剖面线，不能一次全修改完毕。在"在视图中绘制"状态下，右

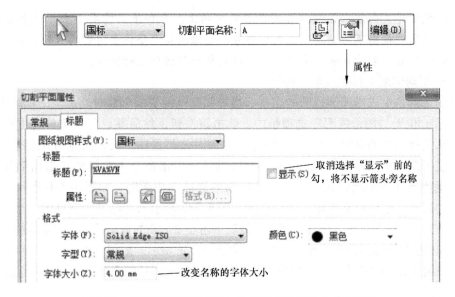

图 4-30　不显示箭头旁名称，改变箭头旁名称大小的操作

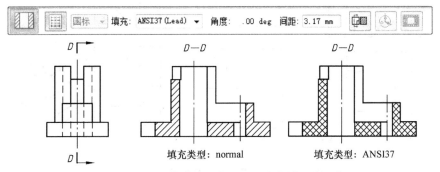

图 4-31　生成视图时或生成视图后改变剖面线的类型

击某个区域剖面线，在弹出的快捷菜单中选择 "属性" 选项，在弹出的对话框中可以编辑
剖面线类型、颜色、线宽、间距和角度。

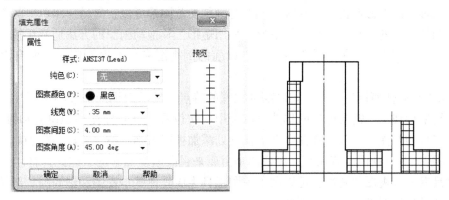

图 4-32　剖面线属性的编辑

总结与讨论：采用剖切位置工具生成剖视图分为两步，第一步用剖切位置工具画出剖切
面位置，端点一定要画在视图外侧，退出后选择投射方向；第二步用剖视图工具生成剖视

图。生成剖视图时，剖切位置线如果画在了剖视图上，命令条上需要单击"完整模型"按钮，否则生成的剖视图不完整。单击剖切符号，可以改变文字位置与箭头长短，也可以编辑剖切位置线的位置。名称如果省略的话，可以用属性对话框进行操作。

（2）使用局部剖工具生成全剖视图

局部剖工具是生成局部剖视图的工具，当局部剖范围变成全部时就是全剖视图了。"局部剖"按钮☑位于"图纸视图"选项组中，单击该按钮，然后在已经生成的视图中选择一个视图用来选择剖切的范围；对于全剖来说一般使用矩形绘图工具，用拖动方法画出一个矩形窗口，使视图完全在该窗口内，如图 4-33a 所示。单击命令条右侧的"退出剖切范围绘制"按钮退出剖切范围绘图状态，在其他视图中选择剖切深度，如图 4-33b 所示。如果知道该方向的尺寸，也可以直接输入剖切深度。图 4-33b 所示剖切深度为宽度的一半，对于这种情况，只有一个视图也可以做出剖视图。最后单击需要剖切的视图即可生成全剖视图。最后一步如果选择轴测图也可以生成轴测剖视图，如图 4-33c 所示。采用这种方法，画剖切范围的图线线型采用什么线型都可以（如粗线、点画线等），生成以后的视图中也不显示范围。

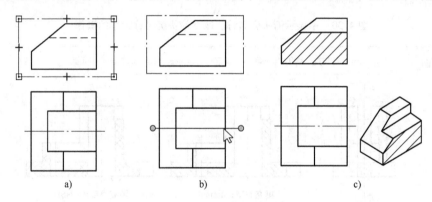

图 4-33　利用局部剖工具生成全剖视图

a）选择命令、选择视图、画范围　b）退出后在另一视图上选择剖切深度　c）单击要剖切的视图，轴测图也行

采用这种方法，一般是在要剖视的视图上来画剖切范围，最后还单击这个视图生成剖视图。对于在轴测图上做剖视的，在哪个视图上画剖切范围都可以，最后一步单击的都是轴测图。表示剖切范围的图形必须是封闭图形，采用矩形工具拖动画图的方法通常比较方便。

再观察一下图 4-33c 所示的剖视图，与以前的剖视图有什么区别呢？主要有以下几点区别。

1）图中没有任何标注。这也是局部剖视图的特点，局部剖视图一般不用标注。但是毕竟这不是局部剖视图，需要标注时仍然可以采用剖切位置工具来标注剖切位置和投射方向。对于视图名称的标注，一般是在命令条上标题处添加视图名称，按〈Tab〉键确认。

2）剖视图具有视图所有属性。剖视图是由原来视图改变而来的，因此这样生成的全剖视图仍然具有一般视图的属性，可以用主视图工具生成其他基本视图和轴测图。剖切是假想的，生成的其他视图都是完整的视图。

总结与讨论：用局部剖工具可以生成剖视图和轴测剖视图，尤其对于剖切对称的物体，不用添加任何标注。对于不对称的物体，可以使用剖切位置工具标注剖切位置，选择视图并在命令条上添加视图名称。至于用哪种方法生成剖视图，可以根据具体情况决定。

（3）模型上的剖视以及由此生成的剖视图

前面的两种方法都是在工程图上绘制剖视图，在三维设计过程中如果想看看里面的结构，也可以采用剖视的方法来进行表达。方法也有以下两种。

1）使用"视图"选项卡的裁剪工具组。这是一个将模型全剖的工具组，位于"视图"选项卡中。裁剪工具组只有两个命令，第一个是设置裁剪平面命令 ，第二个就是裁剪命令 （〈Ctrl + D〉）。如图4-34所示，这种剖切是假想的，裁剪命令的按钮就是一个反复键（可用〈Ctrl + D〉快捷键），按一下裁剪，再按一下恢复为不裁剪的状态，投影成二维视图也不受这种裁剪的影响。

2）使用"PMI"选项卡中剖面工具（少学时可以作为选学内容）。首先画出草图，表示剖切范围。可以选择模型中的一个平面，如图4-35a所示的平面A，进入绘制剖切范围界面。图4-35b所示绘制的草图，剖切前半部分，这样的草图最好使用矩形绘图工具用拖动的方法绘制（可捕捉模型中的中点等关键点）。

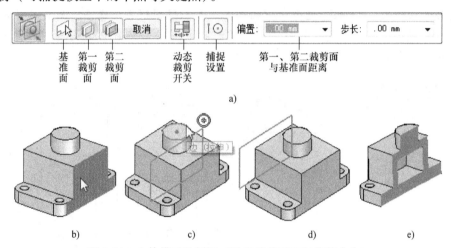

图4-34　立体模型的剖视（设置裁剪平面与裁剪命令）

a）设置裁剪平面命令的命令条　b）选择基准面　c）选择第一裁剪面　d）选择第二裁剪面　e）选择裁剪命令

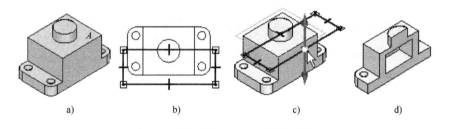

图4-35　利用剖面工具进行模型剖切

a）选择草图平面　b）绘制剖切范围　c）选择双向完全贯穿　d）剖切模型

草图绘制好以后，单击"PMI"选项卡→"模型视图"选项组中的"剖面"按钮 ，选择草图和剖切方向，输入剖切深度，选择零件即可，如图4-35c所示。在命令条上可以选择操作的各个步骤，剖切深度同拉伸操作一样，也有贯穿全部、指定深度等选择。最后的剖切模型如图4-35d所示。采用这种方法生成的剖切模型，也可以取消剖切，方法是在路径查找器中选择需要隐藏的剖面，如图4-36a所示的"剖面1A"，取消选择前面的勾，需要显示时再打开即可。

在工程图中，可以利用模型上已有的剖面生成剖视图或轴测剖视图，方法是选择生成的视图，选择命令条上的"属性"按钮（或右击视图，在弹出的快捷菜单中选择"属性"选项），在弹出的对话框中选择"剖面"选项卡，在剖面的列表框中将显示已经设置的剖面，如图 4-36b 所示的"剖面 1A"。单击对应的剖面前的复选框，有勾时通过更新视图就可以变成剖视图，如图 4-36c 所示的主视图和轴测图都是用这种方法生成的。

采用上述方法生成的视图具有一般视图的属性，可以用来生成其他视图，但是生成的其他视图仍然具有继承性（模型不具有完整性）。因此不建议用这样剖切以后的视图生成其他基本视图。当然生成以后也能进行修改。

总结与讨论：用"视图"选项卡中的设置裁剪平面和裁剪工具可以很方便地在立体模型上进行剖切，对于观察模型内部的情况非常方便；也可用于剖视图的教学过程中，在 Solid Edge 中可以设置两个裁剪平面的颜色，从而比较清楚地观察剖切平面与立体的相交区域，理解剖面符号的含义；"PMI"选项卡中的剖面工具一般用得不是很多，虽然这种方法可以在工程图中生成剖视图，但是比较麻烦，用前面的方法在工程图中生成剖视图是非常方便的，不用在视图上面显示 PMI 的剖面来生成剖视图。

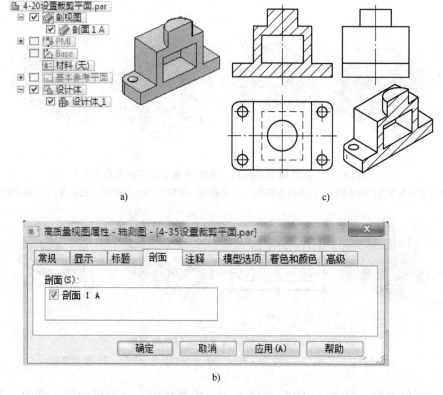

a)　　　　　　　　　　　c)

b)

图 4-36　"PMI"选项卡中剖面工具的使用以及利用模型中的剖面生成剖视图
a）"PMI"选项卡中剖面工具的使用　b）"剖面"选项卡　c）带有剖面的模型在工程图中的应用

4.2.4　半剖视图

上一节介绍了全剖视图的概念、使用范围和生成方法。本节重点介绍半剖视图的概念、表达特点和方法以及在 Solid Edge 中半剖视图的生成方法。

1. 半剖视图的概念

　　假想用剖切面将对称的物体切开一半，在垂直于对称面的投影中一半用视图表达物体的外部形状，另一半用剖视图表达物体的内部形状，视图与剖视图的分界线为物体的对称中心线，用这种方法形成的图形称为半剖视图。图 4-37a 所示的物体是左右对称的，因此在垂直于对称面的投影面上，可以采用半剖视图。

　　半剖视图的应用条件是物体具有对称的结构，或物体基本对称，不对称的

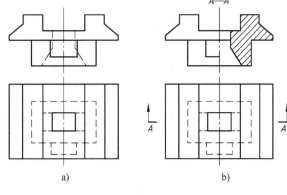

图 4-37　视图和半剖视图

a）视图　b）半剖视图

部分已经由其他视图明确表达。在半剖视图中，既可以表达物体的内部形状，又可以表达物体的外部形状。由于物体的对称性，因此在半剖视图中，表达外形部分的视图内的细虚线应当省略不画。半剖视图中剖视图与视图的分界线用点画线表示，剖切位置的标注与全剖视图一样，但应当注意，剖切位置的符号应当画在视图的外侧，不能因为剖切一半而将剖切位置线画在视图以内，如图 4-37b 所示。

　　同全剖视图一样，半剖视图在特定情况下也可以省略标注，如布置在投射方向上，字母可以省略，沿对称面剖切，剖切符号可以不标注。以上两者都具备就可以不标注。

2. Solid Edge 中生成半剖视图的方法

　　在 Solid Edge 中生成半剖视图可以使用局部剖工具和剖面工具。

　　（1）使用局部剖工具生成半剖视图

　　如图 4-38a 所示，先生成基本视图，选择局部剖命令，再选择要做局部剖视的视图，用矩形画出剖切的范围，一般使用矩形工具，捕捉视图上的中点，单击命令条右侧"关闭局部剖"按钮，在其他视图选择深度，如图 4-38b 所示；单击需要剖切的视图生成半剖视图，如图 4-38c 所示；用隐藏工具隐藏视图中显示的细虚线，用点画线工具生成点画线的分界线，如图 4-38d 所示。如果轴测图也需要轴测剖切，可用类似方法生成，最后生成的是轴测图。该软件生成的剖视图剖面线都是默认的 45°剖面线，对于轴测图来说，需要改成如图 4-38e 所示的 60°和 120°方向的剖面线。如果水平面也做了剖切，水平面内的剖面线是 0°的水平线。注意对轴测图剖切时，只能剖切面向读者的一个角，剖切后面的结构没有意义。

　　（2）使用"PMI"选项卡中的剖面工具生成半剖视图

　　这种方法是在立体模型上先建立剖切面，然后在工程图上生成剖视图即可。在零件环境画出要剖切的范围草图，用"PMI"选项卡中的剖面工具生成如图 4-39a 所示带剖切的模型，右击视图在弹出的快捷菜单中选择"属性"选项，选择"剖面"选项卡，将要显示的剖面选择上，退出对话框，更新视图即可。轴测半剖视图也可以按照类似方法生成。采用这种方法生成的半剖视图同样要按照前面所述的方法隐藏细虚线，再添加点画线的分界线。

　　总结与讨论：半剖视图就是一种视图和剖视图组成的图形，一半剖视图、另一半视图，分界线是点画线，要求物体应当是对称的，外形用一半视图表达，它的内部形状用另一半剖

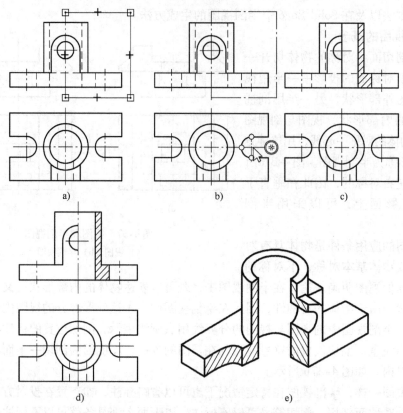

图 4-38　半剖视图

a）选择局部剖命令和范围　b）选择深度　c）选择剖切的视图　d）隐藏细虚线，改为点画线分界线　e）轴测半剖视图

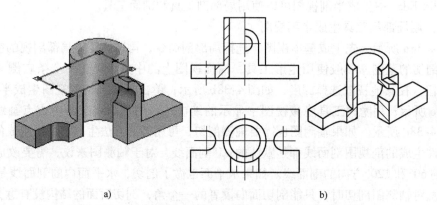

图 4-39　用"PMI"选项卡中的剖面工具生成半剖视图

a）画草图，用剖面工具生成带剖切的模型　b）右击视图→属性→剖面→显示指定剖面

视图表达；半剖视图通常采用工程图中的局部剖工具生成；立体模型上的半剖则用"PMI"选项卡中的剖面工具生成，同样工程图中的半剖视图也可以直接用剖面工具生成，但是尽量不要用这种方法，因为还需要对三维模型进行剖切。

4.2.5　局部剖视图

前面生成全剖视图、半剖视图都使用了局部剖工具，剖切的范围大到整个视图就是全剖，一半就是半剖，只有一部分就是局部剖。本节重点介绍局部剖视图的概念、表达方法、特点以及在 Solid Edge 中生成局部剖视图的方法。

1. 局部剖视图的概念、画法与标注

全剖视图只能表达物体的内部结构，其外部结构可以由其他视图表示。半剖视图一半表达物体的外部结构，另一半表达物体的内部结构，但要求物体具有对称的结构。如果物体不对称，外部结构和内部结构要在一个视图中表达，就需要采用局部剖视图。局部剖视图就是在内部结构需要表达的部位，用剖切面将物体假想切开，切开的部分画成剖视图，没有切开的部分画成视图，它们的分界线为细波浪线。

注意：细波浪线是物体断开的实体部分的边界，如果遇到投射方向上有开口（无盖）的空洞，空洞部分的细波浪线应当断开。

局部剖视图是一种比较灵活的表达方法，在以下几种情况下宜采用局部剖视图。

1）物体只有局部内部形状需要表达，而不必采用全剖视图时，可用局部剖视图表达，如图 4-40 所示主视图左端小孔的表达。

2）物体内外形状都需要表达，但物体本身又不具有对称的结构，可用局部剖视图表达。图 4-40 所示主视图需要表达台阶孔的结构，但全剖时前面的圆柱凸台将被切去，主视图将无法表达它的结构，采用局部剖视图则既可以表达内部结构，又可以表达外部结构。

3）物体具有对称的结构，但由于轮廓线与中心线重合而不宜采用半剖视图时可用局部视图表达，如图 4-41 所示。

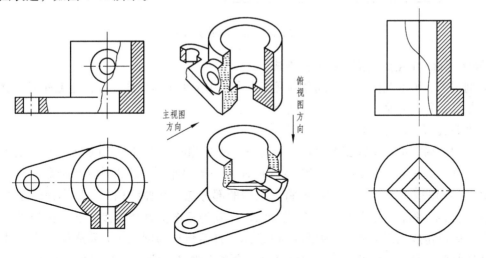

图 4-40 局部剖视图   图 4-41 局部剖视图的应用

4）剖中剖的情况。在剖切面后面，如果仍有不能表达且比较简单的内部结构，可以用局部剖视的方法再进行一次剖视，两个剖面的剖面线间隔、方向相同，但应相互错开（GB/T 16675.1—2012）。如图 4-42 所示，在全剖视图中又进行了一次局部剖视，剖面线错开。

5）其他情况。对于实心类杆件（如轴），一般不宜采用全剖视图，如果需要表达这类零件的局部内部结构，可以采用局部剖视图。

局部剖视图的标注同全剖视图一样，对于剖切位置明显的视图，一般可以省略标注。

总结与讨论：同局部视图一样，不完整的剖视图就是局部剖视图，局部剖视图的范围可大可小，剖切的范围可以是视图的一大部分，也可以是视图的一小部分，根据需要来决定表达方案。切忌在一个视图中，有许许多多的局部剖视图，使得视图看起来像是有好多补丁一样，显得非常凌乱，不能随意在视图上打个洞去观察一个孔或是什么其他的结构。

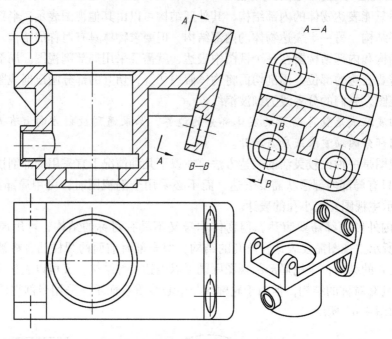

图4-42　局部剖视图中的剖中剖

2. Solid Edge 中生成局部剖视图的方法

同全剖视图、半剖视图一样，局部剖视图也可以用两种工具生成，一种是工程图环境中的局部剖工具，另一种是零件环境中的剖面工具。

（1）利用工程图环境中的局部剖工具

工程图中的局部剖视图大多数都是采用这一工具生成的，方法同半剖视图一样。不同的是画剖视范围的工具不同，在高版本的 Solid Edge 中一般是采用曲线工具（单击命令条上的"封闭曲线"按钮 ⊙）画出一封闭曲线将要剖切的部分包含在曲线内，然后在命令条上单击"关闭局部剖"按钮退出绘制剖切范围步骤，在其他视图上选择深度，然后选择需要剖切的视图，即可生成局部剖视图，如图4-43所示。最后将局部剖视图分界线用"边"选项组中的边线画笔工具改为细实线。在边线画笔命令条上选择自定义中的细线（Normal），单击边界线即可，单击图4-43所示的"更改整边"按钮 ⸝ 可以一次将边界线改为细线，如果单击"更改部分"按钮 ⸜ 每次只更改该线上单击的那一段（两个交点之间的部分），需要多单击几次，当然对于局部剖视图修改边界，选择"更改整边"更方便。对于只需更改图线的一部分的作图，使用"更改部分"更方便一些。

"边"选项组中的边线画笔工具也可以修改一般的二维图形，如一条图线的一部分线型的改变。在视图中还能隐藏不需要的图线，如将一部分线改为细虚线，细虚线隐藏的话，该线也就隐藏了，这就是该工具的灵活运用了。这一工具的优点是可以不用分割工具，直接将某一线段改为需要的线型，如粗实线改为细实线、粗实线改为细虚线等，无论是投影中的图线还是工程图环境中直接绘制的线段，都可以采用这种方法编辑图线的线型。

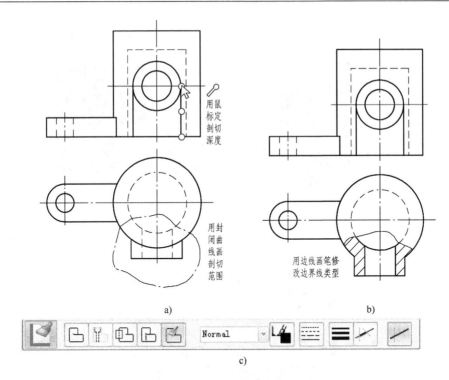

图 4-43 在工程图中生成局部剖视图

a）选择命令、画剖切范围、定剖切深度 b）改边界线为细波浪线 c）边线画笔的命令条

（2）利用零件环境中的剖面工具

如图 4-44a、b 所示，在零件环境通过画草图，用"PMI"选项卡中的剖面工具生成剖面 1A 和剖面 2B。在工程图环境生成主视图和俯视图，选择对应视图，右击属性，在弹出对话框中选择剖面，再选择显示的剖面（1A 或 2B），单击"确定"按钮退出对话框，更新视图即可得到局部剖视图，用前面的方法编辑边界线为细波浪线即可。同样的方法也可以在轴测图中显示，但是注意轴测图的剖面线方向需要进行编辑，水平面内为 0°，正平面内为 60°，侧平面内为 120°，如图 4-44c 所示。

注意：草图与实体相交部分的草图图线必须为曲线，切忌图省事用直线代替，这样生成的局部剖视图的边界线就不是细波浪线（细曲线）了，而是不符合要求的直线，与工程图的要求也不相同。

在剖视图中，后面继续做剖视的情况，可以按照一般的方法来做，但是剖面线很难相互错开，有没有办法呢？由于两个剖视范围的连续性，编程时其中一个加一个方向的位移即可。但是又不能修改程序，只能采用近似的方法来处理这一问题：一是改变间距，只是差一点点，能够错开即可；二是改变角度，也是改一点，如 45°改为 46°，剖面线角度差异不大不容易看出来，图 4-42 所示的主视图就是用这种方法生成的视图。

总结与讨论：局部剖视图的生成，剖切范围不包括全部的视图范围即可，在视图内部的部分必须使用曲线绘制。可以使用封闭曲线绘制局部剖视图的剖切范围，使用很方便。前面介绍的生成局部剖视图的方法都必须使用两个视图，能不能使用一个视图就能生成局部剖视图呢？生成剖视图的条件是有效的剖切范围和一定的剖切深度，一个视图画出剖切范围是没

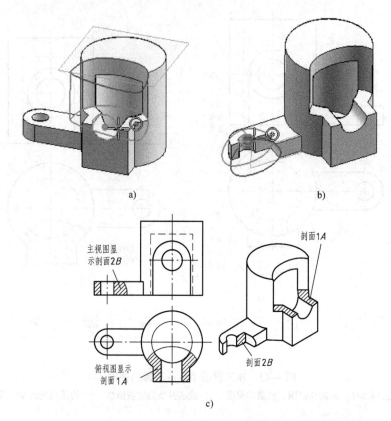

a)　　　　　　　　　　　　b)

c)

图4-44　利用"PMI"选项卡中的剖面工具生成剖视图

a）画草图、生成剖面1A　b）画草图、生成剖面2B　c）设置视图属性、
主视图显示2B剖面、俯视图显示1A剖面、轴测图显示剖面

有问题的，剖切深度其实也可以在命令条上输入，如果知道零件的尺寸，直接输入剖切深度也是可以的，这样一个视图也能生成局部剖视图。当然全剖、半剖是一样的。

4.2.6　斜剖视图

前面的例子中，剖切面大部分都是平行于基本投影平面的单一剖切面。同斜视图一样，斜剖视也是指剖切面与某一个基本投影平面倾斜的剖切，投射方向是垂直于剖切面的，仍是正投影。本节介绍斜剖视图的表达方法。

1. 斜剖视图的概念

单一剖切面可以为基本投影面的平行面，也可以为任意的平面。对于采用不平行基本投影面的单一剖切面剖切的方法称为斜剖视，如图4-45所示的A—A剖视图。斜剖视图的标注同全剖视图相同，斜剖视图的名称用两个字母中间加一个短线表示，如果需要，斜剖视图也可以旋转后画出，其旋转方向用带箭头的圆弧表示，视图名称标注在有箭头的一侧，如图4-45所示。

2. Solid Edge中生成斜剖视图的方法

Solid Edge中生成斜剖视图的方法与利用"剖切位置"按钮 和"剖视图"按钮 生成全剖视图的方法完全相同，不过剖切位置线在视图中画的是斜线，如图4-45所示。斜视图的剖切位置线应与物体的主要轮廓线垂直，绘图时应画在图外。剖切位置线的长度可以通

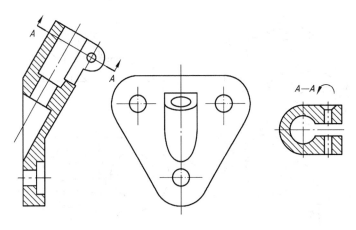

图 4-45　斜剖视图及其标注

过单击剖切位置线，再单击命令条上的"属性"按钮，然后在"属性"对话框进行修改。

　　斜剖视图生成以后，可右击斜剖视图，取消对齐，可以将斜剖视图移动到其他适当的位置。在 Solid Edge 中，斜剖视图的旋转与斜视图一样，直接利用绘图选项组中的旋转命令旋转即可，可以用在视图标题上加前后缀的方法添加旋转符号，% CA 为逆时针旋转的符号，% C2 为顺时针旋转的符号。命令条上标题处% CA% AS 必须在一行上，否则旋转符号与标题名就不在一行上了。

　　注意：绘制剖切位置线时，可以使用捕捉、对齐和几何关系约束使剖切位置线通过图形中的已知点。对于局部的小结构，剖切位置线可以在视图内部，生成的剖视图需要使用视图边线编辑方法将视图内一侧的边界线改为细波浪线，方法参照局部剖视图中介绍的方法处理。

　　总结与讨论：斜剖视图与一般的剖视图区别不大，就是剖切面是倾斜的。

4.2.7　阶梯剖视图

　　阶梯剖视图是指用相互平行的剖切平面将物体切开所得到的剖视图。本节重点介绍阶梯剖视图的概念、表达方法、特点以及在 Solid Edge 中阶梯剖视图的生成方法。

1. 阶梯剖视图的概念

　　用相互平行的剖切平面切开物体，得到的剖视图称为阶梯剖视图。阶梯剖视图适用于内部结构分布在相互平行平面上的情况。

　　采用阶梯剖切方法画剖视图，应该注意以下几点。

　　1）将各剖切平面看成一个组合的剖切平面，剖切后得到的图形为一个图形，不应在剖视图中画出各剖切平面的分界线，如图 4-46 所示主视图。

　　2）剖切平面转折处的剖切符号不应与视图中的轮廓线重合，如图 4-46 所示俯视图。

　　3）要恰当选择剖切平面，避免在剖视图中出现不完整的要素。这主要是指内部结构的完整性，一个内部结构既然要表达，就要尽量表达完整。剖切位置线尽量不要在内部结构内转折。

　　4）只有当物体上的两个几何要素具有公共对称中心线或轴线时，两个要素可以各剖一半，合并成一个剖视图，此时公共对称中心线或轴线为剖切平面的分界线，如图 4-47 俯视

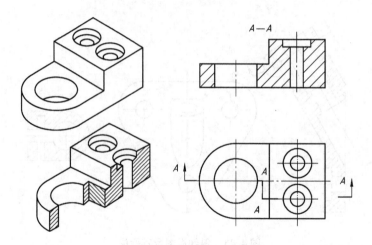

图4-46　阶梯剖视图及其标注

图所示的剖切位置就是从对称中心线处转折的。

5）剖切符号标注在剖切平面的转折处，一般应标注相同的字母，如图4-46所示。

6）在不影响图形阅读的情况下，转折处的字母也可以省略。如图4-47所示的俯视图，只在剖切符号最外侧的两端标注了字母，视图内部由于比较清晰，就没有标注。

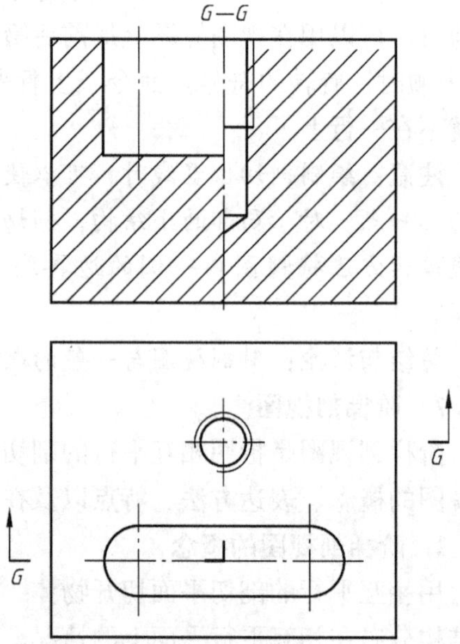

2. Solid Edge 中生成阶梯剖视图的方法

在 Solid Edge 中，阶梯剖视图也是利用"剖切位置"按钮和"剖视图"按钮生成的。阶梯剖视图生成以后，需要用隐藏边工具隐藏剖切平面内剖切平面的边界线（粗线）。特殊情况下转折处两侧都是实体，轮廓相同，转折处的交线会自动隐藏。另外在剖切位置线转折位置的字母不会自动出现，需要用文字标注工具注写。

阶梯剖视图同普通视图一样，对称视图、回转体、圆都应该加中心线，可以使用视图命令条中的自动添加中心线工具添加。

图4-47　具有公共对称中心线的阶梯剖视图

4.2.8　旋转剖视图

旋转剖视图是用相交的剖切面对物体进行剖切，将剖切所得视图旋转到同一剖切面所获得的剖视图。本节重点介绍旋转剖视图的概念、表达方法、特点以及在 Solid Edge 中生成旋转剖视图的方法。

1. 旋转剖视图的概念

如图4-48所示，同阶梯剖视图相似，旋转剖视图是由相交的剖切平面组成的一个组合剖切平面，将其中一个剖切平面上的结构绕两个剖切平面的交线旋转到另一个剖切平面上，再进行投射得到的图形。

在旋转剖视图中不需要画出剖切平面的交线。用相交的剖切平面剖切的方法，常常用于需要表达的内部结构具有相同回转轴，剖切平面的交线即为物体的轴线，因此常常将这种剖切方法称为旋转剖。绘图时两个剖切平面上的图形要旋转到一个剖切平面上进行投射。对于剖切平面后面的结构（如图 4-48 所示左侧的肋板）应该按照原来的位置进行投射。

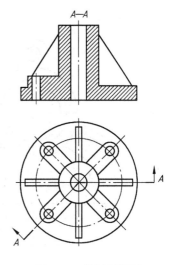

图 4-48　旋转剖视图

对于图 4-48 所示肋板在剖视图中的画法，当沿肋板纵截面剖切时，肋板不画剖面线，而沿横截面剖切时，应当画出剖面线。图 4-48 所示左侧的肋板不在剖切平面上，投射时它的位置不动，按原来的位置进行表达。

在旋转剖视图中，剖切面也可以由平面和柱面组成，如图 4-49 所示，其与相交的剖切平面的标注相同。在剖切面的转折处一般应标注相同的字母，在不引起误解的情况下，转折处的字母可以省略。

注意：旋转剖视图属于假想的画法，实际的结构并没有进行旋转，旋转剖视图以外的其他视图仍应按不旋转绘图。

2. Solid Edge 中生成旋转剖视图的方法

在 Solid Edge 中同样是利用"剖切位置"按钮和"剖视图"按钮来生成旋转剖视图的。绘制剖切位置线时，可以采用点约束的方式达到绘图的目的，如图 4-50a 所示。单击"点约束"按钮，选择半圆圆心和直线（不能为端点和中点，应为线上其他的任意点）即可使直线通过圆心。退出剖切位置线绘

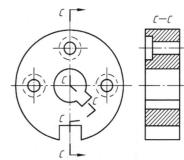

图 4-49　平面与柱面组成的复合剖切面

制后，需要选择投射方向、投影面，再单击命令条上的"旋转"按钮，在图样的适当位置单击生成旋转剖视图，如图 4-50b 所示。同样旋转剖视图生成以后需要用隐藏工具，隐藏剖切平面的交线，使用视图属性对话框操作隐藏视图中的细虚线。

根据旋转剖视图的规则，剖切平面后面的结构是不能旋转的，只旋转剖切平面上面的结构。目前 Solid Edge 还无法做到旋转平面后面的结构不旋转，只能右击视图在弹出的快捷菜单中选择"在视图中绘制"选项，通过手工编辑的方法编辑视图，如图 4-51 所示。旋转剖视图生成以后除了视图需要编辑以外，还有视图名称前的"剖面"两字需要删除（命令条上删除即可）以及添加点画线（使用点画线工具生成）。注意圆周分布的孔应当使用分布圆的点画线（圆周方向和指向圆心的点画线）。

图 4-49 所示剖切面上有一段弧线，表示倾斜剖切面旋转后继续剖切，如果剖切符号的第一段和最后一段共线，则不用选择投影面，自动以第一段线的平行平面作为投影面。

如果剖切面是由 2 个以上平面、柱面组成的，剖视图有时需要用展开的方法来进行表达，所有的剖切面与实体相交区域及后面可见的轮廓都展开在选定的平面上，一般需要在视图的上方标注 ×—× 展开（× 为拉丁字母），如图 4-52 所示。这种表达方法要根据需要决定是否采用，如图 4-53 和图 4-54 就不用展开。

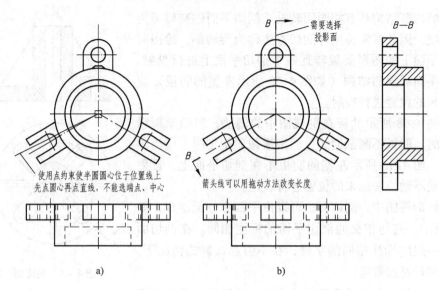

图 4-50　Solid Edge 中旋转剖视图的生成

a）绘制剖切位置线　b）选择投射方向、投影面，旋转生成剖视图

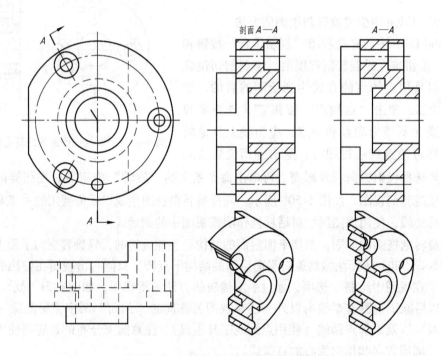

图 4-51　旋转视图生成后视图的编辑

总结与讨论：旋转剖视图使用的对象是有旋转的内部结构，剖切面后面的结构按不旋转绘制。生成方法与一般的剖视图生成方法相同，先画出剖切位置线，可以使用捕捉、几何关系约束来绘制剖切位置线，再用剖视图工具生成旋转剖视图，别忘了单击命令条上的"旋转"按钮，最后如果剖切平面后面的结构旋转了，还要用在视图中绘制的方法修改视图。

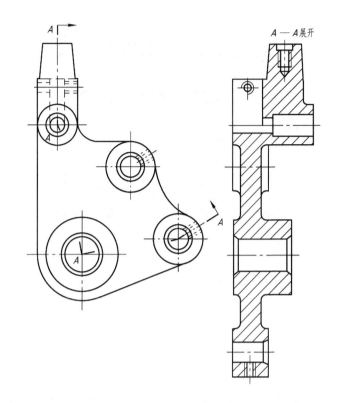

图 4-52　多剖切平面剖切的表达方法

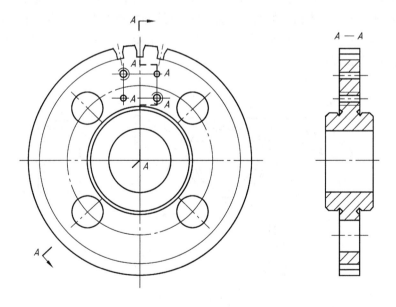

图 4-53　组合的剖切平面 1

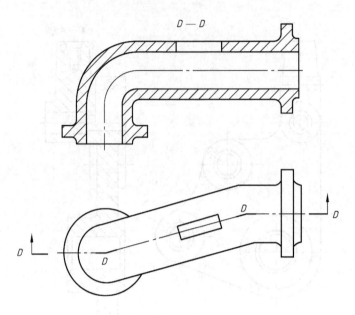

图 4-54　组合的剖切平面 2

4.3　断面图

剖视图能够很好地表达剖切面及其后面的结构，但是在有些情况下，剖切面后的结构是不用表达的，只需表达物体切断以后断面的形状和大小。如图 4-55 所示，对于 $A—A$ 剖切面来说，向左面看，没有什么结构，向右面看，有倾斜的结构也不能反映实际大小，意义也不大，只需表达剖切面与实体相交的断面就能知道该处的宽度与具体形状，图形也更加清晰，$B—B$、$C—C$ 位置的剖切表达也是一样。本节重点介绍断面图的分类、表达方法以及在 Solid Edge 中断面图的生成方法。

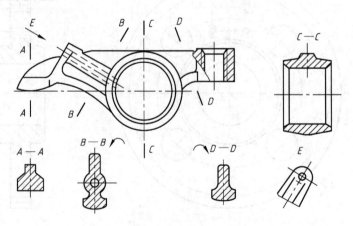

图 4-55　断面图

4.3.1　断面图的概念

用剖切平面将零件的某处切断，只画出断面的图形称为断面图。

断面图与剖视图的主要区别在于：剖视图要画出剖切平面上以及后面的可见轮廓线的投影，而断面图则只画出剖切平面上的投影。

断面图主要用来表达零件上断面的形状，如零件上的键槽、肋板等，以及按照一定规律或无规律变化的断面形状。

4.3.2　断面图的种类

根据断面图画在图上的位置不同，可以分为移出断面图和重合断面图。

1. 移出断面图

画在视图之外的断面图称为移出断面图，如图 4-55 所示。移出断面图画在视图之外，不影响原有视图的清晰性。

移出断面图的画法如下。

1）移出断面图与视图类似，断面的外轮廓画成粗实线，如图 4-55 所示。

2）移出断面图轮廓线内一般应画出剖面符号（剖面线），如果不影响读图，不会引起误解，剖面线也可以省略。

3）移出断面图对称时，也可以绘制在视图的中断处，如图 4-56 所示，对称时可以不标注。

4）移出断面图应当尽量布置在剖切线（细点画线）或剖切位置线（粗实线）的延长线上，如图 4-57 所示，此时表示移出断面图名称的字母可以省略。如果布置在其他位置，表示移出断面图名称的字母不能省略。

5）移出断面图对称时可以省略投射方向，否则不能省略表示投射方向的箭头，如图 4-58a所示。

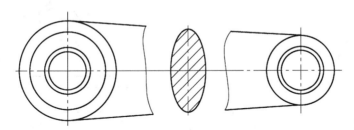

图 4-56　移出断面图可以放置在视图中断处，对称时可以不标注

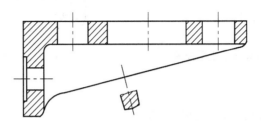

图 4-57　移出断面图布置在剖切线延长线上——可以省略字母

6）当剖切平面通过具有回转轴线的凹坑结构的轴线时，这些结构的断面图按照剖视图绘制，如图 4-58 所示。当剖切平面通过非圆孔，导致完全分离的断面图时，也按照剖视图绘制，如图 4-59 所示。

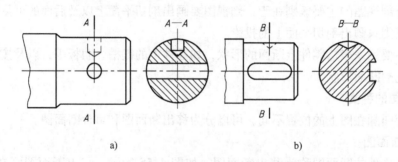

图 4-58　按剖视图绘制的断面图

a) 断面图分离为两个图形时按剖视图处理　b) 剖切面通过凹坑时按剖视图处理

7) 移出断面图的剖切平面尽量垂直于所表达部位的轮廓线。如果一个剖切平面不垂直时，可以使用两个相交的剖切平面，使其分别垂直于各自的轮廓线，如图 4-60 所示。

两个相交的剖切平面生成的移出断面图的中间一般用波浪线断开，必要时可以将移出断面图旋转到水平或垂直位置，在移出断面图名称上用箭头标明旋转方向，标注方法与剖视图的标注方法完全相同，如图 4-60 所示。对于倾斜的组合断面图，ST10 以下的版本中实现起来比较困难，可转化为二维后处理。如果使用 Solid Edge 2019 以后的版本，可以采用断裂视图，沿倾斜方向生成断裂视图的方法进行处理。

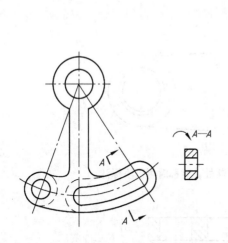

图 4-59　非圆孔断面图分离按剖视图处理

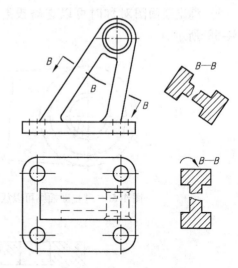

图 4-60　断开的移出断面图

2. 重合断面图

画在视图内部的断面图称为重合断面图。

重合断面图的轮廓线采用细实线绘制，当视图中的轮廓线与重合断面图中的轮廓线重合时，按照视图中的图线画出，视图中的轮廓线不能中断。

重合断面图适用于断面形状比较简单且不影响图形清晰的场合，如肋板等。

重合断面图的标注与移出断面图的标注相同，如图 4-61 所示。对称的重合断面图不用标注，如图 4-62 所示。

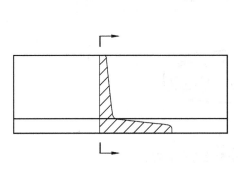

图 4-61 重合断面图及其标注

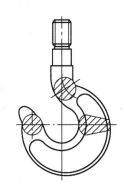

图 4-62 对称重合断面不标注

4.3.3 Solid Edge 中生成断面图的方法

在 Solid Edge 中生成断面图与生成一般的剖视图没有太大区别，不同之处在于生成图形时，断面图需要单击命令条上的"断面"按钮⊞。对于分离的特殊断面和具有回转体结构的凹坑，必须采用手工绘图工具进行编辑，添加缺少的图线。对于重合断面图，可以单击生成的移出断面图，再单击命令条上的"属性"按钮，如图 4-63 所示，在弹出的对话框中将可见边样式改变为细实线，然后将改变后的断面图移到视图内即为重合断面图。

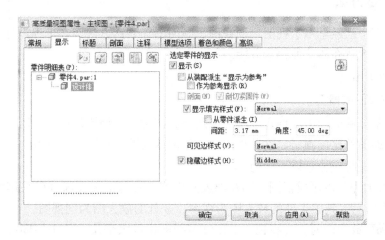

图 4-63 利用高质量视图属性对话框更改重合断面图的可见边样式

移出断面图放在视图中断处的处理方法是，先生成移出断面图并放在视图之内，去掉剖切符号的标注与图形名称的标注，然后右击视图，在弹出的快捷菜单中选择"添加断裂线"选项，选择断裂线线型和宽度，再选择左边界、右边界，在命令条上断口的尺寸设得大一些，能够放下移出断面图并有合理的间隙即可，如图 4-64 所示。

总结与讨论：断面图是工程上常用的表达方法，与剖视图的表达区别就在于断面图仅表达剖切平面与实体相交区域的形状，不表达剖切平面后面的结构。在特殊情况下，如果剖切平面通过回转体的轴线、凹坑或生成分离的图形时按剖视图处理，断面图尽量布置在剖切线的延长线上，可以省略字母，断面图对称时不用标注投射方向。断面图的剖切平面尽量垂直于物体的轮廓线，对于组合的剖切平面，断面图可以改为断裂视图。移出断面图也可以放在

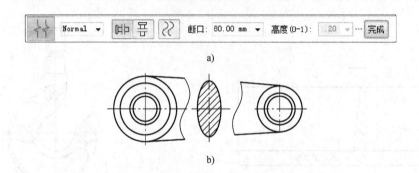

a)

b)

图 4-64　移出断面图放在中断处的处理方法

a）断裂视图命令条　b）用断裂视图方法生成中间断开的视图

视图的中断处，对称时不用标注。断面图的生成方法与剖视图的生成方法基本相同，不同的是需要单击命令条上的"断面"按钮。特殊情况下需要对视图进行编辑处理，符合工程图表达上的要求。对于需要放在中断处的移出断面图，可以先生成移出断面图，去掉标注，再将图形改为断裂视图。重合断面图是先生成移出断面图，再将移出断面图的可见轮廓线在视图属性中改为细实线，然后将改变后的断面图移到视图内。

4.4　其他表达方法

前面的章节中已经学习了视图、剖视图、断面图等表达方法，在工程设计中还有一些常用的表达方法，本节介绍其他表达方法。

4.4.1　局部放大图

1. 局部放大图的概念

当机件上某些局部细小结构在视图上表达不够清楚或不便于标注尺寸时，可将该局部细小结构用大于原图的比例画出，这种视图称为局部放大图，如图 4-65 所示。

画局部放大图时应注意以下问题。

1）局部放大图可以画成视图、剖视图或断面图，其与被放大部分所采用的表达方式无关，如图 4-65 所示，其中 I 处的放大图为视图，II 处的放大图为剖视图。

2）绘制局部放大图时，应在视图上用细实线圈出放大部位，并将局部放大图配置在被放大部位的附近。

3）当机件上有几个放大部位时，需用罗马数字顺序注明，并在局部放大图上方标出相应的罗马数字及所采用的比例，如图 4-65a 所示。当机件上被放大的部位仅有一处时，在局部放大图的上方只需注明所采用的比例，如图 4-65b 所示。

4）局部放大图中标注的比例为放大图尺寸与实物尺寸之比，而与原图所采用的比例无关。如图 4-65 所示，放大图 II 比例为 5∶1，不是在原图基础上放大了 5 倍，而是在实物基础上放大 5 倍。没有标注的原图比例应在标题栏中注明。

2. Solid Edge 中生成局部放大图的方法

在 Solid Edge 中，局部放大图有专用的生成工具"局部放大图 📎"。在"图纸视图"选项组中单击"局部放大图"按钮 📎，在命令条（图 4-66a）中选择"国标水平"格式（生成的视图名称下有下划线），选择放大比例（相对于选择视图，不是真正的放大图比例，如

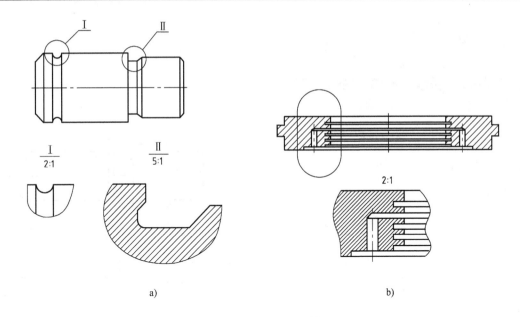

图 4-65 局部放大图

a）多个放大图，每个放大图标名称和比例 b）单一放大图在放大图上方标比例

为 2:1，原图比例为 1:2 的话，放大图比例为 1:1），然后选择放大区域，默认放大区域为圆（按钮为 ○），直接在视图画出放大区域，再选择放大图的位置即可。在默认情况下，放大区域的范围线为粗点画线，可单击放大范围线，在命令条上单击"属性"按钮，在弹出的对话框中修改，如图 4-66b 所示，按照图中标出的更改项目更改即可。

单击图 4-66a 所示的"定义轮廓"按钮，可以手工绘制放大区域，生成的局部放大图为图 4-67 所示中部的局部放大图。如果要生成右侧的局部放大图，局部放大图生成以后，利用局部放大图"常规"选项卡隐藏视图的边界，如图 4-68a 所示，选择局部放大图"注释"选项卡，单击"显示修剪边"前面的复选框，再更新视图。

局部放大图应当自定义一个尺寸标注格式，要求在图名下加下划线，标注字号比尺寸文字大一号，如尺寸文字为 3.5 号，则该格式的字号应为 5 号；视图边界用细实线表示。

4.4.2 简化画法

在工程设计与表达的发展过程中，积累了一些大家认可的简化表达方法，一方面是图形的简化表达，另一方面是尺寸的简化标注。本节主要介绍零件简化画法。

（1）轮辐、肋板在剖视图中的画法

当剖切平面通过板状轮辐和肋板的纵向中心对称平面时，或通过回转体状的轮辐轴线时（纵向剖切），这些结构都按不剖绘制（GB/T 4458.6—2002），在剖视图中的轮廓线按照剖切平面与这些结构的交线来画，实际上是一些假想的轮廓线。如图 4-69 所示的 A—A，肋板是沿纵向剖切的，不画剖面线，上边界是剖切平面与圆柱的交线，不是肋板与圆柱部分的实际交线。

当剖切平面垂直轮辐和肋板的对称平面或轴线（横向剖切）时，则轮辐和肋板仍按剖视图绘制，如图 4-69 所示的 B—B。

图 4-70 所示轮辐在主视图中沿纵向剖切不画剖面线。

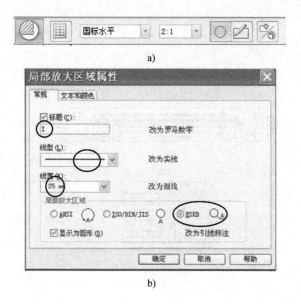

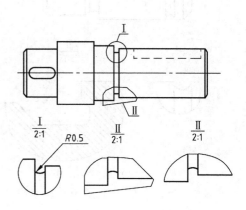

图 4-66　局部放大图的命令条和放大范围线修改方法
a）局部放大图的命令条　b）"局部放大区域属性"对话框

图 4-67　局部放大图边界定义与显示

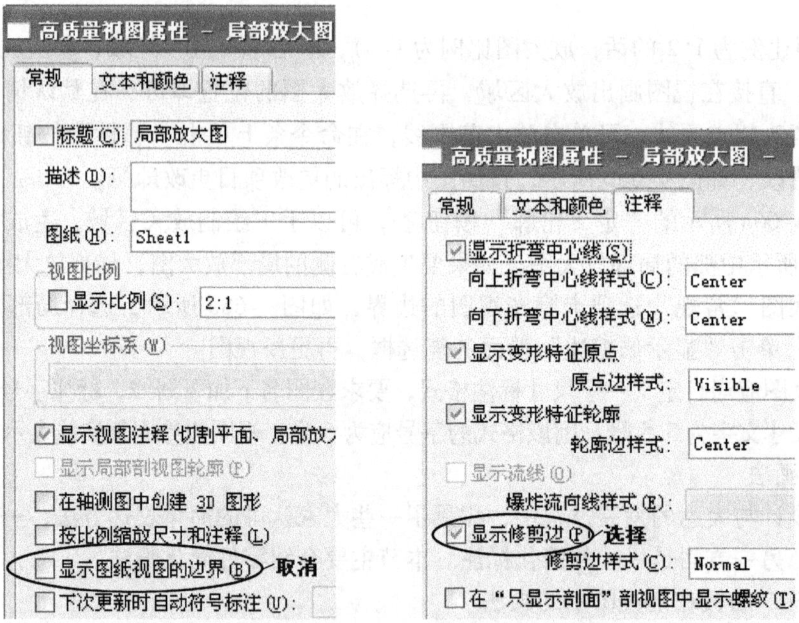

图 4-68　利用高质量视图属性对话框取消放大视图边界显示
a）取消视图边界显示　b）显示视图的修剪边

　　在 Solid Edge 中，肋板可以在设置中设为不剖切的方式。在 Solid Edge 的工程图环境中，单击"应用程序"按钮 ，选择"设置"→"选项"，弹出如图 4-18 所示的对话框，在对话框中选择"制图标准"选项，单击"不剖切"单选按钮即可。如果不能达到满意的结果也可以右击剖视图，在弹出的快捷菜单中选择"在视图中绘制"选项的方式编辑视图。

轮辐的剖切就没有通过设置轮辐不剖切实现视图中不剖切的目的，只能通过右击视图，在弹出的快捷菜单中选择"在视图中绘制"选项的方式编辑视图。

总结与讨论：肋板与轮辐的剖切规则是基于图形清晰原则制定的，不能真不剖切，因此不能按照实际情况进行投射，一般都是采用手工编辑的方法进行视图处理。

（2）均匀分布结构在剖视图中的画法

当回转类物体上有辐射状均匀分布的孔、肋、轮辐等结构时，如果它们不处于剖切平面上时，可以将这些结构旋转到剖切平面上画出，如图 4-71 所示。图 4-71a 所示主视图采用全剖，左侧的肋板不能被剖到，但画图时可将肋板旋转到剖切平面上画出（GB/T 16675.1—2012）；图 4-71b 所示主视图全剖时，孔不在剖切平面上，也可以将其旋转到剖切平面上画出。

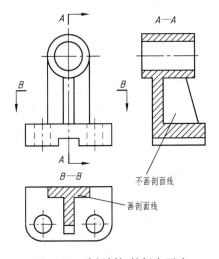

图 4-69　肋板剖切的规定画法

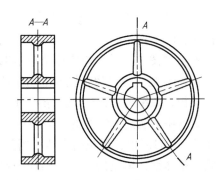

图 4-70　轮辐剖切的规定画法

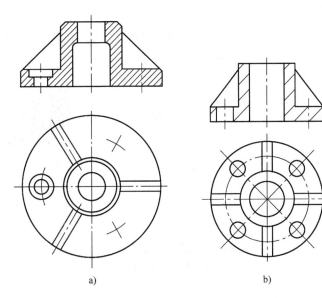

a)　　　　　　　　　　　　b)

图 4-71　均匀分布结构的简化画法

a）均布肋板的简化画法　b）均布孔的简化画法

　　上述表达方法均是为了手工绘图方便制定的一些表达规则。在 Solid Edge 的工程图环境中，只能右击视图，在弹出快捷菜单中选择"在视图中绘制"选项，再对视图进行手工编辑。图 4-71 所示的两个主视图可以采用旋转剖的方法生成，然后用编辑视图的方法修改。

　　（3）相同结构的简化

　　当零件上有按照一定规律分布的槽、齿等结构时，可以在视图中画出几个完整的结构，其余用细实线相连，但是视图的外部轮廓线应采用粗实线绘制，在视图中标明该结构的数量，如图 4-72 所示。

　　对于相同结构的圆孔，不用细实线相连，采用画出几个完整的孔，其余用中心线表示，在尺寸标注时注明孔的数量，如图 4-72 所示。

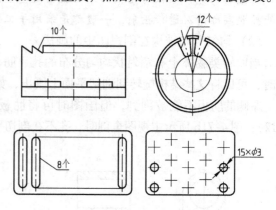

　　在 Solid Edge 中，视图按照真正的模型

图 4-72　相同结构的简化画法

进行投射，除了规定的结构（如螺纹）等一般不需要简化。采用简化画法时可以采用视图编辑（右击视图，在弹出的快捷菜单中选择"在视图中绘制"选项）的方法实现。

　　（4）网状物、编织物或机件上的滚花

　　网状物、编织物或机件上的滚花可以在轮廓线的附近用粗实线示意画出，并在尺寸标注或技术要求中注明这些结构的具体要求，如图 4-73a 所示。

　　在 Solid Edge 中，滚花的表达可用剖面线的方法实现，如果只画一部分可以在视图内绘制。画一条曲线，填充剖面线，斜线图案为"Normal"，网纹图案为"ANSI37"。剖面线生成以后，右击剖面线，再选择快捷菜单中"属性"选项，在弹出的对话框中将线宽改为0.50mm，如图 4-73b 所示。

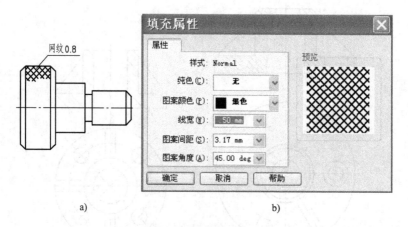

图 4-73　滚花的表达方法
a）网纹线　b）修改线宽

　　（5）不能充分表达的平面

　　当零件上的平面不能充分表达时，可以用平面符号（两条相交的细实线）表示，如图 4-74 所示。

在 Solid Edge 中，平面的辅助表示方法只能使用右击视图，在弹出的快捷菜单中选择"在视图中绘制"选项，采用手工绘图的方法绘制。

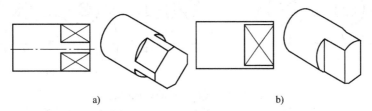

a)　　　　　　　　　　　　　　b)

图 4-74　平面结构的辅助表示

a）结构 1　b）结构 2

总结与讨论：由三维模型生成视图、剖视图、断面图非常简便，不建议采用上述的方法去编辑视图，尽量用其他表达方法使表达方案更合理。

（6）截交线与相贯线

在不会引起误解的情况下，物体上的截交线和相贯线可以采用直线或圆弧代替来进行简化，如图 4-75a 所示；也可以采用模糊画法（不画相贯线，将原轮廓向相贯的方向延伸一部分），如图 4-75b 所示。

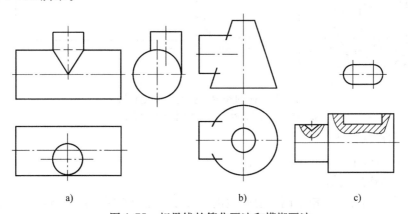

a）　　　　　　　　　　　b）　　　　　　　　c）

图 4-75　相贯线的简化画法和模糊画法

a）相贯线由直线替代　b）相贯线模糊画法　c）相贯线由轮廓线替代

如果交线与轮廓线非常接近，交线也可以用轮廓线代替，如图 4-74a 所示顶部与底部的交线用上部与下部圆柱的轮廓线代替，如图 4-75c 所示键槽和凹坑与轴的交线用圆柱轮廓线代替。

总结与讨论：在 Solid Edge 以及其他软件中生成的工程图，交线都可以自动生成，不需要采用简化方法，上述简化画法和模糊画法一般仅用在手工的示意图中。

（7）对称图形

当图形对称时，可以只画原图的一半或 1/4，并在对称中心线的两端画出相应的对称符号（两条平行的细实线），如图 4-76a、b 所示；也可以按照局部视图的画法画出大于一半的图形，如图 4-76c 所示。

对于计算机表达的图形，或采用计算机生成或绘制的图形，由于模型上就是完整的结构，投影也是完整的，就是对称的平面图形也可以很容易用对称工具实现，因此除非空间有限，否则尽量不要采用上述的对称表达方法，尽量将图形完整表达出来。

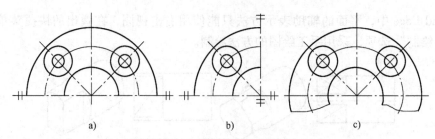

图 4-76　对称图形的简化画法

a）只画原图的一半　b）只画原图的 1/4　c）画出大于一半的图形

（8）圆的投影为椭圆的简化画法

与投影面角度小于或等于 30°的圆或圆弧可以用圆或圆弧代替它在投影面上的投影——椭圆，如图 4-77a 所示。这种方法仅适用于手工绘图。

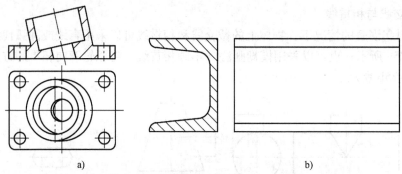

图 4-77　椭圆和较小斜度的简化画法

a）椭圆的简化画法　b）较小斜度的简化画法

（9）较小斜度的简化画法

较小斜度可以按小端简化画出，如图 4-77b 所示。

（10）较小结构的表示

零件上较小结构可以省略不画，但必须进行尺寸标注或在零件图的技术要求中加以标注或说明，如图 4-78 所示的尺寸 $R0.5$ 和 $C2$。

（11）假想画法

对于在剖切平面前面的结构，可采用假想的画法用双点画线画出，如图 4-79 所示。

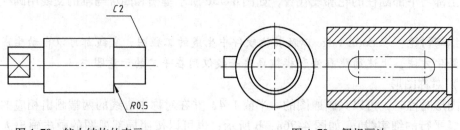

图 4-78　较小结构的表示　　　　图 4-79　假想画法

（12）断开画法

前面介绍移出断面图时，使用过断裂视图的方法。现在详细介绍一下视图的断开画法。

对于较长且有规律分布的零件（如轴、杆、型材等）可以断开后缩短绘制，断开后的尺寸仍按实际长度标注。中间的断裂线可以使用细波浪线、双折线或细双点画线绘制（GB/T 4458.1—2002），如图 4-80 所示。细波浪线的断裂线的起点与视图轮廓线相交，双折线或细双点画线的断裂线的起点在视图轮廓线之外。图 4-80a 所示的形式，好看但不好画，一般不用。

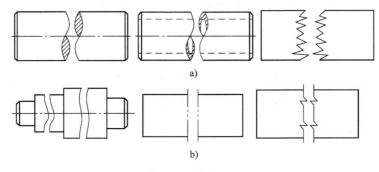

图 4-80　断开画法

a）特殊形式的断裂线　b）常用断裂线

在 Solid Edge 中，断开画法可以很方便地实现。右击已经生成的视图，在弹出的快捷菜单中选择"添加断裂线"选项，命令条如图 4-81 所示。

图 4-81　添加断裂线的命令条

常用的是断裂线是细波浪线，可以选择图 4-81 所示的柱弯方式。操作方法是在命令条上选择 Normal 线型，方向选择水平或垂直（默认为水平，Solid Edge 2019 也可以用两点定义为倾斜方向），设置断裂线方式为柱弯方式，设置断口宽度。命令条上右侧的两项不可选择（对于双折线和长弯折线，这两项可以设置，分别是弯折符号的高度与间矩）。在视图中选择断裂线 1、断裂线 2 的位置，再单击命令条上的"完成"按钮即可。两段断裂线间的部分将被指定的断裂线距离代替，缩短了视图在该方向的尺寸，但是标注尺寸时仍将按照模型真实尺寸标注（不需要设置，自动标注原来的尺寸），如图 4-82 所示。

一个视图可以有几处断裂线，如图 4-83 所示，一次操作可以连续选择不同位置生成几处断裂线。

断裂视图生成以后，可以选择断裂线，按〈Del〉键即可删除断裂线，恢复原来的视图。如果是一次生成了多处断裂线，删除其中一处后，其他处将显示为定义时的临时线，选择视图，单击命令条上右侧的"显示断裂视图"按钮即可。

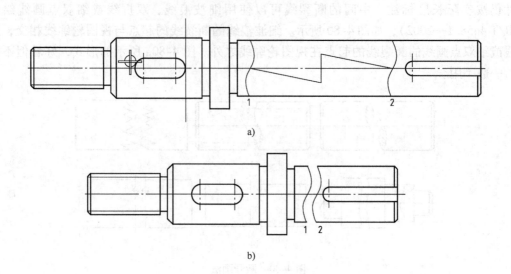

图 4-82　断裂视图

a）在命令条上设好参数，选择断裂线位置 1 和 2　　b）单击"完成"按钮可以生成断裂视图，
单击断裂线，按〈Del〉键可恢复原视图

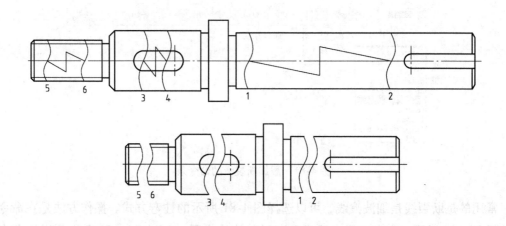

图 4-83　多处断裂视图

　　如果编辑断裂线的参数，可以选择带有断裂线的视图（图 4-84a），单击命令条上右侧的"显示断裂视图"按钮⬚，视图将变为定义时的图形，如图 4-84b 所示；选择要编辑的断裂线，在命令条上修改参数，按〈Tab〉键确认，再修改其他的断裂线，在命令条上修改参数，最后选择命令条上右侧的"完成"按钮结束编辑，生成的图形如图 4-84c 所示。如果要编辑的断裂线参数都相同，也可以按按钮〈Ctrl〉键多选，统一进行修改。

　　如果定义断裂线的位置或编辑断裂线的位置，使位置之一位于视图之外，那么可以生成局部视图，如图 4-84d 所示。这也是生成局部视图的一种方法，甚至比修改视图边界的方法更加简单。

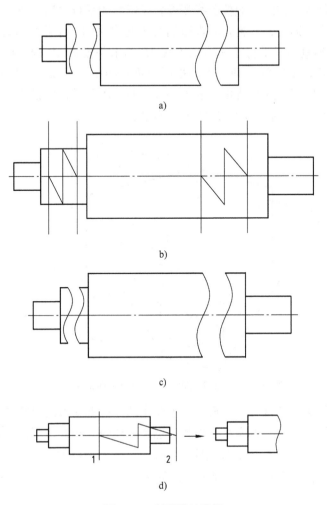

图 4-84　断裂线的编辑

a）已生成的断裂视图　b）选择带有断裂线的视图，单击命令条上右侧的"显示断裂视图"按钮

c）选择右侧断裂线，断口宽度改为 10mm，再选择左侧断裂线，断口宽度改为 5mm，完成

d）断裂线位置在视图外的情况，可以生成局部视图

4.5　投影变换

　　前面讲过了视图、剖视图、断面图和一些常见的简化表达方法。在实际的表达过程中，常常有一些表达空间角度与实形的情况，可以综合利用前面的知识来解决这些问题。

　　投影变换是改变某个投影要素，使空间问题向着有利于解决的方面转化。投影的要素包括投影中心、物体和投影面。通常都是用改变物体位置或改变投影面位置的方法来解决空间的几何问题。改变投影面位置的方法称为换面法，改变物体位置的方法称为旋转法。

4.5.1　换面法

　　前面讲的投影体系是相互垂直的坐标平面，更换后的投影体系依然是相互垂直的投影面，要使用原有的视图，每次只能更换一个投影面。

　　1. 一般位置线变换为新投影面的平行线

　　为了求出空间一般位置线的实长以及对某一个投影面的夹角，需要将空间的一般位置线变为新投影面的平行线。空间一般位置线变成新投影面的平行线后，新的投影面只需平行该一般位置线的一个投影即可，并且新的投影面必须与原来的一个投影面垂直。如图 4-85 所示，新投影面 V_1 为铅垂面，平行于一般位置线 AB 的水平投影 ab，将 AB 向新投影面 V_1 投射，将 V_1 绕两个投影面交线旋转到与水平投影面重合的位置，新的投影将反映实长，新投影与水平投影夹角反映了与水平投影面的夹角 α。手工作图时，新投影 $a'_1b'_1$ 在投射方向的坐标差是没有变化的，新旧投影的连线垂直于新投影轴，如图 4-86a 所示。

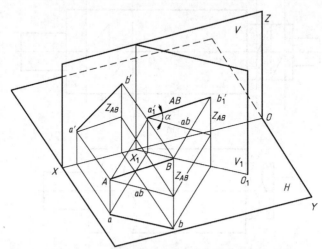

图 4-85 一般位置线变换为新投影面的平行线

采用换面法，每次变换总有一个投影是不变化的，也就是每次只能更换一个投影面。同样的道理，正立投影面不变，更换水平投影面也是一样的，新的投影面是正垂面，且平行于直线 AB 的正面投影 $a'b'$。新投影 a_1b_1 也反映实长，与正面投影的夹角反映空间直线 AB 相对于正立投影面的夹角 β，新投影 a_1b_1 投射方向的坐标差 Y_{AB} 不变，如图 4-86b 所示。

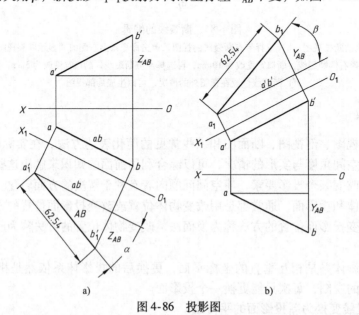

a)   b)

图 4-86 投影图

a）新投影面为铅垂面，平行于水平投影   b）新投影面为正垂面，平行于正面投影

在 Solid Edge 的工程图环境中，如果已知物体的空间模型和视图，直接使用辅助视图工具即可实现空间一般位置线求实长的目的，也可以求出空间一般位置线相对于投影面的夹角。

如图 4-87 所示，A 向视图的投影平面平行于主视图中的直线 $a'b'$，新投影 a_1b_1 等于实长，角度 12.9°反映该线在空间与正立投影面的夹角 β。B 向视图的投影平面平行于俯视图中的直线 ab，$a'_1b'_1$ 也反映实长，角度 56.2°反映了该线在空间与水平投影面的夹角 α。

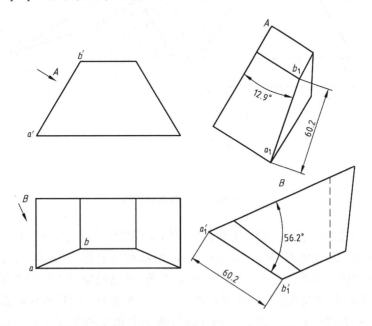

图 4-87　利用向视图求一般位置线的实长以及与投影面的夹角

2. 投影面的平行线变换为新投影面的垂直线

对于投影面的平行线来说，新的投影面垂直于空间该直线，再沿着直线的方向向新投影面投射即可。图 4-88a 所示为水平线变换为新投影面的垂直线，新投影面 V_1 垂直于直线 AB。图 4-88b 所示为作图方法，新轴线 $O_1X_1 \perp ab$，新投影到新轴线距离等于 A（B）点高度。

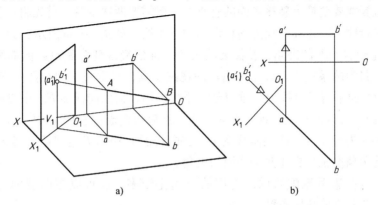

图 4-88　投影面的平行线变换为新投影面的垂直线

a）水平线变换为新投影面的垂直线　b）作图方法

在 Solid Edge 的工程图环境中，同样可以使用辅助视图工具生成沿某条图线方向的向视图。该向视图就是将相应图线变为投影面垂直线后的投影或视图，如图 4-89 所示。

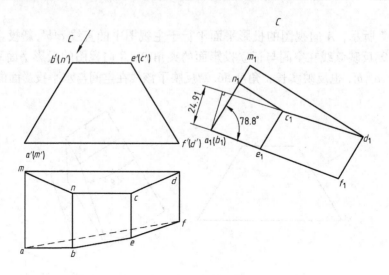

图 4-89 利用向视图变换

单纯地将一条投影面平行线变换为新投影面的垂直线似乎意义不大，但是对于求解空间的角度问题和距离问题是很有用的。如求图 4-89 所示物体上直线 AB 与 CD 间的最短距离，也就是两条直线间的公垂线。由于在新投影面上直线 AB 已经变为该新投影面的垂直线，因此垂直于直线 AB 的公垂线就平行于新投影面，可以反映实长。根据直角投影定理，当空间相交两直线中一条直线平行于投影面，则在该投影面上相交两直线投影为直角，直接过 C 向视图中的点 a_1 向 c_1d_1 画垂线就是公垂线的投影，可以直接测量长度。另外如果一条直线作为两个平面的交线，将该直线变换为新投影面的垂直线时，在该新投影面上两个平面积聚为两条直线，可以直接测量这两个平面的夹角。如图 4-89 所示的 C 向视图，左侧面积聚为直线 $a_1n_1m_1$，前侧面积聚为换直线 $a_1e_1f_1$，直接标注夹角为 78.8°。

3. 一般位置线变换为新投影面的垂直线

对于一般位置线要变换为新投影面的垂直线一般需要两次变换，首先将一般位置线变换为新投影面的平行线，再将其变换为新投影面的垂直线。如图 4-90a 所示，为了求出三棱锥后侧面 SAC 与左侧面 SAB 的夹角，就需要将两个平面的交线变为新投影面的垂直线，相应的两个平面就积聚为两条直线。首先使用辅助视图工具，沿垂直于俯视图中交线 sa 的方向 F 进行投射，投影面平行于直线 sa，垂直于水平投影面，得到向视图 F。在向视图 F 中，两平面交线 SA 反映实长以及和三棱锥底面的夹角。然后再沿着向视图 F 中 $s'_1a'_1$ 的方向 G 向垂直于该线的平面进行投射，得到向视图 G。在向视图 G 中 SAC 与 SAB 平面积聚为两条直线，可以直接使用角度工具标注两个平面的夹角。

图 4-90a 是按投影关系配置的，占用的空间比较多，也可以按向视图方向布置，如图 4-90b 所示，图形比较容易布置。

4. 投影面的垂直面变换为新投影面的平行面

投影面的垂直面变换为新投影面的平行面，需要一次变换，新的投影面平行于这个平面

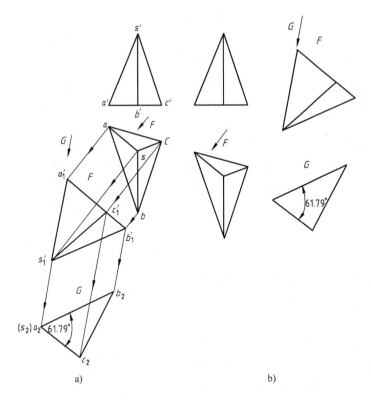

图 4-90　换面法

a）按投影关系布置　b）按向视图方法布置

即可。使用辅助视图工具，在视图中以垂直面的平行投影面为新投影面创建新的视图，即可求出原来的投影面垂直面的实形。

如图 4-91 所示，该立体的左侧面是正垂面，主视图中有积聚性。使用辅助视图工具以主视图中该面投影的垂直方向 A 作为投射方向进行投射，得到向视图 A。在向视图 A 中，该面的投影反映实形，可以求面积和实长等。

5. 一般位置平面变换为新投影面的垂直面

根据前一小节，投影面垂直面通过一次变换可以将其变为新投影面的平行面，对于一般位置平面就需要先变为新投影面的垂直面，然后才能变为新投影面的平行面。如图 4-91 所示，右侧的平面是一般位置平面，要将其变为新投影面的垂直面，需要将该平面内的一条线变换为新投影面的垂直线，原平面也随之变换为新投影面的垂直面。因此一般位置平面经过一次变换也可以变换为新投影面的垂直面。投影面平行线经过一次变换就可以变换为新投影面的垂直线，因此在一般位置平面中找一条投影面平行线，沿该线的方向进行投射，就可以将一般位置平面变换为新投影面的垂直面。图 4-91 所示的右侧面，其底边是水平线，用该线的方向进行投射得到向视图 B，该视图右侧的边即为右侧面的投影，有积聚性。

6. 一般位置平面变换为新投影面的平行面

一般位置平面变换为新投影面的平行面，需要经过两次变换，先变换为垂直面，再变换为平行面。在图 4-91 中，按照前面的方法，沿垂直于向视图 B 右侧图线进行投射得到向视图 C，在向视图 C 中，阴影部分即为该物体右侧面的实形。

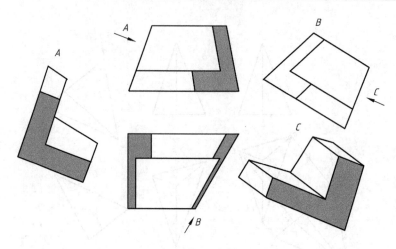

图4-91 面的换面法

视图中往往图线比较多，可以用断面图表达两面的夹角，显得更清晰，如图4-92所示。

一般情况下剖切符号应当画在视图之外，但是如果视图范围比较大或画在视图之外并不清晰的情况下也可以画在视图之内。生成断面图，需要用编辑视图边界的方式，生成一侧的波浪线，如图4-92所示的 *A—A* 断面图。

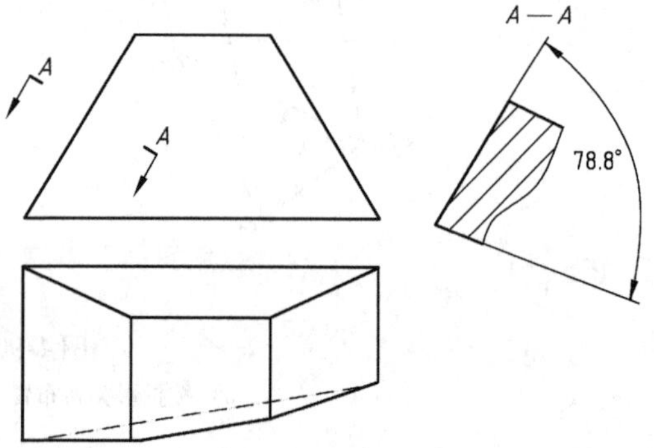

图4-93所示为一把卧式车床的车刀表达

图4-92 使用断面图代替向视图进行表达

方法，使用了局部剖的主视图和俯视图表达它的外形，使用向视图表达了右侧刀体部分前刀面的实际形状，使用了两个断面图表达了两个切削刃的前角、刀尖角和后角。

4.5.2 旋转法

旋转法是绕投影面的垂直线（如铅垂线等）旋转物体，改变其相对于投影面的位置，重新进行投射，使空间元素位于有利于解决问题的位置，从而解决空间几何问题的一种方法。在 Solid Edge 的工程图环境中，可以利用旋转法作图解决空间几何问题。

1）生成物体的视图。

2）复制已知视图（按〈Ctrl〉键＋拖动）。将图4-94a所示俯视图复制到图4-94b所示相应位置。

3）旋转视图（绕投影面的垂直线旋转）。旋转上面复制的俯视图，如图4-94b所示。旋转以后物体上的 *SA* 线变成了正平线，该线水平投影平行于投影轴 Ox。

4）利用旋转后的视图，重新投射。利用如图4-94b所示的俯视图重新投射得到新的主视图。在新的主视图中 $s'_1a'_1$ 反映实长以及与水平投影面的夹角。

图4-94是为了求出 *SAB* 和 *SAC* 两个平面的夹角，两平面的交线为一般位置线 *SA*，需要将它变换成新投影面的垂直线，两面的投影积聚为两条线，其夹角即为真实的夹角。采用绕投影面的垂直线的旋转法需要两次变换，须先将两个平面的交线变换为新投影面的平行线。

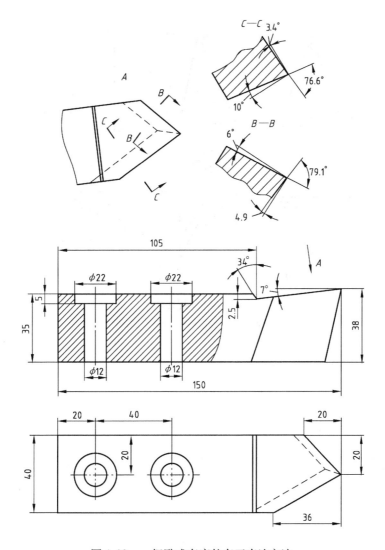

图 4-93　一把卧式车床的车刀表达方法

再利用同样的方法，复制一个旋转后的主视图，将 $s'_1 a'_1$ 旋转成铅垂线位置 $s'_2 a'_2$，如图 4-94c 所示的主视图，重新投射得到俯视图，如图 4-94c 所示俯视图中即可得到两个平面的真实夹角。

　　通过这个例子可以得出，将一般位置线旋转成新投影面的平行线只需要一次旋转即可；将一般位置线旋转成新投影面的垂直线，需要两次旋转；投影面的平行线旋转成新投影面的垂直线，也需要一次旋转就能完成。

　　总结与讨论：换面法作图的基础是视图，从原视图上生成新的视图或断面图；旋转法作图的基础是旋转原有视图再重新生成新的视图，作图时必须保留原来的视图，否则图形无法看懂，因此实际使用时换面法使用更为普遍，是物体二维表达的一种重要方法；换面法使用辅助视图工具，也可以使用剖视图工具生成剖视图或断面图，使用时灵活掌握就可以了。

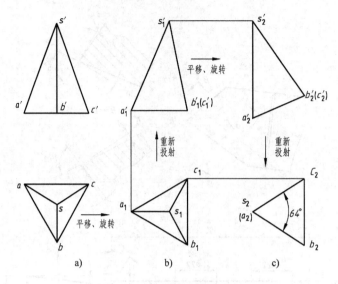

图 4-94 旋转法

a) 原图 b) 一次旋转 c) 二次旋转

第 5 章　零　件　图

零件是组成机器的最小单元，制造机器时总是先制造零件，再将零件装配成机器。零件图是表达零件的结构形状、大小及技术要求的图样，是加工、制造和检验零件的技术依据。

本章主要讲述零件图内容，系统介绍零件图的表达方案、尺寸标注和技术要求（尺寸公差、几何公差、粗糙度和文字性技术要求），同时阐述了零件设计中涉及的标准结构及其表达，最后以四类典型零件为例，说明常见零件图的表达方法。

5.1　零件图的内容与特点

根据零件图的要求和用途，零件图一般包括四个方面的内容。

1）一组图形。清晰地表达零件的结构形状，如图 5-1 所示的泵盖零件图。

2）尺寸标注。正确、完整和清晰地表达零件的各部分尺寸。

3）技术要求。技术要求包括尺寸公差、几何公差、粗糙度和文字性技术要求。

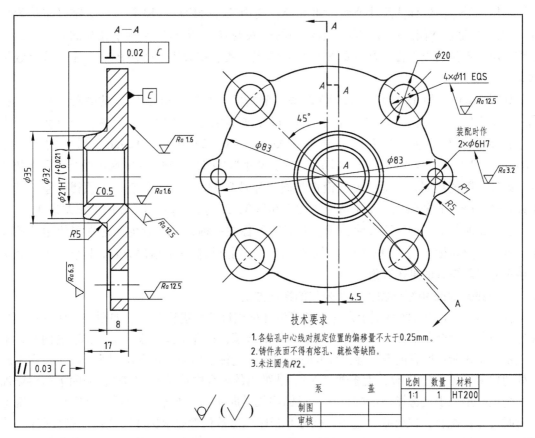

图 5-1　泵盖零件图

4）标题栏。标题栏中包括零件名称、材料、比例、图号以及设计、审核人员签名等。

图 5-1 所示为泵盖零件图，采用两个视图，主视图主要表达零件的厚度，采用了全剖（复合剖视）的方法，左视图表达孔的分布和中心孔的偏心距离等；零件图对零件各结构和形状的尺寸进行了完整标注；图中包含尺寸公差标注，如 $\phi 21H7(^{+0.021}_{0})$，标明该零件的允许尺寸为 $21 \sim 21.021mm$，对各表面的粗糙度、几何公差也进行了标注，没有标注的粗糙度按照图样标题栏附近注明的要求执行，如按"$\sqrt{}$"执行，没有要求公差的表面按照相应的标准执行；对于不适合在图形上标注的技术要求，采用文字在图样空白处注明，如对零件的铸造要求，对孔的中心线和铸造圆角的要求，由于零件上的孔和圆角较多，不便在图中注出。

5.2　尺寸公差

在工程图上，所有的结构都有尺寸方面的要求。比较重要的尺寸要标注尺寸的极限偏差或公差带代号。

5.2.1　零件图上尺寸公差标注的方法

零件图上标注尺寸公差的方法有代号标注法、极限偏差标注法、代号与极限偏差标注法，如图 5-2 所示。

采用代号标注法标注尺寸公差，如 30F8。它由三部分组成，30 是尺寸数字（也称为公称尺寸），F 是基本偏差代号（绝对值较小的极限偏差），大写字母用于孔槽的内表面，小写字母用于零件的外表面，最后的 8 是公差等级，数字越大表示等级越低，极限偏差数值越大。

如图 5-2a、b 所示，30F8 与 30F6 的基本偏差代号相同（都是 F），此时若公称尺寸相同时，基本偏差的数值也相同，都是 0.020mm。前者的公差等级大于后者，公差数值应当大于后者的公差数值。前者的公差为 $0.053mm - 0.020mm = 0.033mm$，后者的公差为 $0.033mm - 0.020mm = 0.013mm$。图 5-2c 所示尺寸为 30H8，与图 5-2a 所示的公称尺寸数值和公差等级数值相同，因此公差数值也相同，都是 0.033mm。另外有一点值得注意，基本偏差代号 H（h）比较特殊，基本偏差的数值都是 0，H 的下偏差为 0，h 的上偏差是 0。

图 5-2 所示的三种标注方法，标注时只需要标注一种，大批量生产通常多使用数控设备，常采用直接标注代号的方法，小批量生产多采用直接标注数值的方式，以便于加工者了解该尺寸极限偏差的具体数值。

5.2.2　Solid Edge 中零件图上尺寸公差的标注方法

在 Solid Edge 中，零件图上尺寸公差可以在标注尺寸时进行标注。如图 5-3 所示尺寸标注的命令条，命令条下面的 1、2、3 代表操作的步骤，选择操作时仅显示操作项的内容，不能显示图 5-3 所示所有内容。标注尺寸时，先选择完标注对象，再单击图 5-3 所示步骤 1 对应处的按钮（不一定是 h7，大多数是 X），从弹出的内容中选择 h7（类），表明下面将添加尺寸公差。第二步是选择显示的方式，只标注代号时选择"配合"选项、只标注极限偏差数值时选择"配合，仅公差"选项，代号与极限偏差数值都要求标注时选择"带公差配合"选项。第三步是选择公差带代号，内表面从孔处的下拉列表框中选择，外表面从轴处的下拉列表框中选择。为了尽快找到需要的项目，可在英文输入状态下，用键盘输入标注的字母。

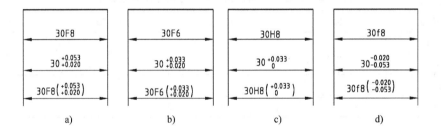

a)　　　　　　b)　　　　　　c)　　　　　　d)

图 5-2　零件图上尺寸公差标注的三种方法

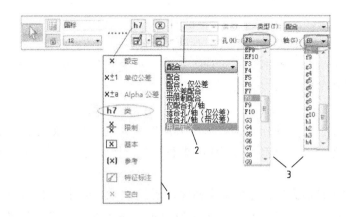

图 5-3　尺寸标注的命令条

尺寸公差的选择，受温度影响较大的外表面一般选择 c，如 c11，表面接触有转动要求的外表面一般选择 d、e、f，如 d6、e6、f8 等，表面运动为滑动的外表面一般选择 g、h，如 g6、h6。一个相同尺寸外表面有几个内表面相配时，外表面用 h（基轴制），内表面一般用 H（基孔制）。采用基轴制时，内表面的公差根据需要决定。对于公差等级，一般机械产品 6 级、7 级、8 级、9 级用得比较多，要求较高时用 6 级或 7 级，要求较低时用 8 级或 9 级。相配合的孔与轴要求较高时，孔的公差等级比轴的公差等级一般低一个等级，如孔用 7 级，轴用 6 级。

5.2.3　零件图上未注尺寸公差的公差要求与标注

对于图形中没有配合要求的一般结构，标注尺寸时一般不标注尺寸公差。图中不标注不等于没有要求，它们的公差称为一般公差，分为四个等级，精密 f、中等 m、粗糙 c、最粗 v，四个等级之间的极限偏差数值相差大约一倍，都采用对称公差的方式（上下极限偏差相同），见表 5-1 和表 5-2。

表 5-1　线性尺寸的极限偏差数值（GB/T 1804—2000）

公差等级	>0.5~3	>3~6	>6~30	>30~120	>120~400	>400~1000	>1000~2000	>2000~4000
精密 f	±0.05	±0.05	±0.1	±0.15	±0.2	±0.3	±0.5	—
中等 m	±0.1	±0.1	±0.2	±0.3	±0.5	±0.8	±1.2	±2
粗糙 c	±0.2	±0.3	±0.5	±0.8	±1.2	±2	±3	±4
最粗 v	—	±0.5	±1	±1.5	±2.5	±4	±6	±8

表 5-2　倒圆半径与倒角高度尺寸的极限偏差数值

公差等级	>0.5~3	>3~6	>6~30	>30
精密 f	±0.2	±0.5	±1	±2
中等 m				
粗糙 c	±0.4	±1	±2	±4
最粗 v				

在图样上不标注公差的一般公差可以在技术要求中用文字说明。例如，未注尺寸公差按照 GB/T 1804 - m 执行。

5.3　几何公差

零件除了在尺寸方面有偏差以外，在形状、位置、方向等方面也会存在偏差，图样上对比较重要的几何要素（面、线等）要求标注几何（形状与位置等）方面的公差，如安装其他零件的表面、重要的轴线与表面等。

5.3.1　形状公差

形状公差是指零件上的几何要素在形状方面的允许变动量，如零件上圆柱表面圆的程度、轴线直的程度等。形状公差包括三组，即直线度与平面度、圆度与圆柱度、线轮廓度与面轮廓度。

形状公差一般用带箭头的公差框格来标注，箭头从零件外侧指向被测要素，箭头的方向一般就是测量的方向。公差框格的高度一般为 7mm，格内字体高度为尺寸标注的字高。公差框格中第一格为形状公差的类型，用专用符号表示；第二格为公差数值，单位是 mm。有时在公差数值的前面或后面还会有附加符号，前面有时会有 φ，表示公差范围是圆形或圆柱形的区域。

1. 直线度与平面度

直线度的符号是"一"，用于表达被测零件边线或轴线的通直程度，不直就会有弯曲，限定在被测方向一定范围的平行线之间，公差框格中直接标注公差数值，如图 5-4a 所示；限定被测直线（轴线）在圆柱面内，公差框格中的公差数值前加 φ，公差框格一端的箭头必须与尺寸线的箭头对齐，如图 5-4b 所示。

平面度的符号是 口，表示被测的实际表面在箭头标注方向上，应当位于两个平行平面之间，平行平面之间的区域就是平面度的公差带，平行平面之间的距离，就是公差数值，如图 5-5a 所示。

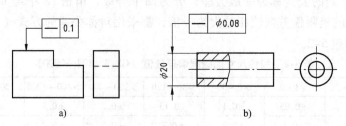

a)　　　　　　　　　　　　　b)

图 5-4　直线度的标注

a）被测元素为边线　b）被测元素为轴线

2. 圆度与圆柱度

圆度的符号是 ○，表示在指定的圆柱面或圆锥面范围内的任意横截面的圆周线应当在半径差为公差数值的两个同心圆内。标注时箭头方向应当垂直于圆柱面或圆锥面的轴线，如图 5-5b 所示。

圆柱度类似于平面度，用符号 ⌀ 表示，表示被测的圆柱面应当限制在半径差等于公差数值的两个同心圆柱面之间，箭头方向垂直于被测圆柱面的轴线，如图 5-5c 所示。

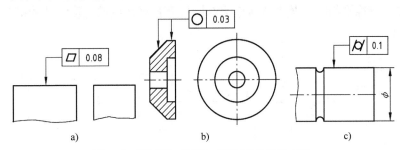

图 5-5　平面度、圆度、圆柱度的标注方法

a）平面度的标注　b）圆度的标注　c）圆柱度的标注

3. 线轮廓度与面轮廓度

线轮廓度类似于直线度，被测的几何元素改为了零件表面上的曲线。线轮廓度的符号是 ⌒，标注时箭头应当在被测轮廓曲线的法线方向。被测轮廓曲线应当位于与理论轮廓曲线等距的两条曲线之间。两条曲线之间的距离等于公差数值，如图 5-6 所示。理论轮廓曲线关键的设计尺寸需加框表示，如尺寸 $R10$ 和 22 等。

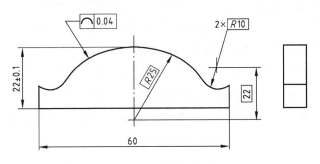

图 5-6　线轮廓度的标注

面轮廓度与圆柱度类似，符号是 ⌓，标注时公差框格的箭头在标注处曲面的法线方向，实际的曲面应当位于与理论正确曲面等距的两个曲面之间，两个曲面之间的距离等于公差数值，标注如图 5-7 所示。

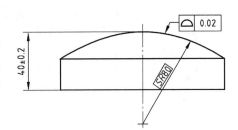

图 5-7　面轮廓度的标注

5.3.2　方向公差

方向公差分为平行度、垂直度、倾斜度三种。方向公差、位置公差和跳动公差都需要基准，如与哪条线或面平行或垂直。方向公差（也包括位置公差和跳动公差）的公差框格比形状公差多一个格，其中用大写英文字母表示基

准的名称。

1. 基准线与基准面

在标注与测量中用作基准的线或面称为基准线或基准面。基准线或基准面用带框的大写英文字母表示其名称，标注时用带三角形的指引线标注在基准的轮廓线、尺寸界线或延长线上。图 5-8a 所示的基准 A 是上面的顶面，基准 B 是右侧的水平面，注意基准三角形不能和尺寸线的箭头对齐，要错开一定的距离，可以标注在轮廓线上或其延长线上。当基准是圆柱轴线或槽的中心对称平面时，基准符号应当与圆柱直径尺寸或槽宽度尺寸的箭头对齐，如图 5-8b、c 所示。

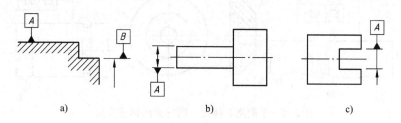

图 5-8　基准的标注

a）面作为基准　b）圆柱轴线作为基准　c）中心对称平面作为基准

2. 平行度

平行度标注被测轮廓线或面与基准线或面的平行程度，不平行时被测要素限定在与基准平行的两条平行线或面之间，两个平行线或面间的距离等于公差数值，平行度的符号是 //。

平行度公差标注时，基准可以是单一基准，公差框格中的基准项中只有一个字母，标注如图 5-9a 所示。标注在公差框格中的基准也可以是多个基准组成的基准体系，公差框格中的基准符号用竖线分割，优先次序从左到右，如图 5-9b 所示，基准体系中的基准通常有垂直关系。公差框格中的基准还可以是由多个基准组成的公共基准，基准字母之间用短横线相连，通常这些基准没有优先次序，具有相同的级别，如图 5-9c 所示，这种情况下通常基准 A 和 B 有平行或共线关系。在其他方向、位置与跳动公差的标注中，基准的标注方法是相同的。

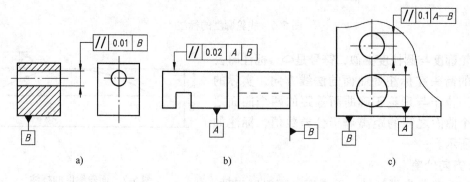

图 5-9　平行度的标注

a）单一基准平行度的标注　b）基准体系平行度的标注　c）公共基准平行度的标注

3. 垂直度与倾斜度

垂直度的符号是⊥，倾斜度的符号是∠，标注方法与平行度相同。如图 5-10a 所示，被测圆柱轴线应当限定在垂直于基准 A，间距 0.1mm 两个平行面之间，该两个平行面还应该平行于基准面 B。图 5-10b 所示为被测轴线位于与基准面 A 倾斜 60° 的圆柱面（$\phi 0.1mm$）内，该圆柱面的轴线还应当平行于基准面 B。

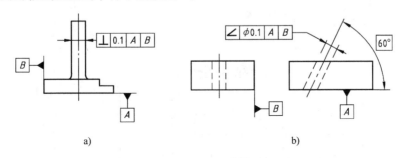

图 5-10 垂直度与倾斜度的标注
a）垂直度的标注 b）倾斜度的标注

5.3.3 位置公差

位置公差包括位置度（符号是⊕）、同轴（心）度（符号是◎）和对称度（符号是=）。标注方法与方向公差一样。

图 5-11a 所示为位置度的标注，表明被测轴线应当位于 $\phi 0.08mm$ 的圆柱面内，该圆柱面的轴线应位于基准 C、A、B 和理论正确尺寸规定的位置上。

图 5-11b 所示为同轴度的标注，表示大圆柱面的轴线与基准圆柱面的轴线有同轴的要求，大圆柱轴线应在以基准 A 为轴线、直径为 $\phi 0.1mm$ 的圆柱面内。如果和两个基准圆柱面要求同轴，一般基准可以使用公共基准，公差框格基准项中用短横线分割字母，如图 5-11c 所示。

图 5-11d 所示为对称度的标注，表示被测实际中心面应限定在间距为 0.08mm、对称于基准平面 A 的两个平行平面之间。

5.3.4 跳动公差

跳动公差包括圆跳动和全跳动，类似于圆度与圆柱度。圆跳动对应一个圆柱或圆锥某个横截面的公差要求，全跳动则是对整个圆柱面来说的，公差带形状是空间的两个柱面。

圆跳动的符号是↗，可以表达垂直于轴线方向的跳动量，称为径向圆跳动。如图 5-12a 所示，在任意垂直于轴线 A 的横截面上，实际被测表面应当位于以轴线 A 上点为圆心，半径差等于公差数值的两个同心圆之间，或理解为零件绕基准 A 旋转，公差标注的箭头位置为测量点其最大位移应当小于跳动公差数值。径向圆跳动与圆度都是反映某个横截面圆的形状，不圆的话测量时就会有跳动数值出现。

对于锥面，圆跳动标注的箭头一般垂直于圆锥轮廓线，称为斜向圆跳动，公差带是锥面上两个圆之间的圆锥面区域，公差数值是沿测量圆锥母线方向的距离。圆跳动也可以用于一般回转曲面，如图 5-12c 所示。

圆跳动还可以表达端面的不平程度。图 5-13a 所示为以基准轴线为轴的回转零件，被测右端面沿轴线方向的跳动量不应大于 0.1mm。实际上测量的是端面的不平程度，或端面对轴线的垂直程度。一般认为端面跳动可用垂直度代替。圆柱面的径向圆跳动可用圆度代替。

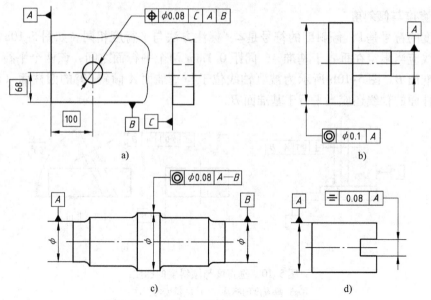

图 5-11　位置度、同轴度与同轴度的标注

a）位置度的标注　b）同轴度的标注　c）使用公共基准标注同轴度　d）对称度的标注

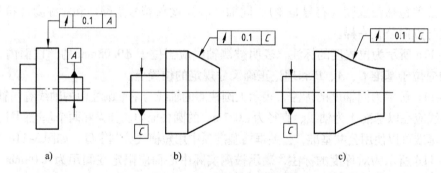

图 5-12　柱面、锥面、一般回转曲面的圆跳动标注

a）柱面　b）锥面　c）一般回转曲面

全跳动一般用于圆柱面，如图 5-13b 所示为中间一段圆柱面范围内，以公共轴线旋转时允许的跳动量。

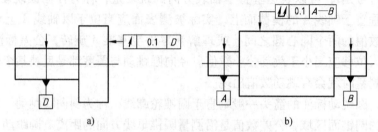

图 5-13　轴向圆跳动与全跳动的标注

a）轴向圆跳动　b）全跳动

说明：线轮廓度与面轮廓度是两种特殊的几何公差，可以用形状公差形式标注，也可以用加基准形式标注，本教材仅在形状公差中进行描述，后面公差中没有给出例子和说明。

5.3.5 Solid Edge 中几何公差的标注方法

在零件表达中，一般在图样上标注几何公差。Solid Edge 的工程图环境中的"注释"选项组中有一个几何公差标注的工具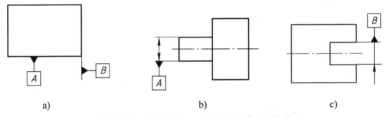，同时也有基准标注的工具。

1. 基准标注

单击"基准标注"按钮，在命令条上输入标注文本，通常在标注文本的前后各加一个空格，如此标注的方框更宽一些，显得好看一点。然后将鼠标指针移动到标注位置单击，选择标注方框的位置。如果标注位置图形比较多，可以先标注，再将标注的基准符号拖动到需要的位置。如图 5-14a 所示基准 B 可以先在该线的外侧标注，然后再移动到轮廓的延长线上。基准符号和几何公差都必须标注在实体的外侧，不能标注在实体内部。

当基准表示的是圆柱的轴线或中心对称平面时，基准的三角形符号必须与圆柱尺寸线或槽尺寸线的箭头对齐，如图 5-14b、c 所示。

图 5-14 Solid Edge 中基准的标注方法

a）平面基准的标注 b）轴线基准的标注 c）中心对称平面基准的标注

2. 几何公差标注

几何公差标注的命令条如图 5-15a 所示。在本教材提供的 GB. dft 模板文件中，已经定义了常用的几何公差，单击命令条上文本属性右侧的级联按钮将弹出已经定义的几何公差名称，选择需要标注的项目，再选择标注位置单击即可。如果标注后需要更改标注位置，可以移动箭头的位置或公差框格的位置。

采用前面已定义的方法标注的几何公差没有考虑公差等级与公称尺寸，只是一个给定的数值，双击已经标注的几何公差可以在弹出的"特征控制框属性"对话框中修改标注的数据。工程图学中不再介绍几何公差的数值选择方法，可以借助手册或其他软件选择几何公差的数值。不采用已经定义的几何公差时，也可以在选择几何公差命令后，直接单击命令条上的"属性"按钮，在弹出的对话框（图 5-15b）中选择标注的符号、数值、基准，然后单击"确定"按钮退出对话框，再选择标注位置即可。

注意：几何公差标注后，箭头方向表达的就是被测方向，不能标注在其他的任意方向；几何公差同样有未注公差的要求，公差等级有 H、K、L 三种（对应高、中、低），可用文字标注在技术要求中，如未注几何公差按照 GB/T 1804 – K 执行。

5.4 粗糙度

粗糙度是指零件表面微观不平的程度，零件图上一般用符号与文本表示。

5.4.1 粗糙度参数

表示粗糙度的常用参数有两个。一个是算术平均偏差，表示在评定长度内零件表面轮廓平均高度值，用 Ra 表示。常用 Ra 的数值为 0.4μm、0.8μm、1.6μm、6.3μm、12.5μm、

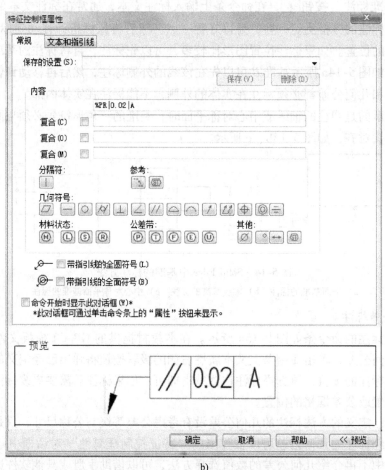

图 5-15　Solid Edge 中几何公差的标注方法

a）几何公差标注的命令条　b）"特征控制框属性"对话框（预览部分默认在右侧，为图形清晰放在下侧）

25μm、50μm。有相对运动的表面，粗糙度数值选低一些，一般用 0.8μm 或 1.6μm；用作定位的表面，粗糙度数值应当选低一些，一般用 0.8μm 或 1.6μm；与其他零件的接触面，粗糙度数值一般用 3.2μm 或 6.3μm；速度高、受力大的运动表面，粗糙度数值要选低一些，一般用 0.8μm 或 1.6μm；与其他零件没有接触的加工表面，一般用 12.5μm 或 25μm。

　　另一个粗糙度参数是轮廓最大高度，这一参数是轮廓在评定长度内的最大轮廓峰高与最大轮廓谷深之和，用 Rz 表示。很明显同一表面 Rz 的数值肯定比 Ra 高。Rz 的参数系列与 Ra 相同。Ra 一般只是 Rz 的 0.5 ~ 0.25 倍，如 Ra 为 1.6μm 的话，Rz 可以为 6.3μm。

5.4.2　粗糙度的标注

1. 粗糙度符号

　　粗糙度在图形上的标注一般使用符号与文字进行标注。粗糙度的基本符号如图 5-16a 所示，基本符号一般不能单独使用，粗糙度的扩展符号有两个，分别是去除材料符号与不去除材料符号。完整符号有三个，用基本符号与两个扩展符号加上水平的细实线表示。

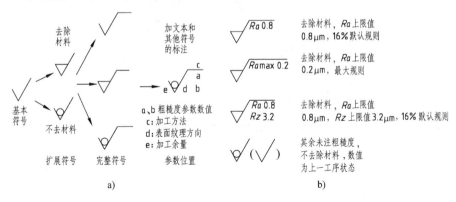

图 5-16 粗糙度符号和实例

a) 粗糙度符号   b) 实例

图 5-16a 中说明了粗糙度参数在粗糙度符号中的位置。a、b 处注写具体的粗糙度参数数值；c 处注写加工方法，如车、铣等；d 处注写纹理方向，如垂直（⊥）、纵向平行（‖）、横向平行（＝）、交叉（×）、圆形（C）、多向（M）、径向（R）等；e 处注写加工余量。一般注写没有这么全面，如图 5-16b 所示的实例。没有加说明的允许有 16% 超标，加上 max 或 min 的则不允许超标。对于图中未标注的粗糙度要求，可以统一标注在标题栏附近，该粗糙度符号后面加一个括号，括号中标注一个基本粗糙度符号。

2. 粗糙度的标注方法

在图样上，用标注粗糙度符号的方法来标注粗糙度。标注时符号的尖端应当从材料外部指向材料内部。对于图形上部、左侧的图线，尽量将粗糙度符号标注在图线的上方或左侧；对于图形右侧、下侧的图线，粗糙度符号应标注在引出的指引线上，如图 5-17a 所示。对于闭合区域的粗糙度可以用带圆点的指引线引出标注。如图 5-17a 中左下角的 Ra3.2 的标注。

对于螺纹螺旋面的粗糙度，由于图样上采用的是简化画法，不能表达真实的螺旋结构，规定粗糙度标注在大径的图线上或延长线上；齿轮的结构也是一样，规定齿面的粗糙度标注在表示齿轮分度圆的点画线上，如图 5-17b 所示。

对于圆孔的粗糙度，标注在剖视图中时应当标注在下侧的轮廓线或延长线上；对于槽的两个侧面，可以标注在槽的宽度尺寸线上，表示标注的是该尺寸箭头所指的两个侧面的粗糙度，如图 5-17c 所示。

5.4.3 Solid Edge 中粗糙度的标注方法

在 Solid Edge 中的"注释"选项组中提供了粗糙度的标注方法，粗糙度标注的按钮是 ，单击该按钮显示如图 5-18a 所示的命令条，图 5-18b 所示为单击命令条上的"属性"按钮 弹出的对话框。在该对话框中可以选择标注符号类型、参数数值等。

常用的标注符号在模板中已经进行了定义，主要是去除材料的标注方式，如预定义 1.6，就是标注去除材料 Ra 1.6 的粗糙度；也定义了不去除材料的标注方式，该定义就是一个不去除材料的符号，没有具体数值。选择命令后直接单击命令条上的级联按钮，从弹出的

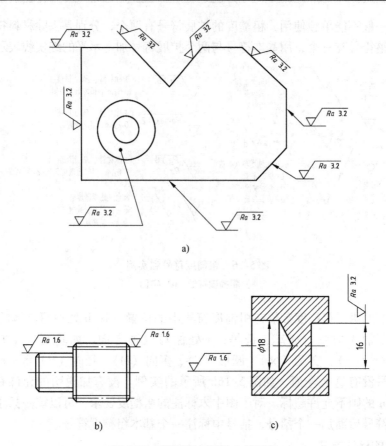

图 5-17　粗糙度在图样上的标注

a) 粗糙度的标注位置　b) 螺纹与齿面的粗糙度标注　c) 圆孔与槽侧面的粗糙度标注

已定义粗糙度中选择，再选择标注位置即可。如果标注的内容预定义中没有，则可以单击命令条上"属性"按钮，在弹出的对话框中先选择粗糙度的符号类型，如图 5-18c 所示，然后在对应的位置填入参数及数值。如果有纹理方向要求，单击对话框中的"纹理方向"按钮，显示图 5-18d 所示符号，从中选择需要的符号；如果是封闭轮廓，四周要求的粗糙度都是一样的，单击周围符号前面的复选框即可。如果还有加工余量、加工方法的话，在对话框中对应的位置输入需要的文本。若需要选择粗糙度端符类型，按照图 5-18e 所示进行选择。最后在图中选择标注位置即可。

在图线上方或左侧标注时，命令条上的"指引线"按钮应当关闭，选择好标注的类型，直接选择标注位置的轮廓线（或尺寸界线、尺寸线等），此时移动鼠标指针，标注的粗糙度符号可以沿标注位置的轮廓线移动。图 5-19a 所示的 Ra3.2 可以直接标注；Ra0.8 标注时，选择标注图线后，移动鼠标指针，可以将粗糙度标注在轮廓延长线上，延长线可以自动添加。

在图线的右侧和下方标注粗糙度时，需要使用指引线标注。选择命令以后，首先选择定义好的标注符号，再从命令条上单击"指引线"按钮 ，最后选择标注位置即可。如果标注后符号的位置不理想，选择标注符号可以看到几个控制点，选择水平指引线上三个控制点中间的那个，拖动鼠标即可将符号移动到合理的位置，如图 5-19b 所示。

按钮（　　）弹出的对话框。在该对话框中可以选择标注符号类型、参数数值等。

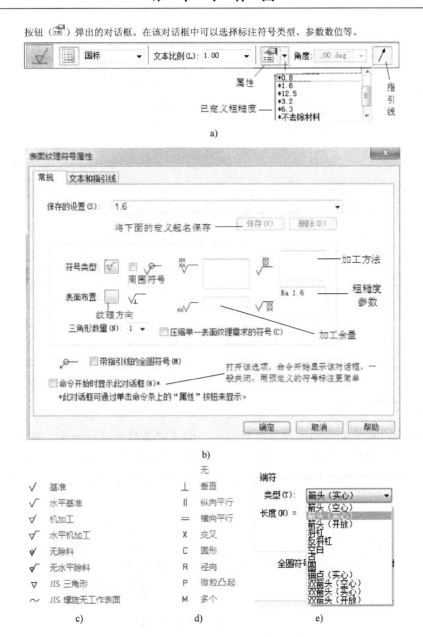

图 5-18　粗糙度标注的命令条与对话框

a) 粗糙度标注的命令条　b) "表面纹理符号属性"对话框　c) 对话框中可用符号类型　d) 纹理方向　e) 端符类型

　　对于未标注表面的粗糙度标注，在标题栏附近的空白处选择标注位置，标注这些粗糙度的要求，再使用文本标注在后面加入一个括号，然后在括号内标注一个对勾形式的基本符号即可。

　　粗糙度不是数值越低越好，满足使用即可，标注方式必须正确。粗糙度符号占用的面积比较大，对用得比较多的几种粗糙度符号也可以定义简化符号，一般定义在标题栏或图形附近，用简化符号等于实际的粗糙度符号表示，在图形中标注简化符号即可。如图 5-19c 所示，图中标注的是简化后的符号，在图形附近说明了标注的符号内容。

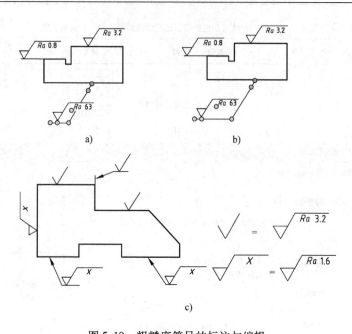

图 5-19　粗糙度符号的标注与编辑

a）粗糙度符号的标注　b）粗糙度符号位置的编辑　c）简化标注的方法

5.5　轴类零件的表达

　　轴类零件是一类最常见的零件，主要由同心的不同圆柱面或孔组成，轴上大多有退刀槽、倒角、螺纹、键槽、花键、中心孔等结构。轴类零件大部分是实心的，对于空心的轴也称为轴套。大多数轴类零件长度比直径大得多。常见轴类零件的结构如图 5-20 所示。

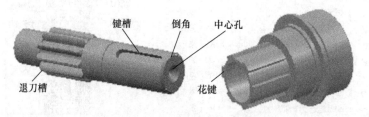

图 5-20　常见轴类零件的结构

　　轴类零件一般在车床或磨床上加工，两端由卡盘和顶尖固定，轴线成水平放置状态，因此一般轴类零件的二维工程图需要一个主视图和几个辅助视图。主视图表达各轴段的长度、直径。对于轴上的键槽，一般使用主视图反映键槽的形状，使用断面图表达键槽的深度。对于轴上的孔等结构，可以采用局部剖视图或断面图表达。螺纹、花键、齿形等按照这些结构的规定去表达就可以了。小结构可以采用局部放大图进行表达。图 5-21 所示为齿轮轴的零件图。

　　轴类零件图的特点如下。

　　1）主视图中轴线水平放置表达各个轴段的结构、尺寸。键槽的长度与定位尺寸标注如图 5-21 所示。

　　2）断面图、局部放大图表达键槽等结构与尺寸。键槽宽度公差一般用 N9。深度标注方式如图 5-21 所示，下极限偏差为负值。

3）零件图中尺寸多直接标注上下极限偏差，大批量生产也可以标注公差带代号，一般由轴段的用途决定。安装轴承一般用 k6、m6，可转动一般用 d6、e6、f6、滑动一般用 g6、h6。

4）重要的轴线为基准，标注重要圆柱面的同轴度，重要端面的垂直度。

5）重要圆柱面、端面需要标注粗糙度，其余粗糙度标注在标题栏附近。

6）轴类零件端部一般有中心孔等结构，可以采用引出表达方法，结构形式参考 GB/T 145—2001，标注方法参考 GB/T 4459.5—1999。例如：标记为 GB/T 4459.5 - A4/8.5，就表示 A 型中心孔，外径 8.5mm，内径 4mm，一般设计时不用标注。

7）对于轴上的齿形结构请参考后面的盘类零件中的齿轮表达方法，国家标准为 GB/T 4459.2—2003。齿形一般用简化画法，齿顶线用粗实线，齿根线用细实线（或省略），分度线用点画线，如图 5-21 所示。模数、齿数重要数据在右上角列表表示或填写在技术要求中。

8）对于花键则参考 GB/T 4459.3—2000。花键也采用简化画法，可见时大径用粗实线，小径用细实线，对于渐开线花键还需要画出点画线的分度线。标注都采用从大径的引出标注。

9）轴的材料由用途决定，多用中碳钢，如 40、45，或合金钢，如 40Cr。不重要的轴也可以使用低碳钢或铸铁类材料，如 25、HT250 等。

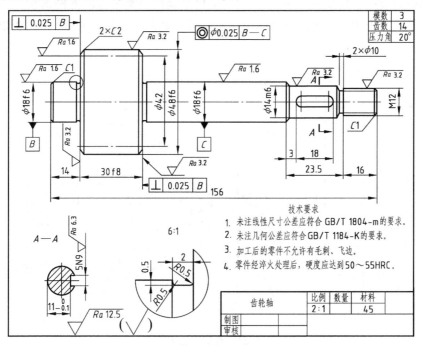

图 5-21 齿轮轴的零件图

5.6 盘类零件的表达

5.6.1 盘类零件结构

盘类零件是长径比低于 1 的零件，如图 5-22 所示。这类零件包括各种端盖、带轮、齿轮、链轮等。这类零件一般起密封和支承作用，常有一个重要的端面或圆柱面作为定位面。

如图 5-22a 所示的 A 面轴线可能要求与对应的安装孔同轴，B 面要求与对应的安装面贴合紧密，这类表面或轴线一般在零件图中可以作为基准，标注其他表面的几何公差。比较重要的面一般要标注尺寸公差。

同轴类零件一样，盘类零件上有时也会有起传动作用的结构，如键槽、花键、齿形结构（齿轮、链轮）等。

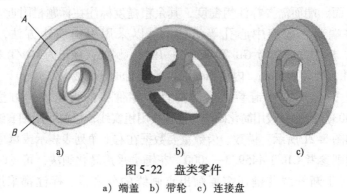

a)　　　　　　b)　　　　　　c)

图 5-22　盘类零件

a）端盖　b）带轮　c）连接盘

5.6.2　盘类零件表达

盘类零件一般采用两个视图表达。主视图同轴类零件一样，一般选择轴线水平放置，并采用剖视图进行表达，如图 5-23 所示。左视图尽量表达盘类零件的外部形状，若有细小结构可用局部放大图表达。若零件壁厚均匀，也可用一个视图表示，在视图上用引出标注方式标注厚度。

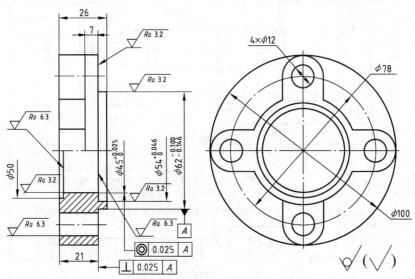

图 5-23　盘类零件表达

对于外部结构比较简单、内部结构又需要表达的盘类零件，可采用全剖视图或半剖视图。如图 5-23 所示主视图，采用了半剖视图。对于传动作用的盘类零件，若仅有键或花键部分需要表达，可采用局部视图，不用将整个视图画出。

盘类零件的尺寸标注：一般轴线是高度和宽度方向的尺寸基准，重要的断面是长度方向的基准。如图 5-23 所示，该立体从左到右是三个部分，中间圆柱的右侧面是将来安装到其他零件上的结合面，作为长度方向的基准，轴线是高度和宽度方向的基准。

盘类零件的几何公差：一般以重要表面的轴线为基准，如图 5-23 所示右侧圆柱 $\phi62\,mm$ 的轴线为基准 A，标注其他重要表面相对于该轴线的垂直度、同轴度、径向圆跳动、轴向圆跳动等，如图 5-23 所示标注的同轴度与垂直度。

盘类零件的粗糙度：一般采用算术平均偏差标注。有配合的表面数值较低，如 $1.6\,\mu m$、$3.2\,\mu m$、$6.3\,\mu m$；速度高的表面数值低（表面比较光滑）；没有接触的表面数值高，如 $12.5\,\mu m$ 或 $25\,\mu m$。

盘类零件的材料：比较重要的盘类零件可以使用优质碳素钢 45 或合金钢，如齿轮和链轮；一般的端盖可以使用低碳钢或中碳钢，如 15、20；手轮等不重要的盘类零件可以使用铸铁类的材料，常用的是灰铸铁，如 HT100、HT150、HT250 等；有特殊要求的盘类零件也可以使用不锈钢，如 06Cr19Ni10（美国为 304）或铝合金，如 2A12（旧牌号为 LY12）等。

5.6.3 齿轮及其表达

1. 齿轮的类型与参数

齿轮是机械类产品中最常用的一类零件。它的主要作用是传递转矩、改变转速、改变转动方向。

根据结构类型，齿轮可分为圆柱齿轮、锥齿轮、蜗轮蜗杆。圆柱齿轮是用于平行轴之间的传动，如图 5-24a 所示；锥齿轮是用于相交轴之间的传动，如图 5-24b 所示；蜗轮蜗杆是用于交叉轴之间的传动，如图 5-24c 所示。

a) b) c)

图 5-24 齿轮的类型

a）圆柱齿轮 b）锥齿轮 c）蜗轮蜗杆

直齿轮（图 5-26a）齿形的结构如图 5-25 所示。分度圆是指齿厚 s 与槽宽 e 相等位置所在的圆，其直径用 d 表示（如大齿轮用 d_1，小齿轮用 d_2），大齿轮与小齿轮的分度圆是相切的。两个齿轮的中心距 a 等于两个齿轮分度圆的半径和。齿数用 z_1 和 z_2 表示。两个齿轮的齿厚与槽宽是相等的，这样两个齿轮的轮齿才能正确地咬合与工作。一个齿轮的齿厚与槽宽之和为齿距，用 p 表示，齿距与齿数的乘积等于分度圆的周长，即 $\pi d_1 = pz_1$，$\pi d_2 = pz_2$。转换后，$d_1 = pz_1/\pi$，$d_2 = pz_2/\pi$。令 $m = p/\pi$，该参数称为模数，m 越大，p 值越大，齿厚就越大，传递的转矩（功率）就越高。国家标准已经对模数进行了标准化，设计时根据传递的功率和结构进行选择。由于 $m = p/\pi$，因此两个齿轮的分度圆直径 $d_1 = mz_1$，$d_2 = mz_2$。

对于标准圆柱齿轮来说，图 5-25 所示齿顶圆到分度圆之间的距离（齿顶高 h_a）等于模数 m，齿根圆到分度圆的距离（齿根高 h_f）等于 $1.25m$。齿顶圆直径用 d_a 表示，齿根圆直径用 d_f 表示，因此，$d_{a1} = m(z_1 + 2)$，$d_{a2} = m(z_2 + 2)$；$d_{f1} = m(z_1 - 2.5)$，$d_{f2} = m(z_2 - 2.5)$

2.5）。

齿轮最重要的参数是模数 m 与齿数 z，有了这两个参数一般就可以计算齿形的各部分尺寸。除了模数与齿数这两个参数以外，齿轮的参数还有齿形角 α（也称为压力角），该角度是受力 F 方向与速度 v 方向的夹角，国内一般采用 20°的齿形角。为了齿轮传动平稳，齿轮的轮齿也可以做成与轴线倾斜，称为斜齿轮，如图 5-26b 所示。斜齿轮还多一个螺旋角参数。

对于锥齿轮来说，大小端的分度圆、齿顶圆等数值都不相同，如图 5-26c 所示，因此一般设计上指的是大端参数。锥齿轮的齿顶高、齿根高也指的是倾斜方向（与分度圆锥线垂直）的高度。

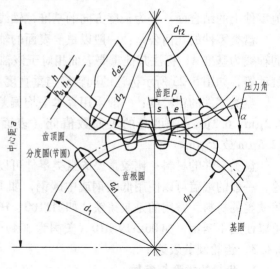

图 5-25　直齿轮齿形的结构

如果分度圆锥的半锥角用 δ 表示，那么按大端参数计算时：分度圆直径 $d = mz$，齿顶圆直径 $d_a = m(z + 2\cos\delta)$，齿根圆直径 $d_f = m(z - 2.4\cos\delta)$，齿顶高 $h_a = m$，齿根高 $h_f = 1.2m$。

图 5-26　直齿轮、斜齿轮与锥齿轮
a）直齿轮　b）斜齿轮　c）锥齿轮

如图 5-27 所示，对于蜗轮来说，其参数是在通过蜗杆轴线并且垂直于蜗轮轴线的平面上测量的参数。齿顶高 $h_a = m$，齿根高 $h_f = 1.2m$，齿顶圆直径 $d_a = m(z + 2)$，齿根圆直径 $d_f = m(z - 2.4)$。对于对应的蜗杆来说，蜗杆相当于螺杆，也分为单头螺杆和多头螺杆，蜗杆头数相当于齿轮齿数 z_1，模数与蜗轮相同，再选择蜗杆直径系数 q，确定蜗杆分度圆直径 $d = mq$；蜗杆的导程角用 γ 表示，$\tan\gamma = z_1/q$；蜗杆的齿顶圆直径 $d_a = m(q + 2)$，齿根圆直径 $d_f = m(q - 2.4)$，齿顶高 $h_a = m$，齿根高 $h_f = 1.2m$。

图 5-27　蜗轮蜗杆的结构

2. 齿轮的设计

齿轮的三维设计一般是采用软件的方式来进行的，选择模数、齿数等主要参数，渐开线的有关参数通过程序自动计算。

Solid Edge 装配环境下的"工程参考"提供了直齿轮、锥齿轮和蜗轮蜗杆的设计方法。单击屏幕左侧的"工程参考"按钮可显示图 5-28 所示的图形，双击图形即可进行相应的设计。

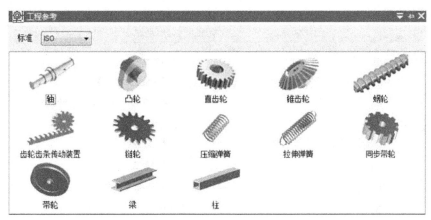

图 5-28 Solid Edge 装配环境下的"工程参考"

双击图 5-28 所示的"直齿轮"和"锥齿轮"图形可设计直齿轮和锥齿轮。图 5-29 所示为直齿轮设计器的"设计参数"选项卡。

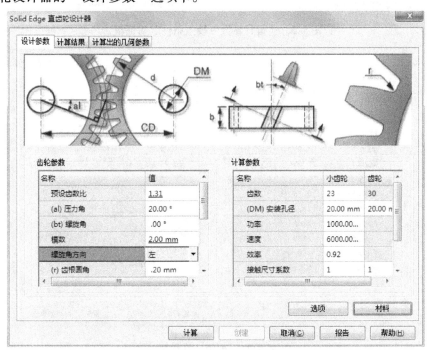

图 5-29 直齿轮设计器的"设计参数"选项卡

图 5-30 所示为单击图 5-29 所示的"选项"按钮弹出的"设计参数 – 输入条件"对话框，在工程制图中一般选择"查找中心距"。图 5-29 就是选择图 5-30 所示"查找中心距"

的设计参数界面。当知道齿数时，可以在右侧的计算参数中输入小齿轮齿数（如 23），在左侧的齿轮参数中输入预设齿数比（如 1.31），就可以在右侧自动计算出大齿轮齿数（如 30）。其他项可以用默认值。单击图 5-29 所示底部的"计算"按钮，就可以得出实际的计算结果，如果计算没有问题，用绿色显示，如图 5-31 所示。如果显示红色，计算为不通过，可以再调整设计参数（如模数 m、齿宽、材料、载荷等），然后重新进行计算，直到通过为止。最后选择图 5-31 中的"创建"按钮将生成两个齿轮，提示输入文件名进行存储，并生成两个齿轮的装配。

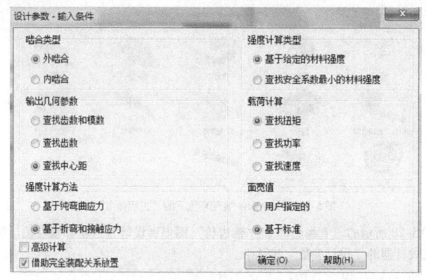

图 5-30　"设计参数 – 输入条件"对话框

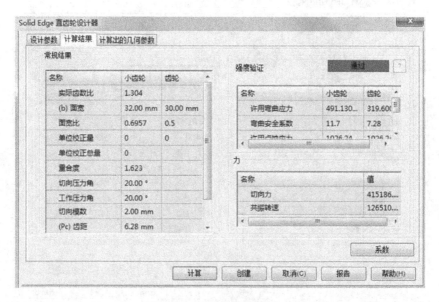

图 5-31　齿轮计算结果

　　模数 2mm，齿数分别为 23、30 时的直齿轮设计，如图 5-32a 所示。斜齿轮设计时，只需要将图 5-29 所示的螺旋角改为需要的角度即可。对于内啮合的情况也是一样的，在

图 5-30 中将啮合类型改为内啮合即可。图 5-32b 所示为按照该种方法设计的一对内啮合直齿轮。

a)　　　　　　　　　　　　　　　　　b)

图 5-32　直齿轮的设计

a）外啮合直齿轮的设计　b）内啮合直齿轮的设计

对于锥齿轮来说，与直齿轮设计是一样的，双击图 5-28 所示的"锥齿轮"图形，弹出图 5-33 所示的对话框。在对话框中输入预设齿数比、小齿轮齿数，单击对话框底部的"计算"按钮，将显示计算结果，单击"创建"按钮即可完成锥齿轮的设计。图 5-34a 所示为锥齿轮的设计。齿轮上的其他结构，在齿轮生成以后还可以继续设计与修改。

蜗轮蜗杆在 Solid Edge 中的设计程序不太完善，装配不能自动完成，需要手工调整。齿轮齿条的设计是可以的，如图 5-34b 所示。圆形齿条（非整圆的齿轮）也可以进行设计，在对话框的选项中选择圆形齿条即可。

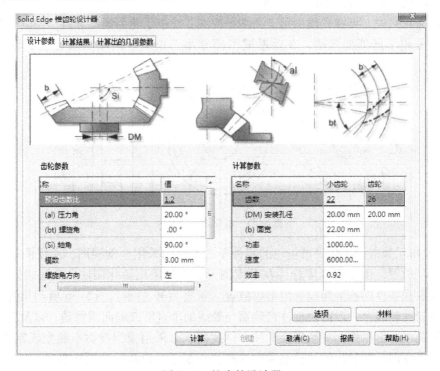

图 5-33　锥齿轮设计器

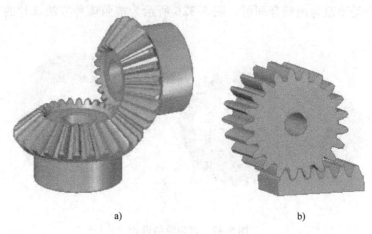

a)　　　　　　　　　　　　　　　　b)

图 5-34　锥齿轮与齿轮齿条的设计

a）锥齿轮的设计　b）齿轮齿条的设计

3. 零件图上齿轮的表达

齿轮属于具有齿形结构的盘类零件，与盘类零件的表达是基本相同的。齿轮表示法的国家标准是 GB/T 4459.2—2003。

在齿轮的外形视图中，齿轮的齿顶圆用粗实线画出、分度圆用点画线画出，齿根圆用细实线画出，如图 5-35 所示。用一句话来说就是：表示齿形三条线，齿顶圆粗实线、分度圆点画线、齿根圆细实线。在剖视图中，国家标准规定轮齿按不剖来画，齿顶线、齿根线都是粗实线，分度线是点画线，如图 5-35 所示。

对于斜齿轮来说，可在视图中用三条平行的细实线表示轮齿倾斜方向。如图 5-35 所示，右侧的视图采用了局部剖视图，在外形视图部分用三条平行的细实线表示了轮齿的倾斜方向。

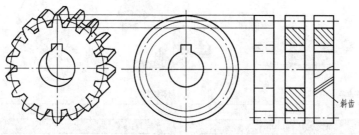

图 5-35　齿轮表达方法

图 5-36 所示为带键槽的简单齿轮的零件图，主视图采用全剖视图，左视图采用局部视图。轴线水平放置，齿面粗糙度标注在分度圆上。齿形采用简化画法，无法表达齿数与模数，因此需要在零件图右上角放置齿形参数表，如图 5-36 所示。图 5-36 所示几何公差基准选择的是齿轮孔轴线，一般需要标注齿侧面与轴线的垂直度或轴向圆跳动，以及齿顶圆的圆度或径向圆跳动，键槽侧面一般需要标注对称度要求。采用模型投射不能生成需要的图形，需要通过右击视图，在弹出的快捷菜单中选择"在视图中绘制"选项来实现。

锥齿轮与直齿轮一样，也采用类似的表达方法，如图 5-37 所示。从该图中可以看出长

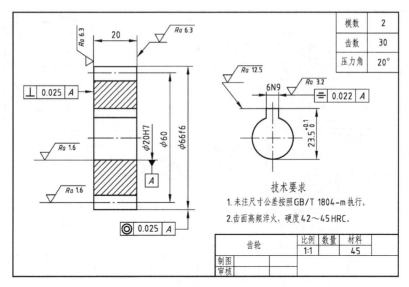

图 5-36　带键槽的简单齿轮的零件图

度方向的基准是右侧的端面。需要标注锥形齿面的锥顶位置及公差，齿宽也是垂直于分度圆锥线方向的尺寸，同时需要标注出齿顶圆锥、分度圆锥的半锥角等。

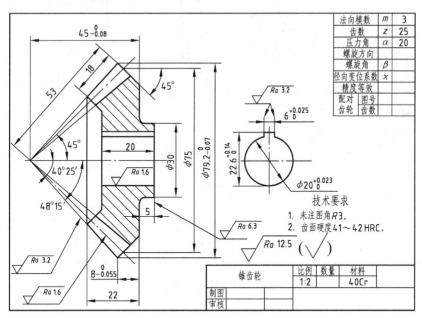

图 5-37　锥齿轮的零件图

　　蜗轮也是一种齿轮，表达方法与齿轮相同。图 5-38 所示为蜗轮的零件图，主视图上的点画线圆是蜗杆的分度圆。蜗轮的齿顶线、分度线、齿根线都是与蜗杆中心同心的圆弧。与蜗轮对应的蜗杆，相当于轴类零件，齿形部分的画法与齿轮的画法是一样的。图 5-39 中用了一个主视图和三个辅助视图，键槽的深度采用了一个断面图，蜗杆部分的齿形采用了轴向齿形和法向齿形两个局部放大图表示。

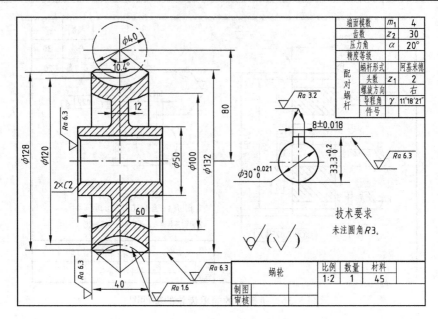

图 5-38　蜗轮的零件图

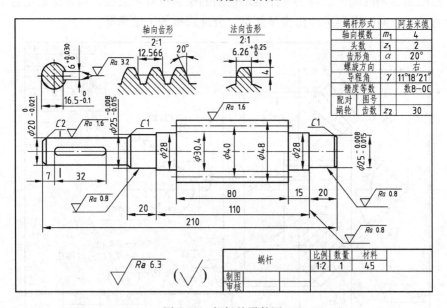

图 5-39　蜗杆的零件图

5.7　叉架类零件的表达

叉架类零件是起支承、拨动其他零件功能的一类零件。许多叉架类零件都具有倾斜结构，多见于连杆、拨叉、支架和摇杆等零件。图 5-40 所示为两个叉架类零件，一个是摇臂、另一个是拨叉。对于叉架类零件的结构来说，一般来说有三部分，即安装部分、工作部分和连接部分。

图 5-41 所示为拨叉的零件图，采用了主视图、左视图、斜视图、断面图。

一般叉架类零件的表达方案（图 5-40b），可以根据该零件的工作位置，选择一个能够

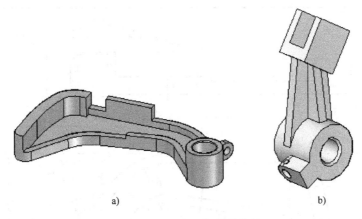

图 5-40　两个叉架类零件

a）摇臂　b）拨叉

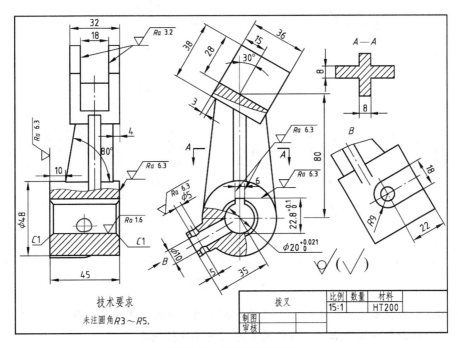

图 5-41　拨叉的零件图

表达较多结构与相对位置的方向作为主视图方向，再用其他视图表达没有表达清楚的结构。叉架类零件可能会有一些内部结构，在大多数情况下可以采用局部剖视图来进行表达，也可以使用剖视图或断面图来进行表达。对于倾斜部分的结构，可以采用斜剖视图、斜视图和旋转剖视图等来进行表达。

图 5-42 所示为摇臂的零件图，采用主视图和俯视图两个视图表达外形结构，主视图的右侧采用了局部剖视图的方式表达了孔的结构；采用三个断面图表达相应部位的结构与尺寸；采用一个斜视图表达倾斜部分的结构与尺寸，还用一个轴测图表达了该零件的三维结构形状以便于读图。

总结：叉架类零件一般包括安装部分、工作部分和连接部分，大多数有简单的内部结构

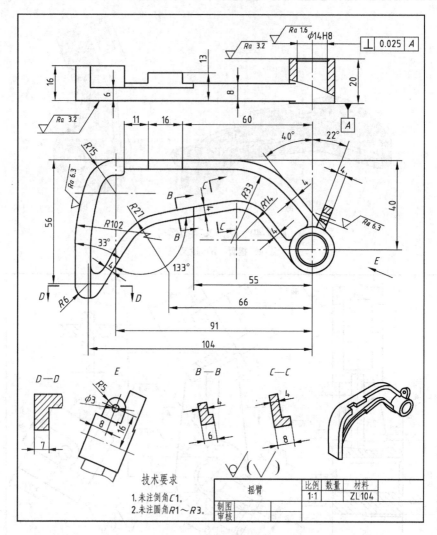

图 5-42　摇臂的零件图

和倾斜结构，一般需要使用两个以上的视图、剖视图、断面图来进行表达，尺寸与几何公差标注常以重要端面和轴线为基准，接触面多数需要标注粗糙度。

5.8　箱体类零件的表达

箱体类零件是机器上的重要零件之一，主要起支承、容纳、润滑、密封和固定等作用，是安装其他零件的平台，外部和内部形状复杂。一般箱体类零件大多数采用铸造的方法，因此都有铸造圆角、起模斜度。比较重要的孔为了安装方便还要有倒角。箱体类零件常有中空的内部结构，箱壁上有螺纹孔、孔状结构（如润滑油道、注油孔、放油孔和观察孔等）。

图 5-43 所示为减速器箱盖。它的结构特点是：有两个比较重要的轴孔，用来安装传动轴上的轴承，两个孔轴线应当有平行度的要求；箱盖的底面是箱体与箱盖的结合面，其光滑程度应当比较高；顶部有一个观察孔，是一个倾斜的结构；零件的中部是中空结构，用以容纳传动部件（齿轮、轴等）。

对于箱体类零件上的孔来说，为了安装方便、可靠，一般都采用沉孔（凹下）和凸台

（凸起）的方式。图 5-44 所示为沉孔、光孔和螺纹孔的简化标注。注意圆柱形沉孔与埋头孔的符号表达方法以及孔深度的表达方法。

图 5-43 减速器箱盖

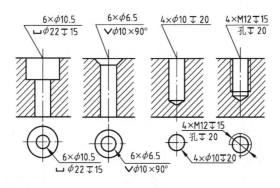

图 5-44 沉孔、光孔和螺纹孔的简化标注

图 5-45 所示为斜面上钻孔的结构，尽量不要使孔端面与轴线倾斜，可以做成凸台或凹坑结构，这样的结构便于加工和安装。

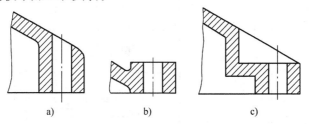

a)　　　　　b)　　　　　c)

图 5-45 斜面上钻孔的结构

图 5-46 所示为减速器箱盖的零件图，主视图与左视图都采用了局部剖视图的表达方法，兼顾了零件内部结构与外部结构的表达；俯视图是外形视图。一般在其他视图中能表达的结构，细虚线就可以省略，这样图形就比较清晰，如果没有表达清楚，细虚线需要保留。在俯视图中就用了细虚线表达箱体中间的中空部位的结构。图 5-46 中使用了一个斜视图表达了倾斜观察孔的结构形状，表达时采用了旋转后放置的方法，在视图上方的视图名称前加了旋转符号。

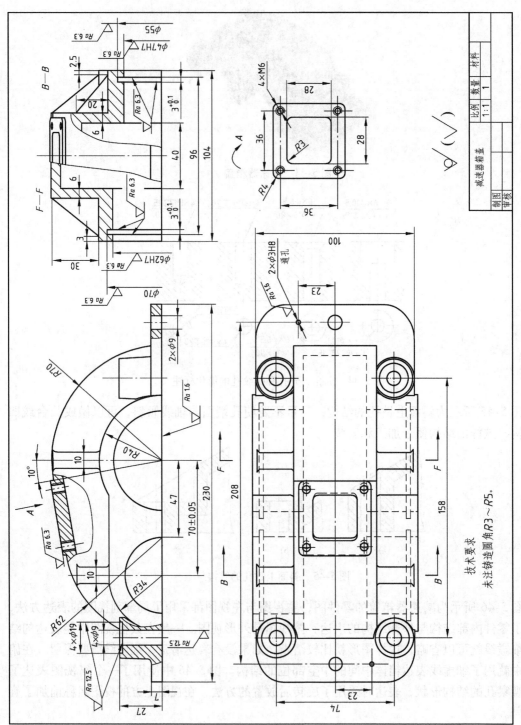

图 5-46　减速器箱盖的零件图

5.9　弹簧的设计与表达

弹簧是一种特殊的零件，一般起减振、储能、复位、测力、传动和调节等作用。弹簧有圆柱螺旋弹簧、圆锥螺旋弹簧和碟形弹簧等。簧丝横截面有圆形、矩形等形状。圆柱弹簧、板弹簧和涡卷弹簧，如图 5-47 所示。

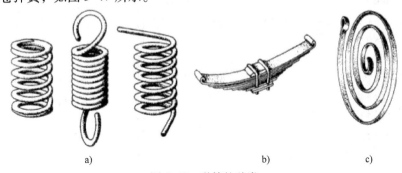

图 5-47　弹簧的种类

a）圆柱弹簧　b）板弹簧　c）涡卷弹簧

5.9.1　弹簧的造型与设计

弹簧的三维造型，需要先做出草图，包括横截面和轴线，然后采用螺旋增料的方法生成弹簧。弹簧横截面为圆或矩形等，轴线为直线，横截面与轴线一般画在同一草图中。单击"螺旋增料"按钮，选择横截面轮廓和轴线，右击确认，在弹出的参数框中选择弹簧的参数，即可生成弹簧。生成弹簧的参数类型有三种，分别为轴长和螺距、轴长和圈数以及螺距和圈数。图 5-48 所示为选择轴长和圈数时的造型过程。

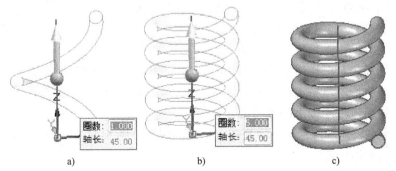

图 5-48　选择轴长和圈数时的造型过程

a）1 圈的螺旋结构　b）修改圈数后的结构　c）草图与完成后的造型

造型过程中如果选择轴长和螺距，则根据轴线长与两圈之间的距离进行造型；选择螺距和圈数，则根据两圈间距离与圈数完成造型。如果需要改变螺旋增料的方向，单击图 5-48 所示的箭头即可。

在 Solid Edge 中采用上述方法生成的弹簧均为右旋，如果希望生成左旋弹簧或生成圆锥弹簧，则需要单击命令条上的"选项"按钮，将弹出"螺旋选项"对话框，如图 5-49 所示。

从图 5-49 所示对话框中可选择左旋或右旋。锥度是螺旋生成角度，默认为圆柱弹簧，

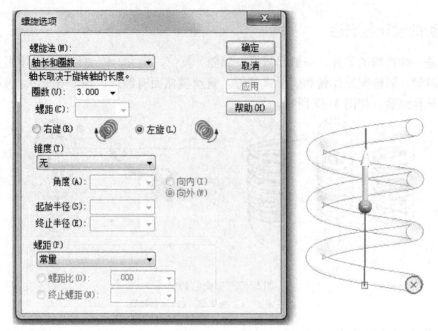

图 5-49　　"螺旋选项"对话框，选择旋向

根据需要可输入角度。在对话框中还可选择向内还是向外倾斜，如图 5-50 所示。

真实的压缩弹簧是有并紧圈的，设计时需考虑弹簧的长度，两端各做 1.25 圈簧丝（该段上螺距等于簧丝直径），再切除半圈（磨平），如图 5-51a 所示。

Solid Edge 装配环境中的工程参考提供了弹簧设计程序，包括压缩弹簧与拉伸弹簧。这两个程序包括了计算与模型生成。但是使用该程序生成的压缩弹簧是没有并紧圈的，与实际的压缩弹簧还有一定的区别。图 5-51b、c 所示为利用该程序生成的压缩弹簧与拉伸弹簧。

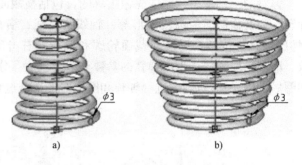

图 5-50　圆锥弹簧的造型方法
a）向内　b）向外

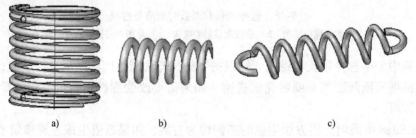

图 5-51　弹簧的设计
a）有并紧圈的压缩弹簧　b）没有并紧圈的压缩弹簧　c）拉伸弹簧

一般圆柱压缩弹簧可按照图 5-51b 所示的形式设计即可，直接按照要求的弹簧高度

（或长度）画出轴线，再画出簧丝的横截面圆，标注圆的直径和到轴线的距离，生成图 5-48c 所示的螺旋体，在两端的横截面圆心处，画出垂直于螺旋体轴线的直线草图，拉伸切除后形成端面的平面。对于如图 5-51a 所示要求有并紧圈的压缩弹簧结构，两端各有 1.25 圈簧丝并在一起的结构，上升一圈的距离等于簧丝直径，总的高度等于中间螺旋体的高度加上两端并紧螺旋体的高度。假如簧丝直径为 d，总高度为 H，那么端部的并紧段高度为 $1.25d$，中间段螺旋体的高度为 $H-2.5d$。因此，中间段画草图时，轴线的长度应为 $H-2.5d$，按照轴长与圈数来完成设计。两端的并紧圈，按照圈数（1.25 圈）与螺距（节距 d）来完成设计即可，然后端部直线拉伸除料切平。

对于圆柱拉伸弹簧，中间的螺旋体生成以后，两端的钩子，一般先画出草图，使用扫掠的方式完成。

5.9.2 弹簧的表达

弹簧属于常用件，要求的尺寸、性能可能有特殊要求，一般弹簧需要画出二维的零件图。弹簧的真实投影很复杂，因此国家标准 GB/T 4459.4—2003 规定了圆柱压缩弹簧的简化画法，如图 5-52 所示为弹簧的视图、剖视图和示意图，主要原则如下。

1）在平行于弹簧轴线的视图中，各圈的轮廓线均应画成直线。

2）有效圈数在 4 圈以上的弹簧，可只画每一端的 1～2 圈（支承圈除外），中间用通过簧丝中心的点画线连接起来，且可以适当缩短图形的长度。

3）弹簧均可按右旋弹簧绘制，但左旋弹簧不论画成左旋还是右旋，必须指明旋向。

4）螺旋压缩弹簧如要求两端并紧且磨平时，不论支承圈数多少以及末端贴紧的情况如何，均按支承圈为 2.5 圈画出。

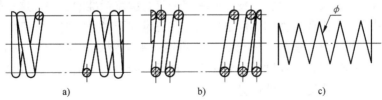

图 5-52　弹簧的视图、剖视图和示意图
a）视图　b）剖视图　c）示意图

圆柱螺旋压缩弹簧的作图步骤如图 5-53 所示。弹簧属于常用件，加工时需要画出它的零件图，图中应包括视图、负荷－变形图，还应注写相关技术要求，如图 5-54 所示。

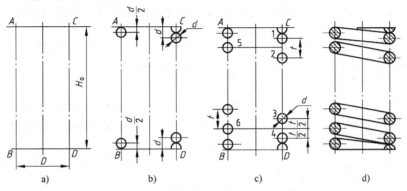

图 5-53　圆柱螺旋压缩弹簧的作图步骤

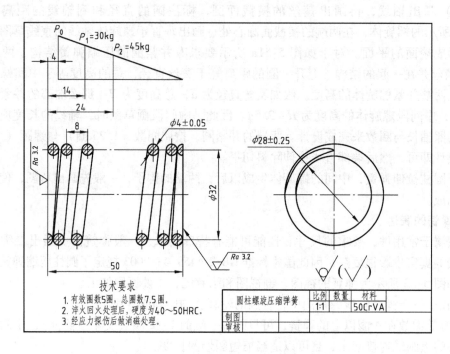

图 5-54　圆柱螺旋压缩弹簧的零件图

5.10　标准件

标准件是指结构、尺寸、材料、技术要求完全符合国家标准的零件。这一类零件可以直接在市场进行采购，不需要零件图。但是标准件在三维装配时是需要实际模型的。常用的标准件有：紧固件，如螺钉、螺栓、螺母、弹簧垫圈、平垫圈等；定位件，如圆柱销、圆锥销、开口销、紧定螺钉等；滚动轴承，如深沟球轴承、圆柱滚子轴承、圆锥滚子轴承、推力球轴承等；传动件，如平键、半圆键等。

标准件都有规定的标记方法。一般的标记格式是：名称标准编号 – 尺寸代号 – 其他代号。不同标准件的标记格式不同，见表 5-3。标准件可以由专业化的工厂进行大规模生产。在以后的装配图中，为了说明结构、原理可以使用简化的方法表达这一类零件，三维装配模型中仍需要实体模型进行装配。这类零件的模型可以使用软件的标准件程序生成，也可以通过第三方软件生成。福州大学的标准件程序可生成大多数标准件，界面如图 5-55 所示。

表 5-3　常用标准件

分类		标准编号	标准名称	说明与尺寸代号
联接件	螺母	GB/T 6170—2015	1 型六角螺母	标准编号一般决定结构，尺寸代号决定大小。尺寸代号为：M 大径尺寸，如 M12。对于普通 1 型六角螺母，一般厚度为 0.8 倍大径，六角外接圆直径为 2 倍大径
		GB/T 6172.1—2016	六角薄螺母	
		GB/T 6173—2015	六角薄螺母　细牙	
		GB/T 6175—2016	2 型六角螺母	
		GB/T 6177.1—2016	2 型六角法兰面螺母	
		GB 6178—1986	1 型六角开槽螺母　A 和 B 级	

（续）

分类		标准编号	标准名称	说明与尺寸代号
联接件	螺栓、螺柱	GB/T 5780—2016	六角头螺栓 C 级	尺寸代号为：M 大径尺寸×公称长度（不包括头部），如 M10×75，螺纹部分长度一般为 2 倍大径尺寸
		GB/T 5872—2016	六角头螺栓	
		GB/T 27—2013	六角头加强杆螺栓	
		GB/T 897～900—1988	双头螺柱	
	螺钉	GB/T 818—2016	十字槽盘头螺钉	尺寸代号为：M 大径×公称长度，如 M6×20。一般公称长度对于圆柱头与盘头螺钉不包括头部，沉头螺钉与紧定螺钉为总长度
		GB/T 819.1—2016	十字槽沉头螺钉 第 1 部分：4.8 级	
		GB/T 822—2016	十字槽圆柱头螺钉	
		GB/T 65—2016	开槽圆柱头螺钉	
		GB/T 67—2016	开槽盘头螺钉	
		GB/T 68—2016	开槽沉头螺钉	
		GB/T 70.1—2008	内六角圆柱头螺钉	
		GB/T 71—1985	开槽锥端紧定螺钉	
		GB/T 73—2017	开槽平端紧定螺钉	
		GB/T 77—2007	内六角平端紧定螺钉	
	垫圈、挡圈	GB/T 97.1—2002	平垫圈 A 级	尺寸代号为：大径尺寸或轴孔尺寸。内径尺寸大于标准件大径尺寸
		GB 93—1987	标准型弹簧垫圈	
		GB 891—1986	螺钉紧固轴端挡圈	
		GB/T 893—2017	孔用弹性挡圈	
		GB/T 894—2017	轴用弹性挡圈	
	销	GB/T 119.1—2000	圆柱销 不淬硬钢和奥氏体不锈钢	尺寸代号为：公称直径和公差×公称长度，如 6×m6×25
		GB/T 119.2—2000	圆柱销 淬硬钢和马氏体不锈钢	
		GB/T 117—2000	圆锥销	尺寸代号为：小端公称直径×公称长度
		GB/T 91—2000	开口销	尺寸代号为：公称直径×公称长度
	键	GB/T 1096—2003	普通型平键	尺寸代号为：宽度×高度×长度
		GB/T 1564—2003	普通型楔键	尺寸代号为：宽度×高度×长度
		GB/T 1099.1—2003	普通型 半圆键	尺寸代号为：宽度×高度×长度
	铆钉	GB/T 863.1—1986	半圆头铆钉（粗制）	
		GB/T 864—1986	平锥头铆钉（粗制）	
滚动轴承		GB/T 276—2013	滚动轴承 深沟球轴承 外形尺寸	尺寸代号为：类型代号、直径代号、宽度（高度）代号、内径代号，有些情况直径与内径代号可省略，如 61806 就是深沟球轴承，类型代号为 6，直径代号为 1，宽度代号为 8，内径代号为 06（内径 =6×5mm）
		GB/T 281—2013	滚动轴承 调心球轴承 外形尺寸	
		GB/T 283—2007	滚动轴承 圆柱滚子轴承 外形尺寸	
		GB/T 292—2007	滚动轴承 角接触球轴承 外形尺寸	
		GB/T 301—2015	滚动轴承 推力球轴承 外形尺寸	
		GB/T 4663—2017	滚动轴承 推力圆柱滚子轴承 外形尺寸	
		GB/T 297—2015	滚动轴承 圆锥滚子轴承 外形尺寸	

3D Source 零件库软件是一个网络化的软件，有大多数的标准件，可以存为 Step 格式的

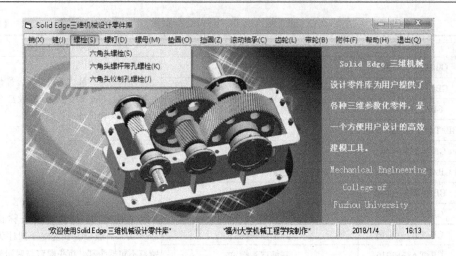

图5-55　福州大学三维机械设计零件库程序界面

文件，在使用的软件中将其转化为所用软件格式即可。图5-56所示为3D Source的六角头螺栓设计界面。

图5-56　3D Source的六角头螺栓设计界面

　　标准的螺母不需要画出零件图，在装配环境表达时，一般也只需要画出外形视图即可。因此与螺栓的画法类似，一般也采用比例画法。一般六角螺母的厚度为0.8倍的螺纹大径。

　　轴承是几个零件组成的组件，也属于标准件，利用软件生成的模型也按一个零件进行对待，在装配图中该零件按简化画法来作图。一半用剖视表达，另一半用通用画法表达，见表5-4。在剖视图中，外圈与内圈的剖面线方向相同，按一个零件来对待。

表 5-4　轴承的特征画法与规定画法

名称和代号	可查得的数据	特征画法	规定画法
深沟球轴承 60000 型	*d* *D* *B*	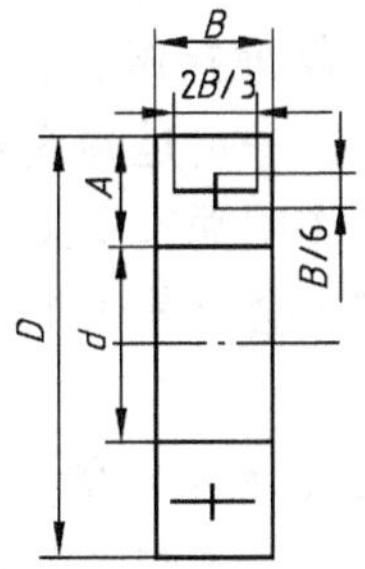	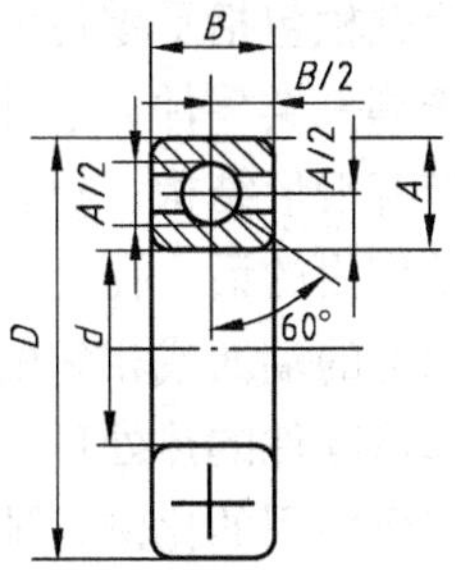
外圈无挡边 圆柱滚子轴承 N0000 型 （内圈有挡边）	*d* *D* *B*		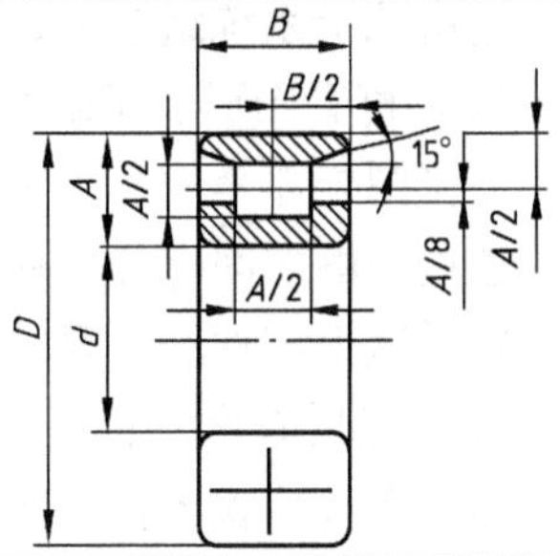
圆锥滚子轴承 30000 型	*d* *D* *T* *B* *C*	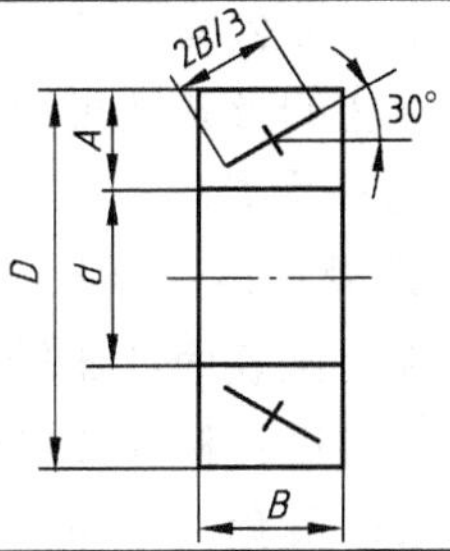	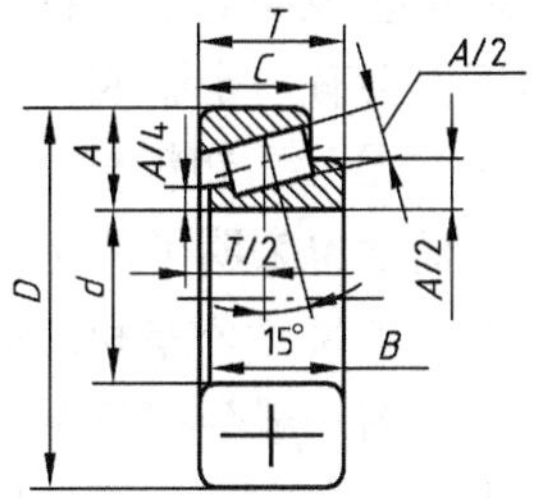
推力球轴承 50000 型	*d* *D* *T*	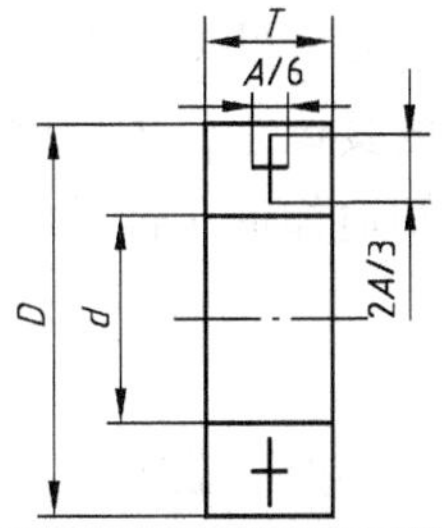	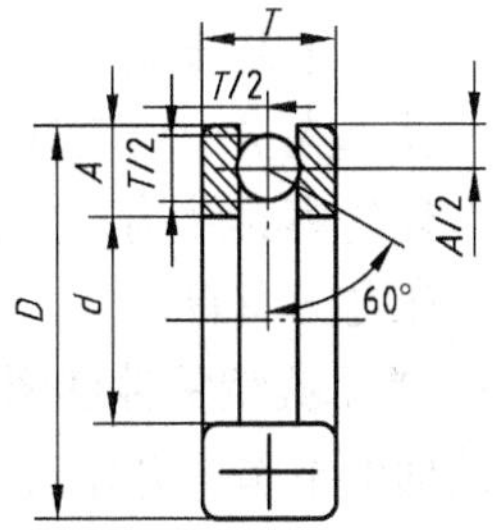

5.11　零件图读图与造型

　　前面已经介绍了零件图的内容、几类典型零件设计与工程图视图选择方法、材料的选用和常见标准件的种类与表达方法等。本节介绍零件图读图与造型方法。

　　在工程设计与表达的各类竞赛中，大多都是许多零件图读图与造型设计，然后根据设计的三维零件模型装配成三维装配模型，进一步生成二维装配工程图、三维爆炸图、三维剖视图等。零件图读图是工程图学的重要方面，属于对图形表达理解的一种重要检验方式。

1. 零件图读图的原则

　　零件图是表达零件结构、尺寸与技术要求的图形，阅读零件图一般按照以下原则来进行。

（1）先看标题栏

标题栏包括了零件的名称、材料、比例和图号等信息。通过零件的名称，可以知道该零件属于哪一类零件，起什么作用。例如：零件名称为传动齿轮，就可以知道该零件起传动作用，带有齿形结构；材料可能是中碳钢或中碳合金钢，也可能是低碳合金钢；肯定有轴孔，起传动作用的话，孔上面应当有键槽或花键槽；左右两侧应当有加工比较好的平面，以便能够与轴上的端面或相邻的其他零件可靠地接触；再看材料，如用了 40Cr，这就是中碳合金钢，那该零件的热处理方案也就有了，一定是调质处理（淬火＋高温回火）；看到比例可以知道图形使用的比例；那图号有什么作用呢？从图号可以看出该零件属于什么系统，一套图样总是由几个系统组成的，一个系统中会有若干个零部件。图号也相当于图样的索引标志。

（2）再看图形、了解结构

一张图样总是由若干个视图或轴测图组成的，首先应当看一看这张图样由几个视图组成，这些视图之间有什么样的对应关系，这些视图都采用了什么样的表达方法。从几个视图大概看看这个零件的主要结构，由几个部分组成，各部分之间的关系。

（3）然后看尺寸、了解大小与作用

通过看尺寸找出长、宽、高三个方向的尺寸基准。通过看尺寸后面的尺寸公差标注，可以知道这些表面的工作特点。标注了尺寸公差，这个表面就一定是比较重要的表面，对该零件的工作会有一定影响。通过尺寸标注的形式还可以知道这个零件的加工特点。

（4）最后看粗糙度、几何公差与技术要求

粗糙度也表明了所标注表面的光滑程度，与尺寸公差和几何公差一样，有一定的关联性。标注了尺寸公差和几何公差，说明该表面就比较重要，粗糙度数值也会比较低。图样中没有表达的一般会在技术要求中用文字进行标注或在标题栏旁用符号附加标注，所以最好要看一下有没有文字或符号标注，如未注圆角或倒角的尺寸、表面的技术处理等。

通过以上几步应该对图样表达的零件结构、尺寸、材料、技术要求就比较清楚了，对于不同的技术人员，也就知道下一步的具体工作了。例如：一个壳体的图样，模具人员知道采用什么样的模具结构；工艺人员也知道如何制造毛坯、如何制订该零件的加工工序、确定采用的机床与刀具等。

2. 常见典型零件读图举例

前面的章节中介绍过常见零件是轴类、盘类、叉架类、箱体类零件。本节仍以这几类零件为例介绍常见零件的读图方法。

例　阅读图 5-57 所示的轴零件图，分析零件结构、尺寸、技术要求，完成它的造型。

图 5-57 所示为轴零件图，从标题栏中可以知道其名称为"轴"，材料是 45 钢，技术要求中提出了表面硬度要求，说明是一根重要的轴。再看零件图的图形，由一个主视图和四个辅助视图组成，左端是键槽，右端是花键，两端还有相同的中心孔（成品不保留），中间有两个环槽。花键可能不是标准花键结构或尺寸，采用了一般的尺寸标注方法。花键齿和普通平键键槽有对称度要求，大部分圆柱面都有圆跳动要求，两端中心孔的轴线是几何公差的基准。主要圆柱面的粗糙度数值是 $0.8\mu m$，要求还是挺高的。

看懂了结构，怎么完成其造型呢？从图形看，从左到右就是三段圆柱及其上面的附属结构，画出 $\phi20mm$、$\phi16mm$、$\phi12mm$ 三个圆，$\phi20mm$ 的圆向左拉伸（171 - 82）mm，

$\phi16$mm 的圆向右拉伸（82－27）mm，$\phi12$mm 的圆向右拉伸 27mm，得到轴的主要结构。左端的键槽可以先画 $\phi20$mm 圆柱的切平面，再画草图，然后拉伸切除。做左侧的底部小平面，方法很多，从主视图表达的结构来看，画出主视图中对应的三条线，前后拉伸切除即可，或从 A—A 断面图给出的下面结构，在主视图 A—A 的平面上的相应位置画一条水平线，拉伸切除圆柱的下面部分也可以。中间的环槽有两个，根据主视图给出的定位与定形尺寸画出对应草图，旋转切除即可，右侧的环槽采用左侧的环槽移动复制得到。右侧的花键可以在该段的右端面画出花键的草图，拉伸切除得到。花键的收尾部分，根据技术要求中给定的刀具半径 R20 画出扫掠的路径线，使用扫掠切除的方法实现。最后添加两端和花键端部的倒角结构。中心孔成品是没有的，可以不进行造型。图 5-58 所示为轴的实体模型。

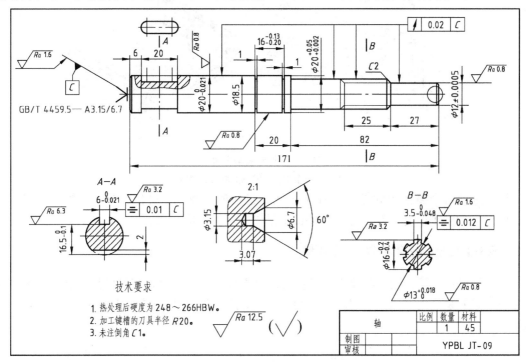

图 5-57 轴零件图

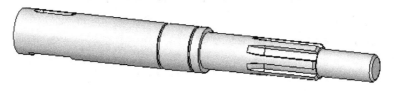

图 5-58 轴的实体模型

盘类零件、叉架类零件和箱体类零件的读图与造型是一样的。要看明白零件名称、材料、比例、结构、尺寸、技术要求和表面作用，还要分析清楚基准面，粗糙度数值低的表面的原因、公差带代号含义以及要求较高的表面的加工方法等。

第6章 钣金零件的设计与表达

钣金零件是由金属板通过弯折、拉压、延伸形成的零件。钣金零件通常具有支承、容纳其他零件的作用，在家具、汽车、电气等行业中广泛应用。家庭中常用的烟囱、铁皮炉、保险柜和防盗门等也都是钣金件。图 6-1 所示为典型钣金零件。

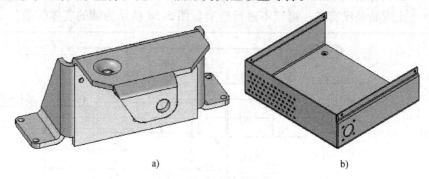

a)   b)

图 6-1 典型钣金零件

a）支架类钣金零件 b）箱体类钣金零件

钣金是针对金属薄板的综合冷加工工艺，包括剪、冲/切/复合、折、焊接、铆接、拼接、成形（如汽车车身）等，显著的特征就是同一零件厚度一致。

6.1 Solid Edge 钣金零件设计环境

与零件设计环境相同，新建文件时使用钣金模板即可进入钣金零件设计环境。与零件设计环境不同的是使用"钣金"选项组代替了"实体"选项组。图 6-2 所示为"钣金"选项组。

图 6-2 "钣金"选项组

6.2 钣金零件造型

钣金造型命令中一类是可展开的钣金造型命令，加工时通过折、弯、剪切来实现，如平板、弯边、折弯、二次折弯、轮廓弯边、卷边命令等；另一类是不可展开的钣金造型命令，加工时通过拉压、延伸等工艺实现，如凹坑、冲压除料、百叶窗、角撑板、加强筋命令等。表 6-1 列出了钣金造型命令与造型方法。

圆角、倒角、螺纹、孔槽与零件造型中的方法基本一样，本章不再赘述。

表 6-1　钣金造型命令与造型方法

命令	按钮	草图与操作	模型与参数
平板		选择命令→选择草图→输入厚度或选择草图区域→箭头进入平板命令	
轮廓弯边		选择命令→选择草图→选择方向→输入参数	
弯边	无	选择模型边→选择箭头进入弯边命令→进入弯边命令后输入弯边长度	
折弯		选择命令→选择草图→选择方向，沿草图位置将板一部分折弯	
二次折弯		选择命令→选择草图→选择方向→输入长度→弯折后多一个边，长度不变	

（续）

命令	按钮	草图与操作	模型与参数
卷边		无草图，选择命令→选择边，命令条上选项可修改参数与结构形式 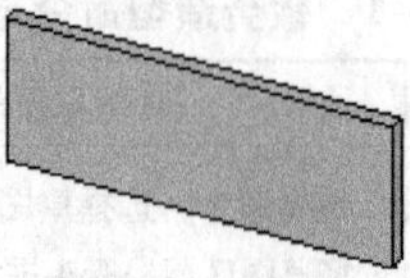	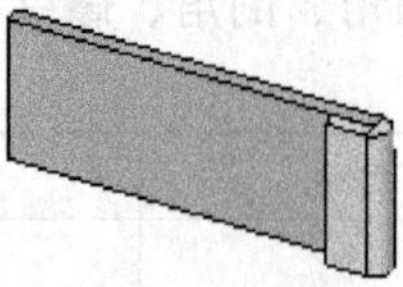
凹坑与冲压除料		选择命令→选择草图→选择方向→输入尺寸（冲压除料无底，操作相同） 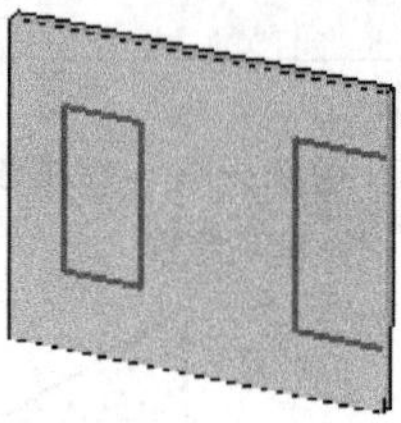	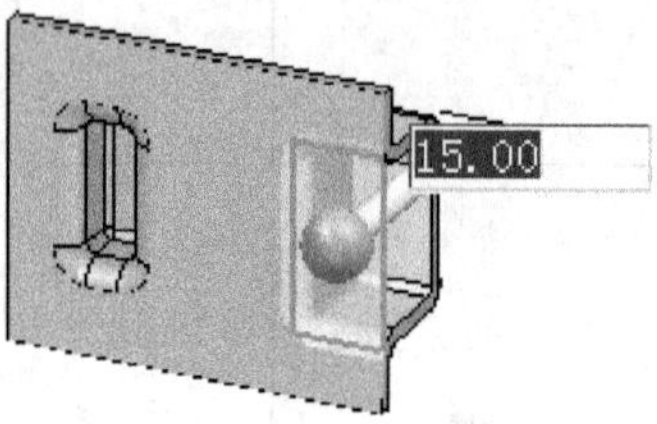 15.00
百叶窗		无草图，从命令条上进入选项对话框，设置百叶窗的长、宽、高，退出对话框，用鼠标放置，按 <N>、<B> 键改变方向	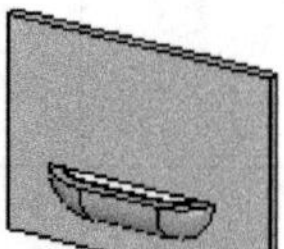
角撑板		无草图，选择命令→选择弯边→命令条上选择"适合"选项，输入个数（命令条上单击"选项"按钮可以设置圆角尺寸）	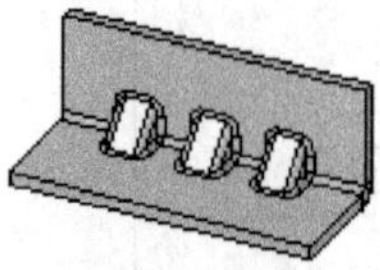
加强筋		选择命令→选择草图→选择方向（命令条上可设置有关结构参数） 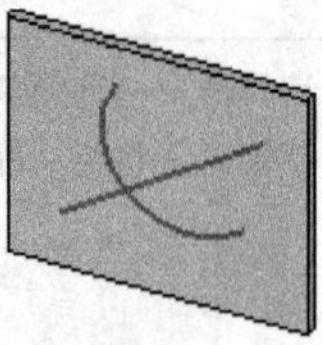	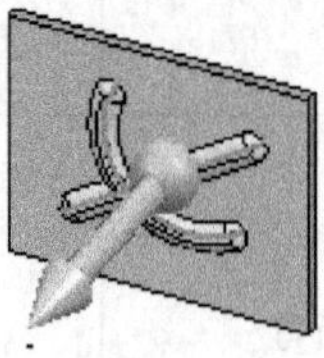

　　如果在现有的模型上生成轮廓弯边，轮廓弯边命令的草图一定和模型的边线相交，轮廓弯边是沿零件边线的造型，可以在命令条上选择"链"选项再选择其他边，构成沿多边轮廓弯边造型，拐角处可以设置封闭模式构成自动封闭的造型结构。

6.3　钣金零件展开

　　在"工具"选项卡中单击"模型"选项组中的"展平"单选按钮，如图 6-3a 所示。

图 6-3b 所示为钣金模型，单击"展开"单选按钮后，选择模型上的一个平面，如顶面，即可展开模型的可展开部分，如图 6-3c 所示。钣金模型与展开模型存盘时一并保存（就是一个文件），生成工程图时根据需要，可以选择钣金模型或展开模型进行投射。

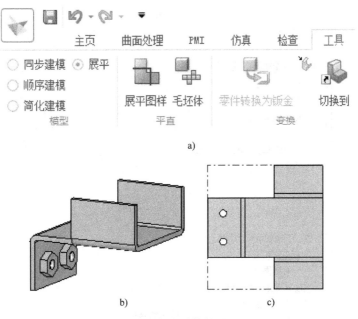

图 6-3　钣金零件的展开

a)"工具"选项卡　b）钣金模型　c）展开模型

钣金零件中的部分结构是不能展开的，如凹坑、角撑板、加强筋等。

6.4　钣金零件表达

钣金零件的投影与一般零件的投影一样，不同的是选文件时需要改变一下文件的类型，钣金零件的扩展名为"psm"。选择零件以后再选择主视图的投射方向，然后选择表达的视图，在图样上选择放置位置即可。图 6-4a 所示为视图向导命令条（部分）。

一般的钣金零件需要视图和展开图进行表达，钣金零件的模型具有设计模型和展开模型数据，投射时选择不同的模型模式投射两次即可，表达零件结构用设计模型，表达展开图使用展开模型投射即可。如图 6-4b 所示，单击对话框中的"设计零件"单选按钮，可以投射成视图和轴测图，单击"展平图样"单选按钮可以生成展开图。

图 6-5 所示为钣金零件的视图与轴测图，对于简单的结构直接用视图、轴测图进行表达即可，对于复杂一些的钣金零件也可以采用局部剖视图、局部放大图等方式进行表达。

钣金零件存在许多圆角，对于具有倾斜结构的零件，标注外形尺寸时，需要将轮廓线延长到交点后再标注尺寸，如图 6-6 所示的尺寸 40。标注方法是使用两点间标注，标注时要选择两轮廓线延长后的交点进行标注，注意标注前打开捕捉设置中的"延伸（点和切线）"按钮。如图 6-7 所示，单击"智能草图"选项组中的"智能草图设置"按钮，在弹出的对话框中单击"延伸（点和切线）"按钮即可。在图 6-6 所示的轴测图中，转折处圆角部分的图线，由于表面相切默认是不显示的，需要时可以通过设置视图属性的方法将该视图的切线显示出来。

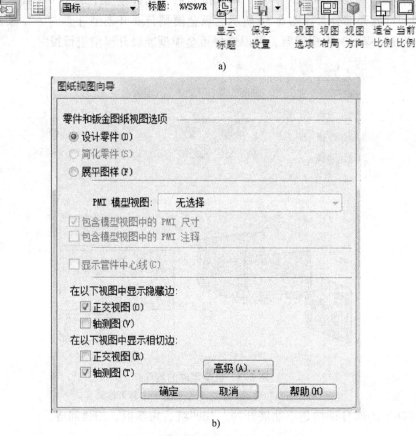

a)

图 6-4　视图向导命令条与对话框

a) 视图向导命令条（部分）　　b) "图纸视图向导"对话框（命令条上单击"视图选项"按钮）

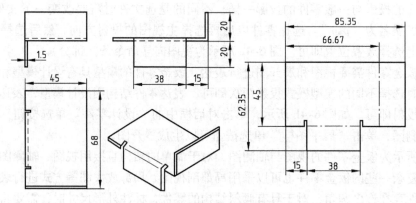

图 6-5　钣金零件的视图、轴测图与展开图

图 6-6 中采用了三个视图和轴测图，板厚是 2mm，长度方向的尺寸基准是中心对称平面，高度方向的尺寸基准是底面，宽度方向的尺寸基准是后面较大的平面。

在图 6-6 中，使用两点方式标注后，并不能将轮廓线延长到轮廓线的交点处，可以使用两种方法来进行处理。一种是使用绘图工具直接在图上进行绘制；另一种是将设计时的草图在视图属性中用细实线的形式显示出来。如果这样的倾斜结构比较多，用显示草图的方法就

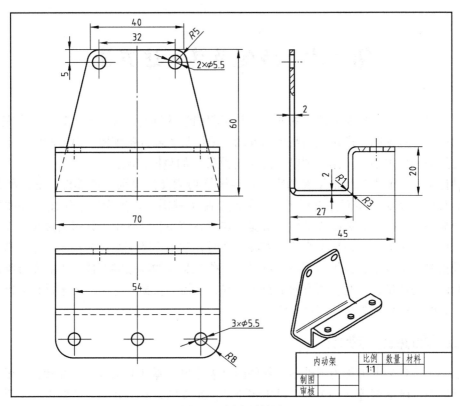

图 6-6　钣金零件图

好一些，如果这样的结构就一处，还是直接画比较简单。

图 6-7　延伸（点和切线）的设置

　　总结与讨论：钣金零件是由金属板通过弯折、拉压、延伸形成的一类特殊零件，采用钣金造型比较方便。设计过程中可以在零件与钣金环境之间进行切换，也可以在同步与顺序设计模式之间进行切换。在零件环境添加的结构是不能展开的结构，钣金环境中通过拉压、延伸得到的结构，如凹坑、加强筋等也是不能展开的结构。钣金零件的工程图与一般零件的工程图一样，可以使用视图、剖视图和轴测图等进行表达。视图中具有倾斜结构时，可以使用切线进行表达，标注尺寸时需要从轮廓线的交点处进行标注。

第7章　装配及其表达方法

装配图是用来表达机器或部件的图样，是工程图学的重要组成部分。表达一台完整机器的装配图称为总装配图，表达机器某个部件的装配图称为部件装配图。总装配图一般只表达各部件之间的相对关系、工作原理以及机器（设备）的整体情况。

在设计中，一般先设计最重要的零件，再围绕功能设计周围的零部件，确定具体的结构，然后对设计完成的零部件进行组装，形成装配工程图；在生产中，先按零件图加工零件，再根据装配图把零件装配成部件或机器；在设备使用和维修中，常需通过装配图来了解机器的结构和连接关系；在技术交流或方案论证时，常采用装配图作为技术交流资料；一些装配不是很复杂的设备，提供给用户的可以是一些包装好的零散零部件，也需要装配图指导用户进行组装与调试；一些使用方面的技术资料，也需要根据装配图的要求进行编制。本章主要介绍装配图的生成方法与阅读方法。

7.1　装配图的概念与类型

表达一个零件的图形称为零件图。零件图是表达单一零件的结构、尺寸和技术要求的图形，包括视图、轴测图等。一个产品是由多个零件组成的，本节介绍表达两件以上零件的图形（装配图）。

7.1.1　装配图概念与作用

装配图是表达整个产品或其中一个部件的工作原理、装配关系、装配方式、重要结构和相关尺寸的图形。

在产品或部件的制造过程中，先根据零件图进行零件加工和检验，再按照装配图将零件装配成产品或部件；在产品或部件的使用、维护及维修过程中，也经常需要通过装配图来了解产品或部件的工作原理及构造。在学习过程中也是通过装配图了解一个设备或部件的工作原理与结构特点，如汽车的减速器、转向架、制动系统等。

7.1.2　装配图的类型

装配图包括二维的装配工程图、三维的装配模型图、三维的装配分解图等。图7-1所示为三维的装配分解图，表明了零件之间的位置关系与装配顺序。用户就可以根据图形对产品进行装配。这样的图形不用表达每个零件具体的结构，只要能够识别就可以了，只用外形图，不用提供更详细的结构与原理图，这样为用户提供了方便，也保护了产品的重要数据。

图7-2所示为三维的装配模型图，是装在一起的数字模型，利用了透明的颜色表达内部结构。图7-3所示为三维的剖切装配模型图，利用剖开的三维模型表达产品的内部结构。

图7-4所示为二维的装配工程图（二维的装配图），包括了三个视图、少量的尺寸、零件编号、标题栏、明细栏与技术要求。对于二维的装配图应当注意以下几个方面。

1）视图表达。主视图尽可能采用工作位置放置，选一个尽可能多地表达工作原理、装配路线的方向作为主视图方向，采用适当的剖切表达内部结构。添加其他视图来表达主视图没有表达的装配路线与装配关系。图7-4所示主视图采用了全剖、左视图采用了半剖、俯视

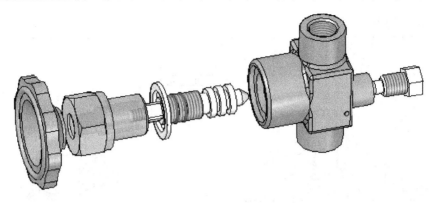

图 7-1　三维的装配分解图

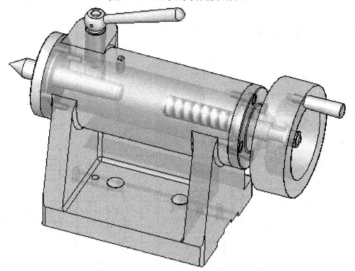

图 7-2　三维的装配模型图

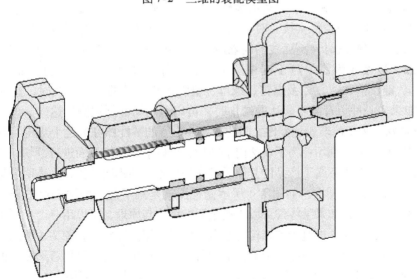

图 7-3　三维的剖切装配模型图

图采用了局部剖切方法。

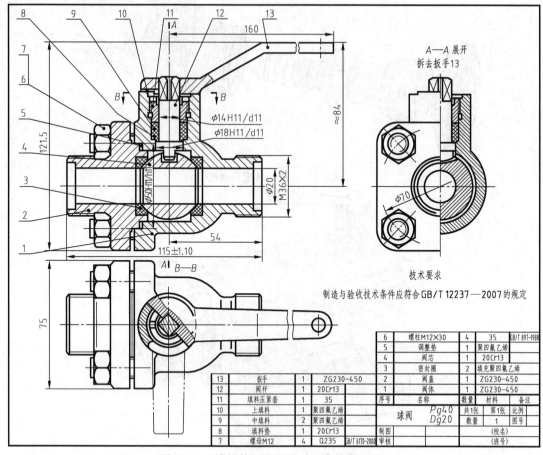

图 7-4　二维的装配工程图（二维的装配图）

2）规定画法。对于接触面：二维的装配图中，相邻零件的接触面只画一条粗实线，对于非接触的表面应画出两条粗实线。对于剖视图中的剖面线：两个相邻零件的剖面线倾斜方向应相反，无法做到相反时，剖面线的间隔应不同，同一零件在各个视图中的剖面线方向和间隔必须一致，以便于看图。对于剖视图中的实心件以及联接件：剖切平面通过实心件（如轴、连杆、键、销和球）以及螺钉、螺母、垫圈等联接件的基本轴线时，这些零件均按不剖绘制。如果实心件上有需要表达的结构时，可以采用局部剖视图表达。

3）特殊画法。为了清晰表达零件之间的关系，二维的装配图在表达上规定了几种特殊的表达方法。沿零件结合面剖切：为了表达内部结构，可以沿零件结合面进行剖切，结合面不画剖面线。假想画法：对于不属于产品的其他设备或一个零件的不同位置，为表明装配方法与原理可以用假想的双点画线画出，如图7-4所示俯视图就是用了假想画法表达了竖直位置的手柄。单独表达一个零件：如果某零件可以表达重要的结构与原理，可以用一个视图单独表达一个零件。拆卸画法：为表达被遮挡的结构与原理，可以采用拆卸画法，图7-4所示左视图就拆去了扳手。展开画法：为表达不在一个平面上的若干内部结构，可以采用若干相交的剖切平面切开装配体，投影展开在一个平面上进行表达，称为展开画法，在视图上方标注"×—×展开"。简化画法：二维的装配图中零件尽量采用简化画法，次要结构可以不画，如倒角、圆角，传动带可用粗实线表示，传动链条可用细点画线表示，密集管路可用点画线表示。

4）尺寸标注。二维的装配图中尺寸标注应当包括配合尺寸（有尺寸公差的尺寸）、总体尺寸（总长、总宽、总高）、安装尺寸（安装孔、凸台、轴径的大小、间距）、相对位置尺寸（重要零件的相对位置、运动范围等）和重要尺寸（与性能有关的重要尺寸等）。

5）技术要求。同零件图一样，无法用图形或不便用图形表达的内容需要用技术要求加以说明，如有关零件或部件在装配、安装、检验、调试以及正常工作中应当达到的技术要求，常用符号或文字进行说明。

6）编号与明细栏。二维的装配图中每一个部件、零件和标准件均应进行编号，按照编号在标题栏的上方画出零部件的明细栏，说明每一个零部件的序号、名称、材料和数量等。这是装配图与零件图不同的显著特征。

编号的要求：同一类零件只用一个编号，仅编号一次，应按照顺序编号，以便查找。在剖视图中指引线不应与剖面线平行。编号的指引线一般不应弯折，必要时可以弯折一次。一般应按照图 7-4 所示编号的方式，按顺时针或逆时针进行编号。编号的指引线尽量指向零件视图的轮廓线内部，端部为原点。零件很小、很薄也可以指向零件视图的轮廓，指引线端部为箭头。对于成套的组件也可以使用公共指引线，如图 7-5 所示。

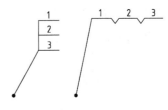

图 7-5　公共指引线

7.2　三维装配环境

Solid Edge 装配环境中，可以单击 Solid Edge 左上角的"应用程序"按钮　，在弹出的下拉菜单中选择"新建"选项，再选择装配模板（GB Metric Assembly）即可建立一个空白的装配文档。Solid Edge 装配文档的扩展名是"asm"。

图 7-6 所示为 Solid Edge 的装配环境界面，设计屏幕都是横向的，由于排版的关系，选择了简化的界面图形，功能区的选项组都处于压缩状态，实际上设计时大部分都是打开的状态，大部分可以直接使用。图 7-6 所示最上面一行是"应用程序"按钮、快速访问工具栏和标题栏。快速访问工具栏中是一些常用的工具，默认只有存盘、撤销与重做三个命令。标题栏包含了版本号、设计环境名称与当前文档的文件名。图 7-6 中打开的当前文档是"A0. asm"装配文档。标题栏的下面是功能区，包含了文字形式的选项卡（如主页、特征等）与下面对应的选项组（如剪贴板、选择、草图等）。

"主页"选项卡下的命令用得最多，如图 7-6 所示。其中的剪贴板、选择、草图与零件环境类似。"装配"选项组中主要是给装配体插入新零件、建立新零件、添加零件间几何关系的命令。"修改"选项组中主要是移动、复制、替换零件的命令。"电动机"选项组是指定主动件和运动参数，模拟运动。"面相关"选项组与零件中相同，主要是设置零件上或不同零件上表面之间的几何关系。"阵列""方向"和"样式"选项组与零件环境相同。

"特征"选项卡中的选项组主要是在装配体上建立零件特征，如两个相邻的零件具有相同尺寸的孔，就可以在装配以后再完成该孔的造型。

"PMI"选项卡中主要是尺寸标注、剖面等命令，与零件环境基本相同。"检查"选项卡中主要是模型尺寸测量、物理属性设置与计算、干涉检查等命令。

"工具"选项卡中用得比较多的是"环境"选项组，这是管路、线束、框架、渲染、爆炸图和动画设计环境的入口。该选项组也是工程参考、力学分析计算和数控加工工具的入口。

　　功能区下面是打开的文件列表，可选择已经打开的文件。图 7-6 中已经打开两个文件，"A0. dft" 是工程图文件，"A0. asm" 是装配文件。界面中间是装配设计区，放置正在设计的三维模型。界面左端是资源查找器可看到已经装配的零件，选择零件，下面是与该零件有关的装配关系。同时在模型上将高亮显示选中的零件，在命令条位置出现移动零件命令条，在零件附近出现操控命令条，其有两个命令，一个是添加装配关系，另一个是编辑零件。界面底部有提示条以及命令查找与显示控制工具，右下角还有显示控制立方用来控制模型的显示。

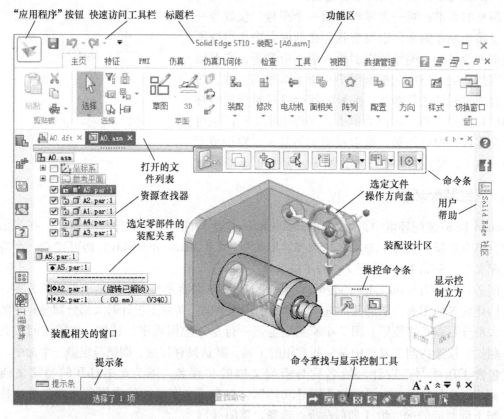

图 7-6　Solid Edge 的装配环境界面

7.3　三维装配关系与装配方法

　　对于二维的草图来说，图线之间存在若干几何关系（如共线、同心、平行和相等等）；对于三维的零件模型来说，表面之间存在一定的几何关系（如平行、共面、同轴和垂直等）。本节介绍三维装配中，零件中间的表面添加装配关系的方法。

7.3.1　快速装配

　　快速装配是指装配时根据选定的两个零件的表面，自动选择装配关系的一种装配方式。快速装配一般常用于两个平面、两个柱面、柱面与锥面等表面或线的装配关系。

1. 快速装配生成平面间的装配关系

如图 7-7 所示，将鼠标指针放在屏幕左侧的零件库或单击屏幕左端的"零件库"按钮，打开零件库窗口，找到零件所在的文件夹，将要装配的零件拖动到装配环境中。

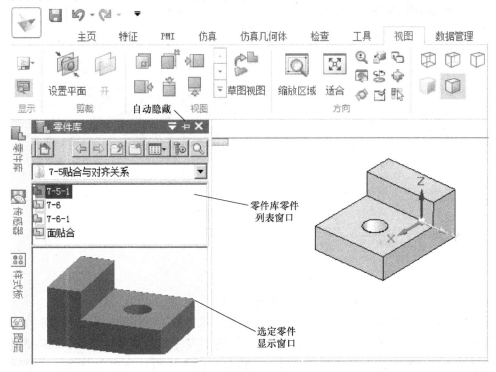

图 7-7　零件库窗口

对于第一个装配的零件来说，零件自身设计时的坐标系原点与方向和装配环境的坐标系原点与方向重合，第一个装配的零件具有固定装配关系。如果第一个零件不想使用固定装配关系，可以在屏幕左侧的资源查找器中选中第一个零件，在屏幕左下角的装配关系中，右击固定装配关系，在弹出的快捷菜单中选择"删除关系"即可，如图 7-8 所示。

选择已装配零件时，在选中零件的附近会出现操控命令条，命令条中有两个按钮，左侧的按钮是"添加装配关系"按钮，可以继续为该零件添加新的装配关系；右侧的按钮是"编辑零件"按钮，用来编辑该零件的结构，使零件结构符合使用的要求。

将待装配的第二个零件从零件库拖动到装配环境时，该零件呈半透明的状态，表明它是待装配（定位）的零件，同时显示装配的命令条，默认选择快速装配的装配方式，按钮，如图 7-9 所示。

如果不想使用快速装配，需要单击命令条上的按钮，将弹出下拉装配关系列表框，从中选择需要的装配关系，再进行相应的操作。图 7-9 所示为快速装配的命令条。选择图 7-10a 所示零件 I 的 A 面，再选择已装配的零件 II 的 B 面，将显示图 7-10b 所示的图形。此时两个零件的 A、B 平面呈现同向对齐的关系，称为面对齐关系。装配关系的按钮是，左侧的两个箭头好像并排站立面向同一个方向的两个人，因此称为面对齐关系；右侧是一个实心方块，表明是实心立体上平面之间的关系。

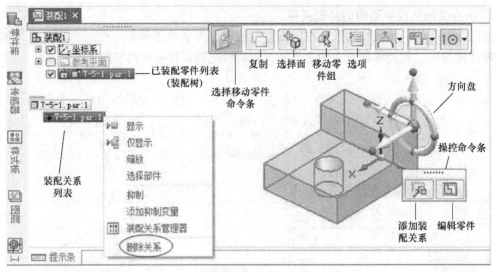

图 7-8 删除选择零件的装配关系

快速
装配

图 7-9 快速装配的命令条

　　选择两个模型两面进行快速装配时，装配结果将选择最接近当前两模型位置的结果，位置尽量做较小的变动。图 7-10a 所示 A 平面直接下降到 B 平面的高度，变成了同向的重合平面。如果默认的装配方式不是想要的结果，可以单击图 7-9 所示命令条右侧的"翻转"按钮，待装配零件的 A 表面将翻转 180°，变成与 B 平面共面的位置，如图 7-10c 所示。装配关系按钮将变成 ▶◀，该按钮是两个小三角都指向中间的竖线，表明是面对面站立在一起的关系，因此也称为面贴合关系。

　　继续对待装配零件进行快速装配，如图 7-10d 所示，选择零件 I 上的 C 面，再选择零件 II 上的 D 面，C、D 两面将变成共面的关系，如图 7-10e 所示，此时屏幕左下角装配关系列表中将增加一个装配关系。同样的方法选择图 7-10f 所示两个零件上的 E、F 表面将得到图 7-10g 所示的结果。

　　在快速装配过程中，待装配零件始终是半透明的状态，说明该零件仍是可以活动的零件，已经添加的装配关系还不能完全限制该零件的运动，可以继续添加其他的装配关系进一步限制待装配零件的运动自由度（无限制时，有沿 X、Y、Z 三个方向移动自由度和绕三个轴转动自由度）。一个面贴合或面对齐命令可以限制几个自由度呢？贴合或对齐起码两个面束缚在一起了，不能分离，限制了垂直于该面方向的移动自由度；两个平面贴合或对齐，也没有了绕该面内轴线转动的自由度，限制了两个转动自由度，剩下的就是在面内的两个移动自由度和垂直于该面方向的转动自由度。如果添加了装配关系以后，就希望零件是活动的，用右击结束装配即可。

　　怎么检验一个零件装配后是否满足运动的要求呢？在"主页"选项卡中单击"修改"选项组中的"拖动零件"按钮 ，在弹出的对话框中单击"确定"按钮，选用默认的选项。单击并拖动零件即可看到该零件是否能够移动或转动。图 7-11a 所示为拖动零件命令条。默

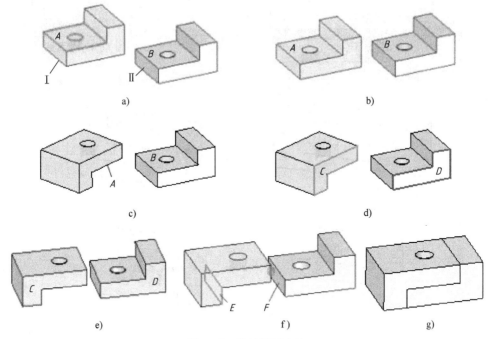

图 7-10　快速装配方法

a）快速装配选择 *A*、*B* 两面　b）快速装配选择 *A*、*B* 两面的结果　c）选择命令条上的"翻转"按钮

d）选择两个立体上的 *C*、*D* 两面　e）选择 *C*、*D* 两面的结果　f）选择 *E*、*F* 两面　g）选择 *E*、*F* 两面结果

认拖动零件过程中不分析零件之间的碰撞等情况。

图 7-11b 所示为添加 *A*、*B* 面贴合，*C*、*D* 面对齐的装配模型，该零件有几个方向的自由度呢？只有左右移动的自由度。单击"拖动零件"按钮，再单击将左边的零件向右拖动，可以看到该零件是可以左右移动的。移动过多时，将出现图 7-11d 所示的情况，两个零件发生了干涉，这是不可能发生的情况，此时为命令条上选择"不分析"的图形。图 7-11e 所示为命令条上选择"检测碰撞"时的图形，用红色显示干涉的部位。

在拖动零件命令条中，有一个"选项"按钮，单击该按钮弹出"分析选项"对话框，如图 7-12 所示，可以设置发生碰撞时停止移动或发生碰撞时发出声音报警。在拖动零件命令条上还有"移动""转动"和"自由"三个按钮。选择移动时只能移动零件，命令条上将增加距离编辑框，可以输入移动的准确距离；选择转动时只能转动零件，命令条上将增加角度编辑框，可以输入转动的角度，逆时针角度值为正，顺时针角度值为负。输入数值以后可以按〈Enter〉键移动或转动相同的角度，每按一次〈Enter〉键，零件进行相同的位移。选择自由时可以移动或转动零件。

注意：只有运动的零件才能使用相关命令移动或转动零件，具有固定关系的零件或完全被装配关系约束的零件是不能使用相关命令运动的。

2. 装配关系的编辑

装配关系建立以后，可以对其中的参数或定义进行编辑。对于平面之间的面贴合与面对齐关系，可以修改成平行关系。图 7-13a 中上方为选择需修改装配关系时的图形，下方为选择需修改装配关系时显示的相应装配关系的参数，默认间隙值为 0。图 7-13b 所示为将间隙值修改为 5mm 时的图形，左侧的零件向上移动了 5mm。图 7-13c 所示为将间隙值修改为

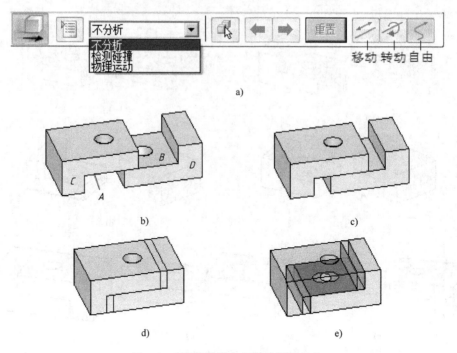

图 7-11　拖动零件命令条与操作方法

a）拖动零件命令条　b）添加 A、B 面贴合，C、D 面对齐的装配模型

c）向右移动左侧零件　d）命令条上选择"不分析"时的图形　e）命令条上选择"检测碰撞"时的图形

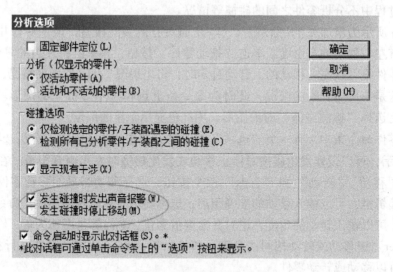

图 7-12　"分析选项"对话框

−5mm 时的图形，左侧的零件向下动了 5mm。

在建立面贴合与面对齐关系时也可以直接将两面重合后的间隙值改为需要的数值，无须建立后再去特意地进行修改。

3. 快速装配生成同轴关系

快速装配同样适用于回转体之间的装配，一般快速装配方法用于两个回转体同轴装配是非常方便的。使用快速装配方法，直接选择两个圆柱面或一个圆柱面和一个圆锥面，可以使

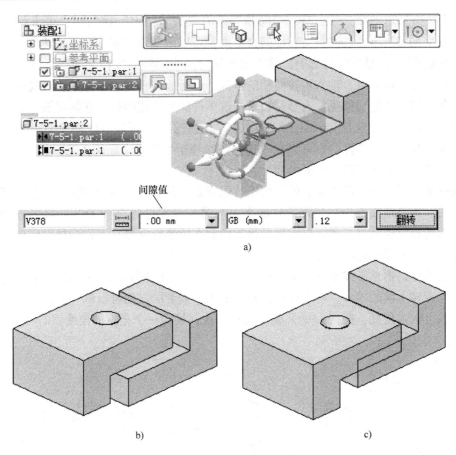

图 7-13 装配关系参数值的修改

a) 两面贴合的状态，界面底部的间隙值为 0   b) 将间隙值修改为 5mm 时的图形   c) 将间隙值修改为 -5mm 时的图形

两个回转体的轴线重合，如图 7-14 所示。如果装配的方向不符合要求，单击命令条上的"翻转"按钮即可，如图 7-14a 所示。

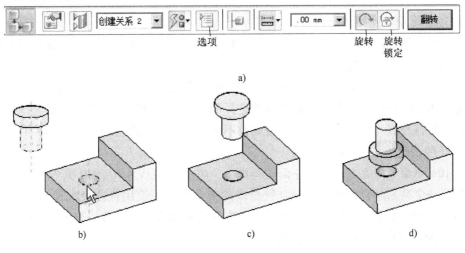

图 7-14 快速装配方法用于同轴装配

a) 快速装配方法用于同轴的命令条   b) 直接选择两零件的柱面   c) 同轴后的模型   d) 改变待装配零件的轴线方向

在图 7-14a 所示的命令条上有一个同轴关系的"旋转锁定"按钮⚙，单击该按钮同轴装配后，两个同轴的零件之间没有转动的自由度，可以限制两个零件之间的转动。另一个按钮是旋转按钮↻，这是默认的选项，单击该按钮时两个同轴的零件之间是可以转动的，此时可以使用拖动零件命令，动态旋转同轴的零件，以检验转动时该零件是否与其他零件发生干涉。发生碰撞干涉怎么办呢？自然是需要修改零件的尺寸或结构。在装配图中编辑零件时选择该零件，在操控命令条上单击"编辑零件"按钮🔲，即可在装配环境编辑零件结构或尺寸。对于同步设计的零件，也可以在"选择"选项组中选择"面优先"，可以在装配图中选择零件的表面，直接修改零件的尺寸。

在快速装配过程中，可以连续使用快速装配方式，继续添加其他的装配关系。施加了同轴关系以后，可以继续施加待装配零件的平面与第二个零件的贴合关系，如图 7-15 所示。不可见表面选择时稍微难一些，可以将鼠标指针放在所选位置停一下，当显示鼠标时，使用鼠标右键在提供的可能选项中进行选择。添加第二个装配关系后的结果，如图 7-15b 所示。选择上面的零件，再单击按钮🔲，画一个矩形草图，拉伸切除形成一个槽，这样使用拖动零件命令，旋转上面的零件，可以看到旋转的效果，读者朋友们可以试一下；试的时候，可以在命令条上输入角度，按〈Enter〉键，每按一次，旋转一个指定的角度。

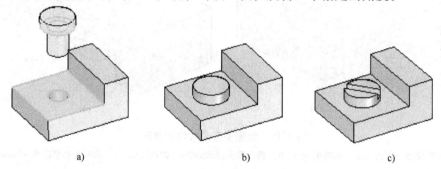

图 7-15　连续使用快速装配添加装配关系及零件编辑
a）选择两面　b）面贴合　c）编辑零件、拖动旋转

4. 快速装配用于连接装配关系

前面已经介绍了面贴合、面对齐、同轴三种装配关系，下面介绍的第四种装配关系，也可以通过快速装配方法来完成。

连接关系一般是指两个立体上的点、线之间的装配关系，一般情况下点、线的选择比较难，毕竟立体上的点与线太多了，因此能够选择面时尽量选择面进行装配。要选择点、线用于装配，需要打开点与线的选择选项，否则也不能选择点与线进行装配，如图 7-16a 所示。

（1）连接装配关系——线的重合

图 7-16a 中希望将立方体放到左侧的斜面上，并且使直线 *AB* 与 *CD* 重合。这需要两个装配关系，一个是面贴合关系，另一个就是线的重合关系。使用快速装配使直线 *AB* 与 *CD* 重合，如图 7-16b 所示。使用面贴合关系使立方体的底面与斜面贴合，如图 7-16c 所示。

（2）装配过程中零件的移动与复制

假如现在希望图 7-16c 中立方体的 *AB* 边中点与另一个立体斜面的底边中点重合，该怎么进行操作呢？估计大多数的读者朋友们都会想到使立方体底边中点与另一个立体斜面底边中点重合，想法是没有问题的。但是选择立方体 *AB* 中点后，第二个立体不能选择边的中点，仅支持顶点。那么办呢？可以使用移动立方体的方法，选择立方体，将方向盘的中心放在 *AB* 边的中点，选择移动方向为 *AB* 边方向，再选择斜面的中点即可，如图 7-17 所示。

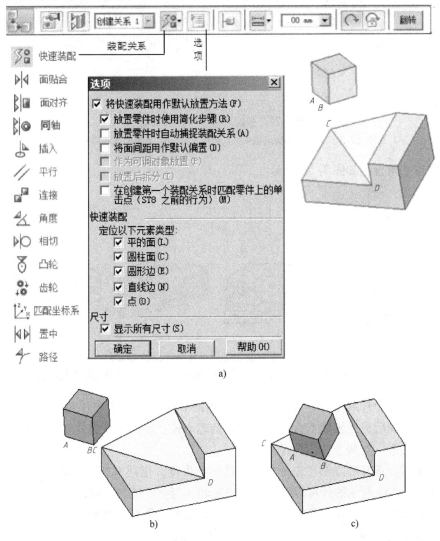

a）"选项"对话框　b）连接装配→线的重合（可绕重合线转动）　c）面贴合（可在面内沿指定线移动）

图 7-16　线的重合

在装配环境中，零件的复制与零件设计环境是一样的，选择零件，将方向盘移动到合理定位点上（同时使方向盘主轴线或副轴线与移动方向一致），按〈Ctrl〉键再选择移动方向，输入移动距离即可复制零件。

对于复制的零件，在不矛盾的情况下，将添加与原零件相同的装配关系，如果产生矛盾，系统将提示抑制或删除矛盾的装配关系，如原来有同轴关系，而复制的位置上就没有孔，那同轴关系就不能成立，复制的零件上的同轴关系就应当抑制或删除。

（3）连接装配关系——球心重合（连接关系![icon]）

球面的装配同样可以使用快速装配方法，先选择第一个球面，再选择第二个球面即可使

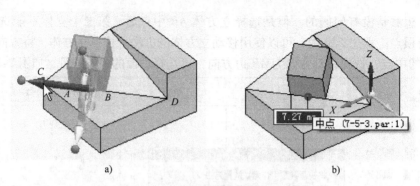

图 7-17　装配环境中零件的移动

a) 选择立方体，方向盘移到底边中点，选择方向　b) 选择斜面底边 *CD* 的中点

两个球面的球心重合，如图 7-18 所示。

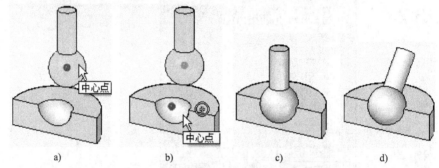

图 7-18　快速装配方法用于两个球面的心重合

a) 选择杆的球面　b) 选择座的球面　c) 球心重合的结果　d) 用拖动零件工具旋转

　　装配后选择图中杆或座体，可以看到左下角的装配关系列表中添加了一个连接装配关系🔳。与同轴装配后只是轴线重合一样，球面的球心连接装配关系建立以后，只是球面的球心添加了装配关系，与两个球面的尺寸无关。

　　两个球面球心重合后限制了三个方向的移动自由度，但还有绕三个轴线转动的自由度，实际上现在图 7-18c 所示的杆可以绕球心自由旋转，当然不能与下面的座体产生干涉。可以通过拖动零件命令，命令条上选择自由运动方式，拖动一下杆，观察一下运动的情况。

　　(4) 连接装配关系——点的重合关系（连接关系🔳）

　　球面的球心重合关系其实也是点的重合关系，只是选择时直接选择球面即可。采用快速装配方法时，如果选择的第一个立体上的图素为点（顶点或中点），选择第二个立体上的图素也一定是点（可以是顶点、球心等）。

　　总结：快速装配可完成面贴合、面对齐、同轴与连接装配关系，使用非常方便。前面三种操作时可以通过命令条上的"翻转"按钮改变面或回转体轴线的方向。通过改变面贴合或面对齐关系的参数，可以建立两面之间的平行关系。连接关系为立体上点与点或线与线的重合关系。通过添加点与点、线与线的装配关系可以更方便地定位需要装配的零件；零件的位置还可以通过移动零件来实现，也可通过移动复制方式，在装配中添加相同的零件。

7.3.2　在命令条选择装配关系进行装配

　　前面已经介绍了使用默认的快速装配方法实现面对齐、面贴合、同轴、球面同心、线重合、点重合的装配关系。可以根据选择的图素来自动选择装配关系，操作非常方便。但是还有许多装配关系是不能用快速装配来完成的，如锥面的贴合，使用快速装配时，选择锥面，只能使其同轴，不能使两锥面贴合，因此需要选择确定的装配关系来进行装配。一般零件拖动到装配环境后尽量先使用快速装配完成大多数的装配关系，再使用在命令条选择指定装配关系的方法来完成其他的装配关系，命令条上支持所有的装配关系，如图 7-16a 所示。

面贴合、面对齐、同轴等装配关系采用命令条指定装配关系进行装配时，与使用快速装配方法基本相同，在命令条上也可以"翻转"操作。下面介绍的装配关系均需在命令条先选择装配关系，再进行相应的操作。

1. 角度关系

角度关系需要单击命令条上"角度"按钮。如图 7-19 所示，命令条单击"角度"按钮以后，在命令条输入角度，依次选择两个零件上的平面 1、2、3，即可设置面 1 与面 2 之间的夹角，面 3 是测量夹角所用的平面。

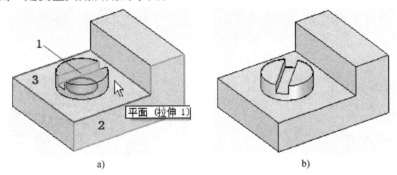

图 7-19 角度关系

a）命令条输入角度，依次选择平面 1、2、3 b）施加角度关系结果

如果上述操作以后角度不符合想要的方向，可以选择该零件，再选择对应的角度关系，在屏幕底部的角度编辑栏中输入要求的角度即可（如 45°可以改成 135°）。

在上面的角度装配关系中，也可以选择两条直线间的角度来定位两个零部件之间的角度关系。

2. 插入关系

插入关系是一种同轴与面贴合组合的装配关系，装配以后按照两种装配关系进行记录。同轴与面贴合的顺序没有先后之分，哪一种先进行都可以。它适用于螺钉、螺母等既要求同轴又要求面贴合的装配情况。图 7-19b 就可以采用这种装配的方式进行装配。

3. 连接关系——锥面贴合

使用快速装配可完成线、点、球心之间的连接关系，不能实现锥面贴合装配。锥面贴合装配可在命令条先单击"连接"按钮，再选择两个锥面进行装配，如图 7-20 所示。

添加锥面贴合的关系时，选择的面一定是两个锥面，选择对象较小时可以放大以后再进行选择。如果两个锥面的顶角不相等能够选择连接关系吗？可以的，两个锥面的连接关系只是锥顶的重合关系，两个锥面的顶角相等自然就是锥面的贴合装配，两个锥面的顶角不相等自然就只是锥顶的重合装配。

4. 平行关系

平行关系一般是两条直线（轴线）或两个平面之间的平行关系。前面介绍过使用快速装配方式，先设置面贴合或面对齐再改成平行关系的操作方法。

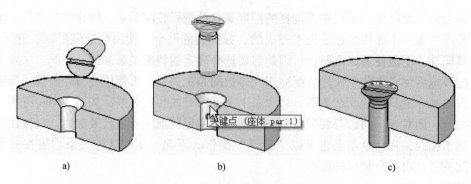

图 7-20 锥面贴合装配的操作方法

a）待装配状态 b）同轴、选择连接命令及两面 c）锥面贴合结果

图 7-21 所示为添加两个圆柱轴线之间的平行关系，装配时在命令条单击"平行"按钮 //，再选择两个柱面即可。

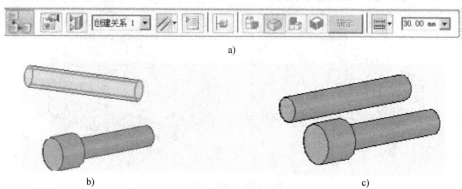

图 7-21 添加两个圆柱轴线之间的平行关系

a）选择平行关系时的命令条 b）等待装配状态 c）添加平行关系状态

平行关系同样适用于两条直线间的平行关系设置。

5. 相切关系

相切关系可以用于两个曲面之间的装配关系或平面与曲面之间的相互关系，如圆柱与圆柱之间、圆锥与圆锥之间、平面与圆柱之间、球面与平面之间等。在零件设计环境中，一个零件的两部分之间不能以线、点相连，因为两者之间没有强度，是不可能连接在一起的，但是对于两个零件就没有问题。一个圆柱躺着放在桌面上或一个球放在桌面上都是相切的关系。

如图 7-22a 所示，为添加螺钉的圆柱面与平板的相切关系，在命令条单击"相切"按钮 ，再选择两个零件的表面，图 7-22b 所示为添加相切关系的结果。如图 7-22c 所示，球面放置在平面上的图形，施加球面与平面相切关系即可。如图 7-22d 所示，两个圆柱面在一般位置接触的图形，施加两个圆柱面相切关系即可。如图 7-22e 所示，沉头螺钉圆锥面的头部与圆锥沉孔的装配图形，施加同轴关系以后再施加两个锥面的相切关系即可，因此锥面的贴合使用连接关系或相切关系都是可以的。

6. 凸轮装配关系

凸轮是具有曲面轮廓或槽形的零件，有盘形、圆柱形等，工作时通过曲面的轮廓控制相邻零件的运动状态。Solid Edge 的装配环境提供了凸轮装配关系，可以通过施加凸轮装配关系使两个零件之间的运动具有凸轮运动的效果。

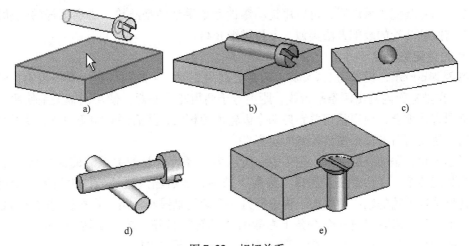

图 7-22　相切关系

a）选择相切关系、选择柱面与平面　b）添加相切关系的结果　c）添加球面与平面相切关系

d）柱面的相切关系　e）用相切使锥面与锥面贴合

图 7-23a 所示为选择凸轮装配关系时的装配命令条，后面选择目标的默认选项是"面链"（连续相切的曲面）。选择待装配零件的球面时，注意不要选择球心，显示球心时不要单击，可以稍停一下，等出现鼠标右键符号时再右击，并在弹出的快捷菜单中选择"球"选项即可，结果如图 7-23b、c 所示。

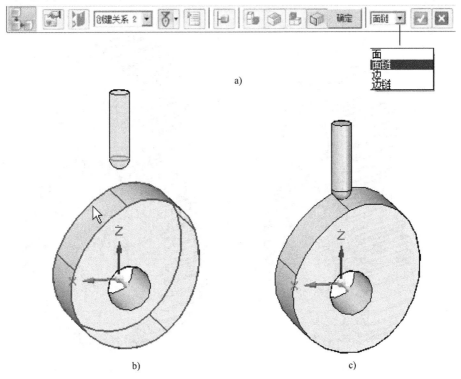

图 7-23　凸轮装配关系

a）选择凸轮装配关系时的装配命令条　b）待装配零件　c）凸轮装配关系结果

设置了凸轮装配关系以后，可以用拖动零件命令手动转动凸轮，观察顶杆的运动情况。端面凸轮与圆柱凸轮的装配方法类似，不再详细介绍。

7. 齿轮装配关系

如图 7-24b 所示，模数为 1.25mm、齿数分别为 22 和 34 的两个直齿圆柱齿轮，中心距为 70mm。在坐标面内画出两条平行线，距离等于两齿轮中心距，使用同轴关系使两个齿轮轴线与草图直线重合，使用相切关系使两个齿轮齿面相切，然后删除相切关系，使两个齿轮可以转动。使用面对齐关系使齿轮侧面对齐。

选择小齿轮，添加装配关系，图 7-24a 所示为选择齿轮装配关系时的命令条（部分）。选择齿轮装配关系，在命令条上选择"齿数"选项，然后输入选择的齿轮和另一个齿轮的齿数；选择选定齿轮的轴线圆柱面，再选择另一个齿轮轴线圆柱面，观察旋转的方向是否满足要求，不满足要求可以选择命令条上右侧的"翻转"按钮，改变旋转的方向；最后单击命令条上的"确定"按钮完成齿轮装配关系的添加，如图 7-24c 所示。

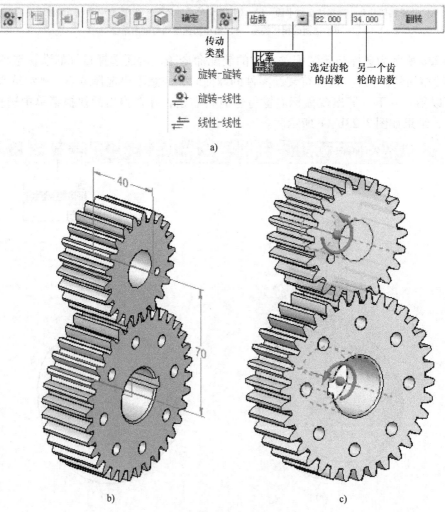

图 7-24 齿轮装配关系

a）选择齿轮装配关系时的命令条（部分） b）使用同轴、面对齐、相切进行装配 c）选择齿轮旋转方向、输入齿数

选择哪个齿轮添加装配关系都是一样的，齿数都是指选定齿轮和另一个齿轮的齿数，不能输入错了。也可以选择传动比（比率），肯定是小齿轮的数值大，大齿轮的数值小，小齿轮为 1 的话，另一个齿轮（大齿轮）就是 $z_小/z_大$。由于齿轮关系定义的是两个零件之间的运动关系，两个零件甚至都可以不接触，也可能没有齿，此时用传动比就可以了。例如：带传动，就可以用齿轮关系定义两个带轮之间的运动关系。

在传动类型的下拉列表框中，还有"旋转 – 线性"与"线性 – 线性"两个选项。"旋转 – 线性"选项用于定义一个零件是旋转运动，另外一个零件是直线运动的装配情况，如滑轮与绳索、齿轮与齿条（图 7-25）等。"线性 – 线性"选项用于两个零件的运动都是直线运动的情况，两者之间的速度可以相同也可以不相同。

图 7-25　"旋转 – 线性"齿轮装配关系

8. 路径装配关系

路径装配关系可以指定一个零件沿着另一个零件上的草图的轨迹运动。如图 7-26 所示，小零件可以在大零件的槽内沿着槽的方向运动。即使没有槽，零件也可以沿着划定的草图轨迹线运动。

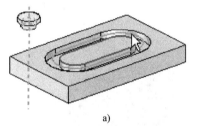 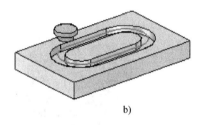

a)　　　　　　　　　　　　　　　　b)

图 7-26　路径装配关系

a）选择轴线与草图、右击确认　b）添加路径装配关系

路径装配关系是可以改变零件位置的装配关系。选择路径装配关系以后，先选择图 7-26a 所示小零件的轴线，再选择大零件上的草图，右击确认，此时小零件的轴线将移动到草图的位置上，如图 7-26b 所示，用拖动零件命令拖动小零件可以观察到小零件沿草图轨迹的运动。

9. 置中装配关系

置中装配关系是用于将某零件置于装配中两个选定元素的正中间，也就是居中放置。图 7-27 所示为置中关系的命令条。

图 7-27　置中关系的命令条

为了装配方便，很多情况下需要显示出待装配零件的参考平面，可以右击某零件，在快捷菜单中选择"显示/隐藏部件"选项（图 7-28），在弹出的对话框中单击"参考平面"后面的"关"复选框即可。草图、回转面轴线（参考轴）、中心线等也可以用相同的方法显

示，装配完成以后这些图形对象还用相同的方法隐藏。

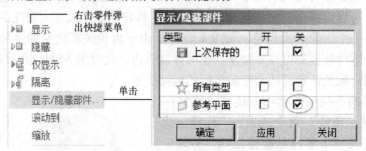

图 7-28　显示零件的参考平面或其他图素

　　置中装配时，待装配零件与已有零件的对象选择可以为"单一"或"双面"，两者不能都是"单一"。选择"双面"时，两面可以是平行面，也可以是成一定角度的平面。图 7-29a、b 所示为待装配零件选择"单一"、已有零件选择"双面"时的装配情况。图 7-29c 所示为待装配零件选择"双面"，已有零件选择"单一"的情况。图 7-29d 所示为两个零件都选择"双面"的情况，图 7-28e 所示为置中装配关系的结果，再加同轴关系就可以完成装配。

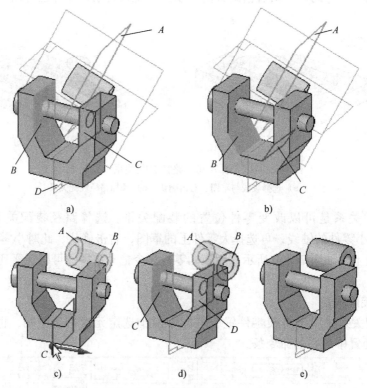

图 7-29　置中装配关系

a）待装配零件选择"单一"，已有零件选择"双面"　b）已有零件的双面可以是倾斜面　c）待装配零件选择"双面"，已有零件选择"单一"的情况　d）两个零件都选择"双面"的情况　e）装配结果

7.3.3　使用装配命令进行装配

　　上一节介绍了将零件库中的零件拖动到装配环境进行装配的方法，可以使用命令条上的快速装配或指定的装配关系进行装配。本节介绍从功能区选择装配命令进行装配的方法。

图 7-30 所示为装配环境"主页"选
项卡中的"装配"选项组,包括了装配
命令与装配关系命令。装配命令有三个主
要命令,包括了插入部件命令、原位创建
零件命令和装配命令。其中原位创建零件
命令是一个命令组,还包括了系统库和紧
固件系统。后者本书不做过多介绍。

图 7-30 装配环境"主页"选项卡
中的"装配"选项组

插入部件命令的操作,与打开零件库将零件拖动到装配环境,再选择装配关系的装配
方法是一样的。即使左侧没有零件库的窗口选项也能临时调出零件库窗口,用来选择零件。
原位创建零件命令是在装配环境中设计新零件的一种重要方法。装配命令不能插入新
的零件,可以将装配环境中已有的零件添加新的装配关系,使用该命令时默认使用快速装配
方法,根据选择的两个零件的图素情况自动选择装配关系,也可以在命令条上选择指定的装
配关系进行装配。下面着重介绍一下原位创建零件命令,对于设计者在装配环境中设计新零
件是非常重要的,也是在装配环境进行产品设计的一种设计理念,也称为"自顶向下"的
设计方法。

原位创建零件命令可以在装配环境中建立新的零件,优点是可以根据相邻零件的形状设
计新零件的结构,零件设计以后还需要添加与周围零件的装配关系。

图 7-31 所示为原位创建零件的命令条,单击其中的"选项"按钮可以弹出 7-32 所示
的"原位创建零件选项"对话框。在图 7-31 中,需要选择零件的模板是普通零件还是钣金
或是部件;后面是选择材料、装配后的装配关系是固定关系还是活动关系,该按钮是复选按
钮,单击一次起作用,再单击一次失效;其右侧是创建新零件坐标系设置和捕捉设置,最右
侧是原位创建(立刻进行造型设计),如果选择原位创建,则进入对应的环境(如零件)进
行设计,设计完成后选择功能区的"返回装配环境"选项返回到上一级的装配环境。

图 7-31 原位创建零件的命令条

在图 7-32 所示的"原位创建零件选项"对话框中,可以设置图 7-31 所示命令条中右
侧大部分内容,在对话框的左上角还有一项是新零件的保存位置,默认保存在与装配文档相
同的文件内。

在新零件草图的设计过程中,原有装配件的平面与坐标平面是不能直接使用的。因此,
对于新零件坐标系的设置,需要根据零件的结构特点选择合适的位置与坐标轴方向。如果选
择与装配原点重合,那么新零件的坐标系和参考平面与原装配体的坐标系和参考平面是重合
的。如图 7-33a 所示,如果中间的套筒还没有设计,现在想设计这个零件,就可以选择原装
配体的坐标系和参考平面作为新零件的坐标系和参考平面,在命令条上确认以后,在 yOz 坐

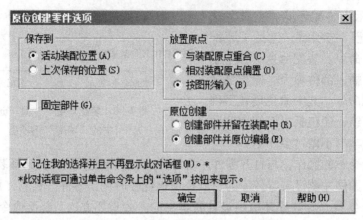

图 7-32 "原位创建零件选项"对话框

标面上画两个圆对称拉伸就可以了。该新零件显然是可以转动的，图 7-31 所示命令条上不能选择固定装配关系。如图 7-33b 所示要设计小轴这个零件，坐标系选择在支架最左侧的平面上比较合理，可以将装配体的坐标系平移到左侧圆孔的中心，在命令条上或选项对话框中就需要选择"相对装配原点偏置"选项，选择支架左侧面的圆心即可建立新坐标系。该零件为固定零件，可以将装配关系设置为固定关系。设置好以后在命令条上单击"确定"按钮，然后在新零件坐标系的 yOz 平面上画出两个圆，分别向两个方向拉伸指定的距离即可。

注意：设计新零件时，原有模型上的图形不能直接使用，可以使用草图工具中的"投射到草图"工具投射到当前的参考平面上来，再加以利用。例如：图 7-33 中绘制圆时，需要捕捉支架上的圆心，直接捕捉可能捕捉不到，可以利用"投射到草图"工具把圆投射到绘图平面上，再加以利用。

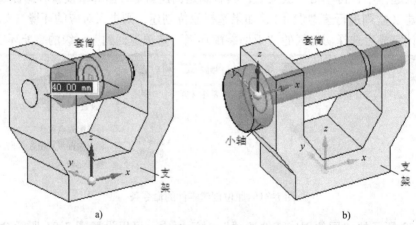

图 7-33 新零件坐标系选择，改为与装配原点重合或相对装配原点偏置
a) 新零件坐标系与原装配体坐标系相同 b) 新零件坐标系是原装配体坐标系平移获得

如果要在倾斜的表面上设计零件，为了设计方便也可以自定义坐标系的原点和坐标轴方向。如图 7-34 所示，想在支架右侧的斜面上设计一个零件，可以选择命令条上或对话框中的"按图形输入"选项，命令条上选择捕捉中点，将鼠标指针放在对应的位置上，捕捉斜面底边中点，坐标轴方向不对，可以在英文输入状态下按〈N〉或〈B〉键，改变坐标轴的方向。

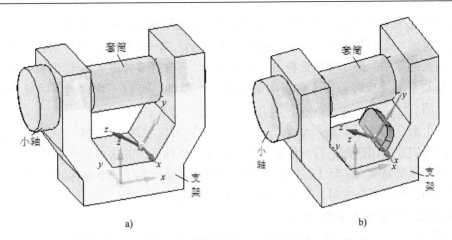

图 7-34　选择"按图形输入"选项建立自定义坐标系

a）选择"按图形输入"选项产生坐标系　b）在倾斜的平面上建立新零件

注意： 新零件设计以后，对于固定零件来说位置是没有问题的，但是如果是活动零件，就需要为新设计的零件添加装配关系。

7.3.4　使用装配关系命令进行装配

装配关系命令大多数用于已经在装配环境，但缺少装配关系的零件，如上一节采用的原位创建零件命令建立的零件。装配关系命令操作时先选择装配关系命令（按钮），再选择需要装配的图素（点、线、面）即可。

同一个命令只针对一个零件，如选择的是快速装配命令 🔩，则可以针对一个零件完成该零件与其他零件的面贴合关系、面对齐关系、同轴关系、连接关系的装配。如果选择的是同轴命令，则只能完成该零件与其他零件的同轴关系，完成以后右击结束。如图 7-35 所示，选择同轴命令 ⬤ 后，选择套筒及支架轴线，采用两者之间的同轴关系之后，套筒零件仍然是等待继续采用同轴命令的命令状态，不能采用其他的装配关系命令，不再装配该零件的同轴关系则右击结束命令。

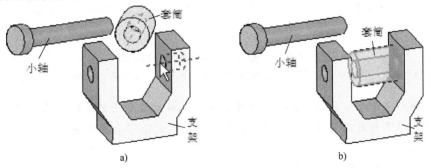

图 7-35　装配关系命令的应用

a）选择同轴命令，选择套筒及支架轴线　b）添加套筒及支架同轴后的状态

注意： 使用装配关系命令时，先选择的图素是要变化的图素，后选择的图素是基准，如在图 7-35a 中先选择的是套筒轴线，后选择的是支架轴线，那么套筒的位置发生变化，支架的位置不变；特殊情况例外，如上面的选择中，假如套筒的位置已经限制，就只能再看看支架轴线位置能不能发生变化以满足装配关系要求，如果可以则完成装配，如果不能则提示失败。

有两个装配关系命令在插入零件或选择零件，再选择编辑装配关系时，命令条上的装配关系中是没有的，它们是固定关系 🞂 和刚性集关系 🞖。第一个插入的零件默认是固定关系，对于后面装入的零件，操作时先选择固定关系命令，再选择零件即可，无须右击确认。

刚性集关系 🞖 是指将若干零件暂时结合成一个整体，可以一块移动，一般用得不多，不再详细介绍。

还有一个命令是匹配坐标系命令 🞘，利用该命令可以使两个零件的坐标系重合，从而限定零件的位置，采用匹配坐标系就需要显示零件的坐标系，方法与显示参考平面与轴线相同，不用时还需要隐藏。实际上匹配两个零件的坐标系是添加了三个坐标面的面对齐。一般来说可以使用其他装配方式时，不使用匹配坐标系的命令。

7.3.5　装配命令中的面相关命令的应用

在装配环境"主页"选项卡中还有一个"面相关"选项组。该选项组不属于装配功能的范畴，实际上是在装配环境中利用几何关系编辑零件结构的一组工具。与零件环境中不同的是，装配环境中设置的几何关系可以是不同零件的表面之间的几何关系，这样就有利于通过装配环境中相关零件的几何关系编辑装配结构。

装配环境中的面相关命令一共有九个，如图7-36a所示。如图7-36b所示，选择共面命令，选择面 A 右击确认，再选择面 B，右击确认。重复该命令，选择面 C 并确认，再选择面 D 并确认。图7-36c所示为执行两个共面操作后的结果。其他的面相关命令与零件中的操作是一样的，可参考零件中的面相关命令。

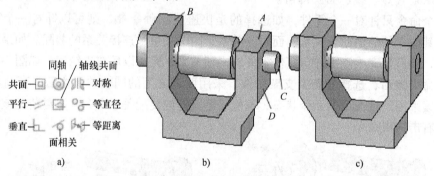

图7-36　装配环境中面相关命令的应用

a）面相关命令　b）设置面 A 与面 B，面 C 与面 D 共面　c）执行两个共面操作后的结果

提示：面相关命令中的命令提供了在零件环境编辑零件表面的方法。简单移动表面的操作可以直接选择零件表面（在"选择"选项组中需要选择"表面优先"选项），使用方向盘移动更方便一些。

7.3.6　装配环境中"阵列"选项组的应用

在装配环境的"主页"选项卡中，有一个"阵列"选项组，包括了镜像与阵列命令。如图7-37a所示，左侧的螺钉组需要安装四组，一个一个装配太麻烦，可以在左侧安装完成以后，使用镜像命令，将支架镜像到右侧去，然后使用阵列命令将左侧的螺钉组阵列到另外的三个孔上去，如图7-37b所示。

1. 镜像命令

镜像命令的操作与零件特征的操作基本相同。首先选择装配环境的镜像命令，然后选择

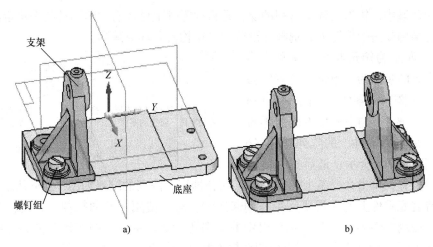

图 7-37 镜像与阵列

a）待镜像与阵列的零件 b）镜像与阵列的结果

需要镜像的零件，不再选择时右击结束，最后选择对称平面。选择对称平面以后，将弹出"镜像部件"对话框，如图 7-38 所示。图 7-38 所示对话框中的"操作"一列中一般有三个选项，该选项取决于零件是否是对称的零件。如果是对称的零件，一般该列中的选项是"旋转"，如果是不对称的，该列中的选项是"镜像"。该列选项一般由系统自动按上述规则进行判断，如果不能满足要求，可以通过人工修改，以便达到设计者的目的。该选项为"旋转"时，镜像后的零件相当于又插入一个相同的零件；该选项为"镜像"时，镜像后的零件是一个根据原零件结构建立的新零件，需要在最后两列输入文件和文件夹的名字。对话框中"调整"一列一般选择默认的选项就可以了，如果不满意也可以试着选择其他的选项，调整镜像以后零件的方向。设定完对话框中的选项以后（一般不用设定，默认即可），在命令条上单击"完成"按钮结束对称的操作。

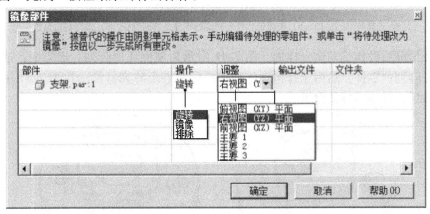

图 7-38 "镜像部件"对话框

2. 阵列

阵列是装配过程中经常采用的一种装配方法。在 Solid Edge 中提供了两个阵列的命令，一个用于矩形和环形阵列的命令，另一个用于沿曲线阵列的命令。

在装配环境中，矩形与环形阵列的操作是根据零件上已经有的阵列结构来决定的，选择矩形阵列的结构就是矩形阵列，选择环形阵列的结构就是环形阵列。

图7-39所示为矩形与环形阵列命令条。阵列命令的步骤为：单击"阵列"按钮，先选择阵列的零件，如图7-40a所示的螺钉；再选择包括阵列特征的零件（底座），然后选择零件上的阵列特征（6个孔），如图7-40b所示；最后选择阵列

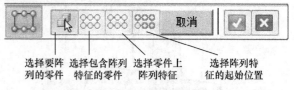

图7-39　矩形与环形阵列命令条

特征的起始位置，单击命令条上的"完成"按钮即可，阵列的结果如图7-40c所示。

一般待装配零件上的孔需要采用阵列来造型，对于使用一般的拉伸、旋转命令产生的孔，可以先使用零件环境"孔"选项组中的识别孔命令，将一般的结构转换为孔的造型特征。如图7-40所示的台阶孔，可以由两个拉伸特征转换为一个台阶孔特征。这样即使不是阵列的造型，也能够使用阵列命令生成装配环境中的阵列零件或部件。但是转换时必须一起转换，形成一个孔组。同样零件孔造型时，要使用一个孔命令生成类似于阵列的结构，即一次孔命令生成的所有孔在装配时也可以采用阵列操作。图7-40所示的台阶孔是用两个拉伸命令生成的，然后选择该结构并使用方向盘移动复制生成的，然后通过识别孔命令生成孔组数据结构。

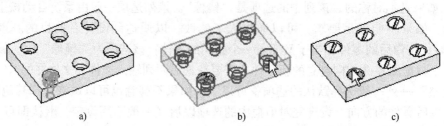

图7-40　矩形阵列的操作

a）选择阵列的零件　b）选择包含阵列特征的零件及阵列特征　c）选择起始位置

对于环形阵列操作是完全一样的。图7-41所示为零件环形阵列。步骤为：选择阵列命令，再选择阵列的零件，然后选择包含阵列特征的零件及阵列特征。在图7-41中，由于是一整圈，最后选择阵列特征即可。

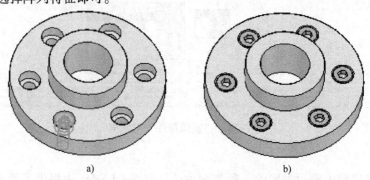

图7-41　零件环形阵列

a）选择阵列的零件　b）选择盘及阵列结构

3. 沿曲线阵列

有时零件上的阵列特征是采用沿曲线阵列生成的，装配时就需要用沿曲线阵列的命令来进行阵列。这个命令比较复杂，一般沿曲线等距离的阵列是很容易实现的。

操作时，选择沿曲线阵列命令。图 7-42 所示为沿曲线阵列的命令条及下一步的命令条。选择阵列的零件，再选择曲线，在命令条上选择"适合"选项时，需要输入个数，间距自动计算；选择"填充"选项时，需要输入间距，个数自动计算；选择"固定"选项时，需要输入个数与间距；选择"弦长"选项时，需要输入个数、间距和跳过的数量。采用这种方式操作，阵列后零件之间的距离是相等的。阵列后零件的方向通过单击命令条上"下一步"按钮进行进一步调整，图 7-43b 是使用"简单"时的图形，7-43c 是使用"跟随曲线"和"曲线位置"时的图形。

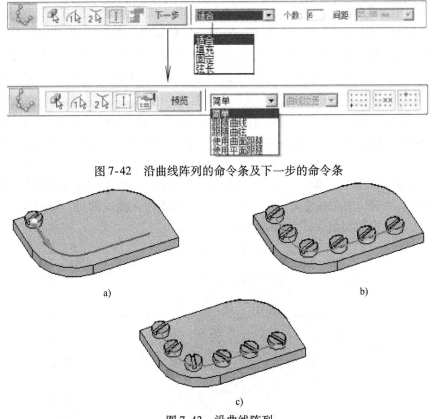

图 7-42　沿曲线阵列的命令条及下一步的命令条

a)　　　　　　　　　　b)

c)

图 7-43　沿曲线阵列

a）选择沿曲线阵列命令，选择零件、曲线、起点　b）命令条上单击"下一步"按钮，方向使用"简单"　c）在命令条上选择"适合"选项，方向使用"跟随曲线"和"曲线位置"

对于不等距的情况的方向调整不做过多介绍。

7.4　典型装配结构

在产品设计中有许多典型的连接结构，如螺纹联接、键联接等。本节介绍常见装配结构的特点与装配方法。

7.4.1　螺纹联接

螺纹联接是常见的连接结构，包括螺栓联接、螺柱联接和螺钉联接。

1. 螺栓联接

螺栓联接的两个零件的孔都是光滑圆柱孔，两个孔的直径都大于螺栓的公称直径。通过螺栓、螺母旋合预紧实现将两个零件联接在一起的目的。为了增加预紧力，在螺母与联接零件之间有时还会有平垫圈或弹簧垫圈。螺栓联接适用于受力较大的场合。

螺栓的装配是比较容易的，基本上就是同轴、贴合、面对齐的装配关系。

为了有比较好的装配效果，装配设计模型一般要求螺栓与螺母的位置要放正，如六角螺母要有一个侧面与主要的轮廓面平行。弹簧垫圈的开口要朝前放置。弹簧垫圈装配时，需要将其参考平面显示出来（右击零件在弹出的快捷菜单中选择"显示/隐藏部件"选项，再选择参考平面），以便利用其参考平面与模型其他零件的表面确定开口的方向，装配后再用相同方式关闭其参考平面的显示。

图 7-44 所示为螺栓联接装配模型，图中标注了几个需要注意的地方。该图采用了剖切表达方法。使用装配环境"PMI"选项卡中的剖面即可实现。首先选择"PMI"选项卡中的剖切命令，在命令条上选择绘制剖切范围的草图平面，根据情况可以选择重合平面、平行平面等。图 7-45a 所示为选择剖切命令后的命令条。选择草图平面以后，画出剖切范围，单击"关闭草图"按钮，退出草图绘制。如草图已经绘制，可以直选选择"从草图选择"选项，再选择草图。然后在屏幕上选择剖切方向，如图 7-45b 所示，图中的箭头指向草图内部，移动鼠标指针到草图外部，箭头将改变方向，指向草图外部。最后确定剖切深度，如图 7-45c 所示。在命令条上选择剖切零件的选项，命令条提供了三个选项：第一个是"切割所有零件"，选择后确认即可；第二个是"只切割选定零件"，选择后选择剖切的零件，确认即可；第三个是"只切割未选定零件"，选择不剖切的零件，确认即可。最终单击命令条上的"确定"按钮退出剖切命令，如图 7-45d、e 所示。

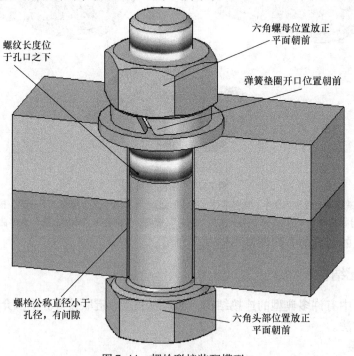

图 7-44　螺栓联接装配模型

　　三维剖切都是假想的剖切，在资源查找器中顶端可以看到剖切的内容，取消选中其前面的复选框即可恢复不剖切的模型。三维模型剖切后的资源查找器（装配树）与剖切结果，如图 7-45e 所示，从资源查找器可以看出，顶端增加了一项剖视图，下面列出了"剖面 1A"，取消选中"剖视图"前的复选框，即可取消三维剖切。

　　三维剖切可以在一个装配体的若干个部位进行剖切，根据需要可以打开和关闭需要观察的内部结构。如果一个视图中有多个剖切，资源查找器中会分别列出，可分别打开与关闭。

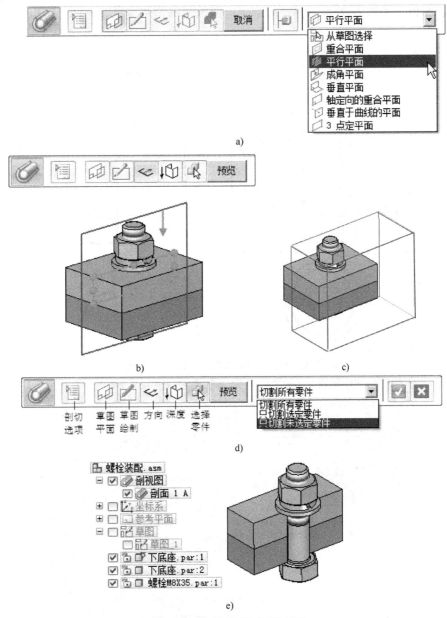

图 7-45　三维模型剖切的过程

a) 选择剖切命令后的命令条　b) 绘制草图→关闭草图 ☑ →选择剖切方向　c) 确定剖切深度

d) 命令条上选择"选择零件"选项并选择零件→确认结束三维模型剖切

e) 三维模型剖切后的资源查找器（装配树）与剖切结果

　　在二维的装配图中，螺栓、平垫圈、弹簧垫圈和螺母是不剖的，如图7-46所示。视图的生成方法与零件中的操作是完全一样的，选择文件类型应为装配模型。视图生成以后，可用各种剖视工具生成剖视图，根据需要利用视图属性，去掉视图中不要的细虚线，选择不剖视的零件，在"高质量视图属性"对话框中，取消选中"剖面"复选框。如图7-47所示，右侧剖面处不选，左侧零件名前图标变为非剖切图标，在对话框中单击"确定"按钮退出"高质量视图属性"对话框，更新视图即可。视图中仍有不符合要求的地方，可以手工对视图进行编辑，如图7-46所示俯视图中螺栓的倒角圆是不应该显示的，可以使用隐藏工具隐藏。

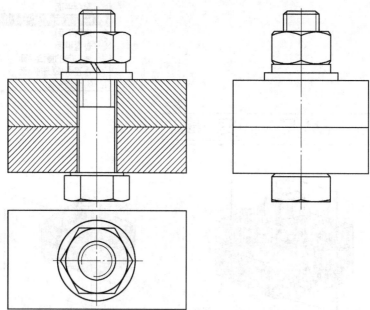

图7-46　螺栓（GB/T 5782—2016）联接

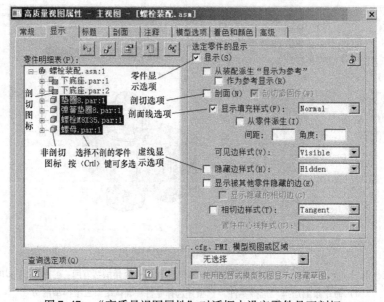

图7-47　"高质量视图属性"对话框中设定零件是否剖切

注意：螺栓的公称长度不包括螺栓头部。

2. 螺钉联接

螺钉联接适用于受力较小的场合。它的结构特点是螺钉联接的两个零件，一个有通孔，通孔直径大于螺钉的公称直径；另一个零件有螺纹孔，公称直径与螺钉螺纹公称直径相同。一般情况下有螺纹孔的零件厚度比较大，不便于采用螺栓联接。螺钉联接不需要螺母，根据需要可以使用平垫圈或弹簧垫圈。

螺钉的头部根据需要有沉头和盘头两种方式。沉头螺钉一般头部是圆锥形式，盘头螺钉一般头部是圆柱形式。沉头螺钉的公称长度是螺钉总长度，盘头螺钉的公称长度不包括螺钉头部，这一点大家一定要注意。

螺钉头部的结构也有一字槽、十字槽、内六角等方式。内六角一般扭紧力比较大，联接力也比较大。

图 7-48 所示为内六角圆柱头螺钉（GB/T 70.1—2008）的联接模型，采用三维剖切的模式，标准件没有做剖切。从图中可以看到上面零件的通孔尺寸大于螺钉的公称直径尺寸，螺纹孔深度要大于旋入深度，钻孔深度要大于螺纹孔深度。如果螺钉公称直径为 d，设计时通孔直径约为 $1.1d$，螺纹孔深度大于旋入深度 $0.5d$，钻孔深度大于螺纹孔深度 $0.5d$。

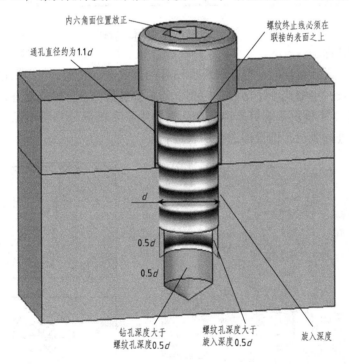

图 7-48　内六角圆柱头螺钉（GB/T 70.1—2008）的联接模型

图 7-49 所示为螺钉联接的二维装配结构图。由于排版原因，没有使用俯视图，图中螺钉中使用细虚线表示了内六角的结构，可以用视图属性，选择螺钉，显示隐藏线即可。

注意：在螺纹联接的二维装配图形中，联接部分应按照外螺纹画法绘制。

仔细地观察图 7-49 中螺钉与下面被联接零件的图形可以发现，两个零件上螺纹的小径并没有对齐，这是由于软件设计造成的，它们之间的差距实际并不大，打印后甚至看不出

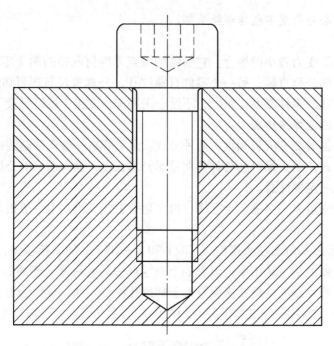

图 7-49　螺钉联接的二维装配结构图

来，不必进行特殊处理。

对于沉头螺钉来说，装配时一般选择锥面贴合的方式进行装配，可以用联接或相切装配关系进行装配。一般一字槽或十字槽的方向要求与主要轮廓成45°的位置方式进行装配。如图 7-50 所示，对于十字槽沉头螺钉来说，在剖视图中十字槽部分是看不见的，图线也比较多，剖视图中没有进行表达，俯视图进行了表达。

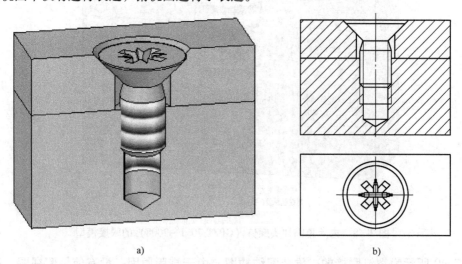

a)   b)

图 7-50　十字槽沉头螺钉（GB/T 819.1—2016）装配图
a）十字槽沉头螺钉三维装配模型图　b）十字槽沉头螺钉二维装配结构图

对于一字槽沉头螺钉来说（图 7-51），剖视图中的槽按照放在中间绘制，俯视图中的槽的方向按照45°来绘制，这是假想的画法。45°装配时使用角度关系即可。剖视图中需要用手工编辑的方法来进行绘制（在视图上右击，在弹出的快捷菜单中选择"在视图中绘制"选项），绘图过程中注意使用关系约束使槽两侧的图线保持对称的关系。

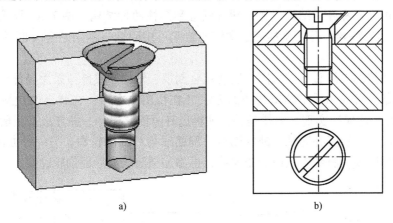

图 7-51 开槽沉头螺钉（GB/T 68—2016）装配图
a）开槽沉头螺钉三维装配模型图 b）开槽沉头螺钉二维装配结构图

3. 螺柱联接

螺柱是两端具有螺纹的联接件，使用时将螺柱的旋入端旋入机体上的螺纹孔，另一端使用螺母旋紧来固定两个被联接的零件。螺柱联接的两个被联接件，一个有通孔、另一个有螺纹孔。通孔一般是简单的通孔，不能使用圆锥形沉孔结构。在螺母端可以使用平垫圈或弹簧垫圈增加预紧力，如图 7-52 所示。对于螺柱旋入端的装配，可以使用联接装配关系，使图中中间小圆的圆心与螺纹孔口的中心重合即可，其他的装配关系就是同轴与贴合关系，施加贴合关系时尽量使用快速装配方法，可以选择垫圈或螺母的上面或下面与另一零件的表面贴合，如果方向不正确，单击命令条上的"翻转"按钮转过来即可。螺柱的旋入端有 $1d$、$1.25d$、$1.5d$、$2d$（d 为大径），对应 GB/T 897~900，螺柱的有效长度不包括旋入端长度。

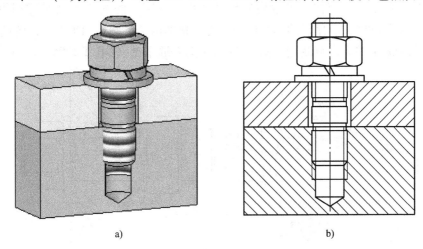

图 7-52 螺柱（GB/T 897）装配图
a）螺柱（GB/T 897）联接三维装配模型图 b）螺柱联接二维装配结构图

4. 紧定螺钉联接

紧定螺钉是限制装配后零件位移的一种零件，可以限制两个零件间的移动或转动。紧定螺钉螺纹端有内六角和开槽结构，另一端有圆锥和圆柱两种结构。图 7-53 所示为紧定螺钉（GB/T 71—2018）联接。开槽锥端紧定螺钉的装配可用同轴与锥面贴合（联接）装配关系进行装配。

紧定螺钉联接的二维装配结构图一般使用全剖视、轴的连接部位采用局部剖视来进行表达。局部剖视部分可采用手工编辑视图的方法（在视图上右击，在弹出的快捷菜单中选择"在视图中绘制"选项）实现，即使是手工编辑也有两种方法，一种方法是全剖，轴采用剖视但是不画剖面线，手工补充轴上缺的图线、剖面线与局部剖轮廓；另一种方法是轴不剖，编辑联接部位的图线，将细虚线改为粗实线，再添加剖面线与局部剖轮廓线。

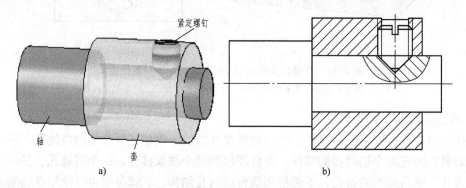

图 7-53　紧定螺钉（GB/T 71—2018）联接

a）紧定螺钉三维装配模型图　b）紧定螺钉二维装配结构图

7.4.2　键联结

键联结包括普通平键、半圆键、楔键与花键联结。

1. 普通平键联结

普通平键联结是机械结构中最常用的传动联结，双圆头的 A 型普通平键用得最多。A 型普通平键与轴装配时，可用键的两个半圆柱与键槽的两个半圆柱同轴以及键的底面与轴上键槽底面的贴合装配关系进行装配。图 7-54 所示为普通平键（GB/T 1096—2003）联结。

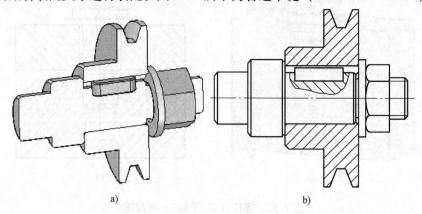

图 7-54　普通平键（GB/T 1096—2003）联结

a）普通平键联结三维装配模型图　b）普通平键联结二维装配结构图

普通平键的联结特点是：键的侧面是工作面，顶部有间隙。一般采用全剖视表达装配情况，必要时可以使用断面图。在剖视图中轴采用了局部剖视，可以用手工编辑视图的方式来实现。

2. 半圆键联结

半圆键是形状为半圆形，装配方式可以使用与轴键槽同轴、键侧面与轴上键槽侧面贴合、键顶面与轮的顶面平行即可，如图 7-55a 所示。

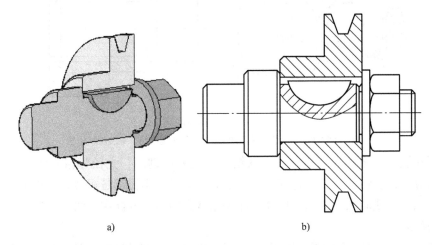

a) b)

图 7-55 半圆键（GB/T 1098—2003）联结

a）半圆键联结三维装配模型图 b）半圆键联结二维装配结构图

半圆键的联结同普通平键的联结一样，键顶面与轮的顶面有间隙，键的侧面是工作表面。在二维装配结构图表达上，一般也采用全剖，轴采用局部剖即可，如图 7-55b 所示。

3. 楔键联结

楔键通过顶面或底面的斜面工作传递动力，装配后应力比较大，零件容易产生变形，一般用于传递转矩比较小、速度比较低的情况，通常应用较少。楔键的顶面是斜度为 1:100 的斜面，楔紧后一般可以实现自锁。楔键分为普通楔键和钩头楔键，钩头楔键头部有一个安装拆卸用的突起结构，如图 7-56 所示。

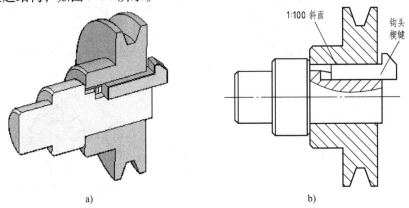

a) b)

图 7-56 钩头楔键（GB/T 1565—2003）联结

a）钩头楔键联结三维装配模型图 b）钩头楔键联结二维装配结构图

4. 花键联结

花键大量用于机械设备的传动中，可以传递比较大的转矩。花键分为矩形花键与渐开线花键。矩形花键的装配可以采用同轴与键侧面贴合的方式。渐开线花键由于键侧面是曲面，可以采用同轴和键侧面与槽侧面相切的方式。矩形花键联结如图 7-57 所示。

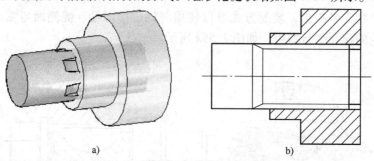

a)　　　　　　　　　　　　　　　b)

图 7-57　矩形花键联结

a）矩形花键联结三维装配模型图　b）矩形花键联结二维装配结构图

在矩形花键的二维装配结构图中，联结部分按外花键画，大径为粗实线，小径为细实线，收尾部分为细实线。对于内花键非联结部分，大径与小径都是粗实线。在渐开线花键视图中还需要用点画线画出分度圆。尺寸标注采用从大径引出的标注方法。

7.4.3　销联接

销联接主要用于定位和防松。用于定位的销有圆柱销和圆锥销，用于防松的销有开口销。图 7-58 所示为圆柱销（GB/T 119.1—2000 或 GB/T 119.2—2000）、圆锥销（GB/T 117—2000）、开口销（GB/T 91—2000）联接。圆柱销使用同轴和面对齐装配关系即可。圆锥销的装配使用同轴与锥面贴合（连接）装配关系即可完成装配。开口销则需要使用同轴，参考平面与其他平面之间的平行关系确定它的位置。

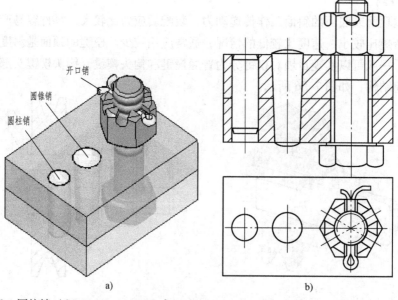

a)　　　　　　　　　　　　　　　b)

图 7-58　圆柱销（GB/T 119.1—2000 或 GB/T 119.2—2000）、圆锥销（GB/T 117—2000）、
开口销（GB/T 91—2000）联接

a）销联接三维装配模型图　b）销联接二维装配结构图

　　圆锥销的锥度为 1:16，半锥角为 1.7899°，销孔可以使用孔工具生成，设置比例值时应为 1:32，因为锥度定义是直径差与长度比，计算半锥角时是半径差与长度比。

　　采用软件生成的开口销一般端部都是直的，但是装配后应当使其变形，以便螺母不能脱出，可以在装配环境编辑零件，缩短后画出草图，用单路径单截面扫掠的方式生成分开的两个端部。开口销定位时，一般应当把它的参考平面显示出来，以便确定开口销的位置。装配以后，开口销的参考平面尽量与主要轮廓的表面平行，以便投射后图形比较规范。

　　图 7-58 中将开口销、圆柱销、圆锥销放在了一个图中，实际使用时是不可能这样用的，用圆柱销就都用圆柱销，用圆锥销就都用圆锥销，开口销也不一定要和其他两种销同时使用。

7.4.4　弹簧装配

　　弹簧装配分为压簧装配、拉簧装配和扭簧装配等。对于圆柱压缩弹簧来说，可以施加与连接件的同轴和两端的面贴合装配关系。但是弹簧是螺旋体，一般默认不显示它的旋转轴线，需要先将弹簧的旋转轴线显示出来，方法是右击弹簧，在弹出的快捷菜单中选择"显示/隐藏部件"选项，在弹出的对话框中选择参考轴的选项，单击"确定"按钮退出对话框，再进行同轴的装配，如图 7-59a 所示。图 7-59b 所示为圆柱压缩弹簧二维装配结构图，弹簧本身采用的是外形的表示方法。在剖视图中，弹簧作为中间有间隙的零件，如果后面有其他轮廓的图线被弹簧遮挡，那么其他零件的图线应当画到弹簧的圆截面轮廓线或弹簧中径的点画线上。如图 7-59c 所示弹簧压板的结构，在剖视图中压板左侧的上端画到弹簧的圆轮廓线上，下端画到弹簧中径的点画线上。在视图中一般采用视图编辑的方法进行处理。装配结构中一般按照实际的空间来制作弹簧零件，直接装进来就可以了。如果要求弹簧的长度可调，那么弹簧零件的设计就需要采用顺序设计方式，将弹簧的长度设置成可调的方式，装配时进行相应设计就可以了，相关内容可参考 Solid Edge 中的帮助进行了解。

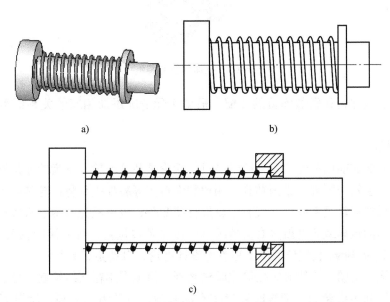

a)　　　　　　　　　　　　　b)

c)

图 7-59　圆柱压缩弹簧装配图

a）圆柱压缩弹簧三维装配模型图　b）圆柱压缩弹簧二维装配结构图　c）圆柱压缩弹簧在剖视图中的画法

对于手工绘图来说，视图中弹簧的轮廓线画成与圆截面轮廓相切的直线，小簧丝直径的弹簧截面在剖视图中可以用涂黑处理。对于由模型投射的视图，弹簧轮廓线也可以按照真实投影，不用再去做特殊处理。

对于拉伸弹簧来说，一般两端是悬挂弹簧的突出物或孔，这会给弹簧的定位带来困难。

图 7-60 所示为拉伸弹簧的装配，弹簧调入以后，先施加上端回转轴线与小轴的同轴关系，再施加弹簧上部旋转体与小轴槽侧面的相切关系；由于簧丝比较细，弹簧的位置不一定合适，可以选择刚设定的相切关系，在屏幕底部的编辑框中输入一个数值，形成有一定距离的平行关系；最后选择弹簧将方向盘移动到小轴上，旋转弹簧到另外一个零件的孔中。如果有干涉，再调整前面设定的距离即可。对于倾斜安装的拉簧，视图中直接按照实体模型投影来表达就可以了。

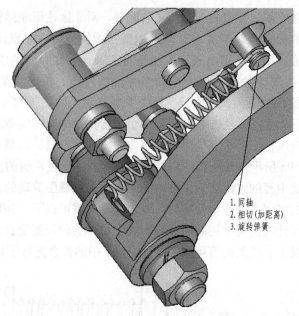

1. 同轴
2. 相切(加距离)
3. 旋转弹簧

图 7-60　拉伸弹簧的装配

对于扭簧、板弹簧和碟形弹簧的装配，根据实际情况添加相应的关系即可，不再详细介绍。

7.4.5　齿轮装配

齿轮装配方法在前面装配关系里已经讲过，无论是圆柱齿轮、锥齿轮还是蜗轮蜗杆都是一样的，先要将齿轮用同轴、锥面贴合、相切和面对齐等装配关系将齿轮装配到位，然后删除相切关系，添加齿轮关系即可。仅有齿轮进行装配时，也可以先画两条直线草图作为齿轮的轴线，直线间的距离或角度就是真实情况下的齿轮轴线位置，再使用同轴关系进行装配。建议直接使用 Solid Edge 装配环境的工程参考设计齿轮，自动生成装配。

齿轮的二维装配图，一般规定按简化画法来画。齿顶圆用粗实线绘制，分度圆用点画线绘制、齿根圆用细实线绘制。剖视时轮齿按不剖来画，主动齿轮齿顶、齿根都用粗实线绘制，从动齿轮轮齿被挡住，挡住部分齿顶用细虚线绘制，齿根用粗实线绘制。

图 7-61 所示为圆柱齿轮的连接画法，平行于轴线的视图一般采用剖视图画法，其中的

小齿轮为主动齿轮，大齿轮的齿顶线为细虚线。反映为圆的视图，齿根圆一般省略不画，也可以按图 7-61b 所示的画法来画。

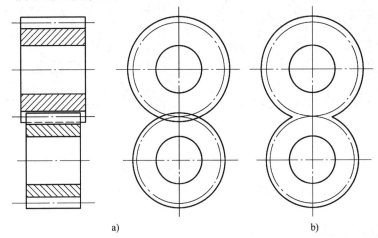

a)　　　　　　　　　　　　　　b)

图 7-61　圆柱齿轮的连接画法

a）圆柱齿轮的简化画法　b）反映为圆视图的简化画法

图 7-62 所示为锥齿轮的连接画法，反映为圆的视图只画齿顶圆、分度圆的图线。注意锥齿轮的参数为大端参数，相应的齿高参数也是大端垂直于分度线方向的尺寸。手工绘图时需要计算分度圆的分锥角，分锥角与两个齿轮的齿数有关，$\alpha_1 = \arctan\ (z_1/z_2)$，$\alpha_2 = \arctan\ (z_2/z_1)$，实际表达时，一般采用手工编辑的方法处理。

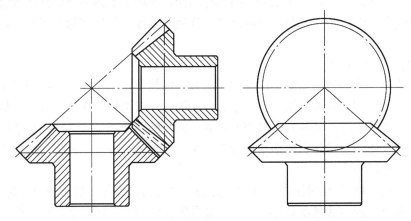

图 7-62　锥齿轮的连接画法

图 7-63 所示为蜗轮蜗杆的连接画法，其中图 7-63a 中采用了剖视表达方法，主视图采用了全剖视图，反映为圆的视图采用了局部剖视图来表达连接部分的画法。图 7-63b 所示为蜗轮蜗杆外形视图表达方法，主视图中的蜗轮被遮挡部分省略不画，反映为圆的视图省略了齿根圆。

齿轮是具有许许多多齿的零件，二维工程图规定采用简化画法，采用三维模型直接投射的视图与规定有很大的差距，修改起来也比较麻烦，不修改的话图形就非常乱，标准的制定强调了图形的清晰性与易读性。如何较好地生成用户要求的工程图，目前仍是正在研究的课题。

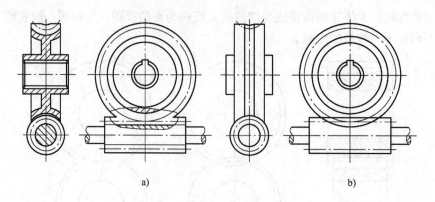

a) b)

图 7-63　蜗轮蜗杆的连接画法

a) 蜗轮蜗杆剖视表达方法　b) 蜗轮蜗杆外形视图表达方法

7.5　二维装配图生成

前面几节已经介绍了三维装配模型的生成与常见装配结构的装配方法，本节着重介绍二维装配图的生成、尺寸标注、编号、明细栏与技术要求等。

7.5.1　生成产品的装配模型

关于产品的设计以前讲得比较多了，可以使用各种方法，采用自下而上或自上而下的方法进行设计，尽量使用标准结构与标准件。同样也可以使用剖切的方法表达三维产品的结构，使用不同的颜色或透明色来表达外部与内部结构，使用手工拖动零部件检查装配是否正确。装配过程中可以通过平移复制、旋转复制、阵列、镜像已经装配的零部件，以便加快装配的进程。

7.5.2　选择合理的表达方法

二维装配图是用来表达产品的工作原理、路线、性能与主要尺寸的。应当围绕表达清楚零件之间的关系、作用和装拆方法来进行表达。主视图一般选择工作位置放置，尽可能多地反映装配路线、工作原理，其他视图补充没有表达的装配路线、工作原理等。选择常规的视图、剖视图、断面图以及沿结合面剖切、拆卸画法、假想画法等特殊装配表达方法去表达产品中的结构与工作原理。

图 7-64 所示为球阀三维模型与二维表达方法，主要结构分布在前后的中心对称平面上，主视图采用了全剖视的方式基本表达清楚了大部分零件之间的连接关系，俯视图与左视图表达法兰接口的形状，用局部剖表达了联接螺钉的联接情况。

7.5.3　标注尺寸

装配图应当标注配合尺寸、总体尺寸、性能尺寸、相对位置尺寸、安装尺寸和其他重要尺寸等。

配合尺寸标注时，命令条上显示方式选择"类"、公差显示类型选择为"仅配合孔/轴"，如图 7-65a 所示。配合公差标注尽量使用分子分母的形式，需要在"尺寸属性"对话框的"文本"选项卡的"公差文本"选项组中"孔/轴"下拉列表框中选择"分隔符"，"位置"下拉列表框中选择"中"，如图 7-66 所示。图 7-65b 所示球阀主视图中可以标注大部分的尺寸，如总长、总高，左右阀盖与泵体、上盖与阀杆、阀杆与泵体、阀杆与阀芯配合

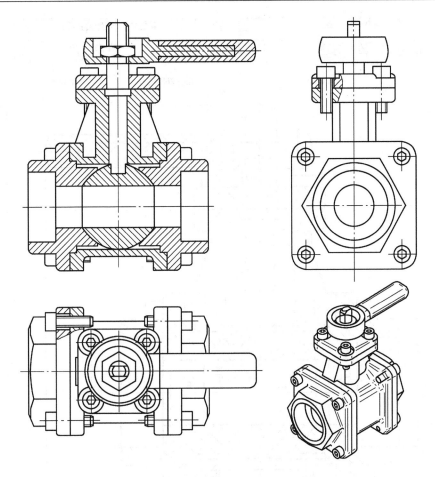

图 7-64　球阀三维模型与二维表达方法

尺寸，阀芯直径、左右法兰接口直径等重要尺寸。总宽度需要标注在其他视图上。

在工程图的模板中一般应当设置好公差的标注格式，一般应当采用分子分母的形式来进行标注，通常应设置好"用背景色填充文本"选项，如果标注的位置很小，标注后可以采用更改属性的方法进行编辑。有时标注尺寸后，尺寸仍不能遮挡后面的剖面线，可以右击尺寸，选择"移到最前"选项解决。

7.5.4　编号与明细栏

零部件编号与明细栏[⊖]是二维装配图中的重要内容，在 Solid Edge 中，使用明细栏工具来生成编号与明细栏。

（1）生成编号与明细栏

零件明细栏工具位于工程图环境"主页"选项卡的"表格"选项组中，选择该命令，命令条如图 7-67 所示。只生成编号的话，把"生成明细栏"选项去掉即可；同样仅生成明细栏，把"生成编号"选项去掉即可，默认编号的同时生成明细栏。选择命令以后，要求先选择某个视图，再单击命令条上"明细栏格式"的级联按钮，一般用"国标"的格式。直接单击"明细栏格式"按钮将弹出"零件明细栏属性"对话框，用来定义明细栏的格式，

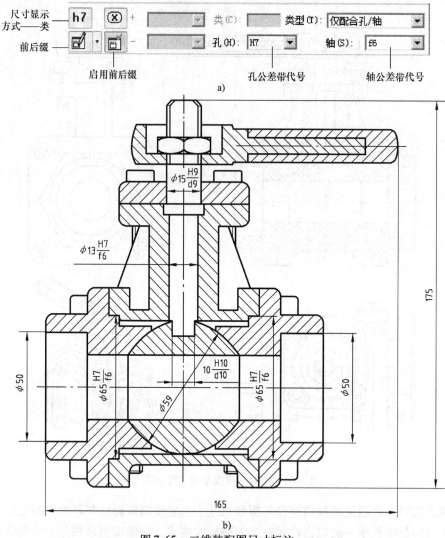

图 7-65 二维装配图尺寸标注

a) 配合尺寸标注的命令条（部分） b) 装配图的尺寸标注方式

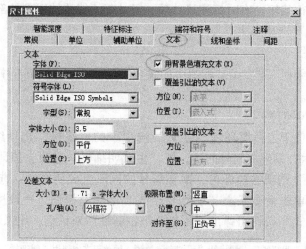

图 7-66 尺寸属性中的文本显示设置

如图 7-68 所示。明细栏的格式一般采用国家标准规定的格式。图 7-68 所示的"列"选项卡是用来定义明细栏各列的尺寸与内容,"符号标注"选项卡定义编号文字的字高与指引线。图 7-68 中编号字高为 5mm,比尺寸文字要大一号,指引线长为 1.5 倍字体大小,对话框下部还有样式与顺序,默认为按矩形对齐,顺时针顺序编号,选择其他的样式则单击相应的按钮,在弹出的选项中进行选择。

管道明细
管道统计
国标
国标BOM

创建指定子装配明细栏   生成 生成明 明细栏
                    编号 细栏   格式

图 7-67   零件明细栏命令条

(2)改变编号位置

编号的位置不合适时可以改变编号的位置。选择某个编号,或单击"注释"选项组中的按钮,可以看到细虚线。改变编号的位置可以拖动细虚线框或控制点,如图 7-69 所示。直接拖动四边的中点,可以使细虚线框放大与缩小,直接拖动细虚线将平移细虚线框的位置,按〈Shift〉键拖动细虚线的中点是平移选定的细虚线。

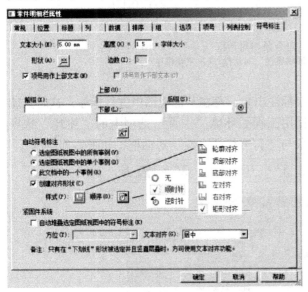

图 7-68   "零件明细栏属性"对话框

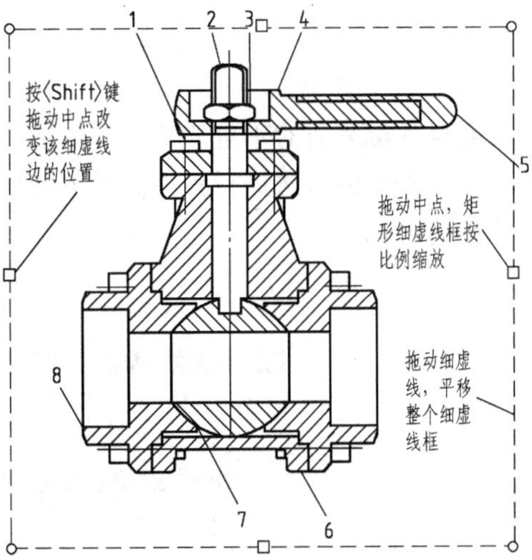

按〈Shift〉键拖动中点改变该细虚线边的位置

拖动中点,矩形细虚线框按比例缩放

拖动细虚线,平移整个细虚线框

图 7-69   编号的编辑

(3)编号重新排序

如需要对编号重新排序,可以单击图 7-70a 所示的"选择起始编号"按钮,再选择一个编号即可重新从这一个编号开始对编号重新排序。单击图 7-70a 所示的"属性"按钮,可以弹出"对齐形状属性"对话框,如图 7-70b 所示,可以设置编号间的最小间距。"间距"有"均匀"与"不均匀"两个选项,默认为不均匀。选择"均匀"则所有编号间的距离相等,看起来并不好看。

图 7-70c 中最左端的编号不是从 1 开始,而是从 7 开始,可以单击图 7-70a 所示右侧"选择起始编号"按钮,再选择顺时针方向,然后选择图 7-70c 所示的编号 7,即可将编

号 7 改为编号 1，从左到右重新编号（按照原来的顺时针方向）。

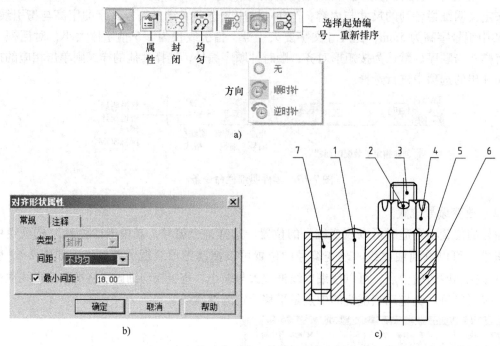

图 7-70　命令条与对话框
a）命令条　b）"对齐形状属性"对话框　c）重新排序

（4）补充编号

零件的编号有时不可能都在一个视图中标注出来，可在其他视图中进行标注，这时只能采用手工编号的方法进行标注。手工编号使用工程图环境"主页"选项卡的"注释"选项组中的符号标注命令。手工编号的命令条与"符号标注属性"对话框，如图 7-71 所示。

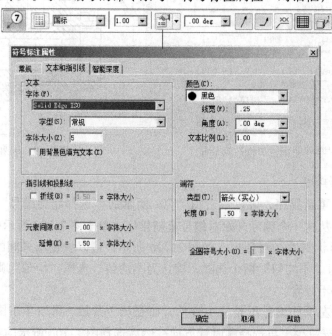

图 7-71　手工编号的命令条与"符号标注属性"对话框

（5）修改编号指引线端位置

默认编号的指引线从零件的轮廓引出，但是实际图样一般要求从零件的轮廓内引出，编号标注以后，可以选择编号，按〈Ctrl + Alt〉键，拖动箭头处的控制点到零件的轮廓内。这样修改以后，箭头将变成原点，默认原点比较大，可以选择若干个编号统一进行修改，选择以后在命令条上单击"属性"按钮，将弹出如图 7-71 所示的对话框，修改"端符"选项组中的"长度"为 0.50 即可。

（6）共用指引线

对于零件组件来说，装配图可以共用一条指引线，操作方法是按〈Alt〉键拖动一个编号到另外一个编号的指引线上，如图 7-72 所示。

如果想将共用指引线恢复成原来单独的指引线，操作的方法是一样的，按〈Alt〉键拖动编号到其他位置（或细虚线上），使两者脱离联系，再按命令条上的"指引线"按钮 /，将指引线显示出来即可。

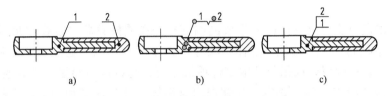

图 7-72　共用指引线的编号操作

a）原编号　b）按〈Alt〉键拖动 2 到 1 上　c）更改编号的位置

（7）编辑指引线的方向

如果想修改文字端的指引线方向，可以选中编号以后，单击命令条上的"折线"按钮，按〈Alt〉键并拖动水平指引线即可，如图 7-73 所示。

（8）选择明细栏的列表方式

1）顶级列表（列出第一层零部件）。生成明细栏以后，右击明细栏，在快捷菜单中选择"属性"选项弹出"零件明细栏属性"对话框（图 7-68），或选择明细栏，在命令条上单击"属性"按钮弹出该对话框。在对话框中选择"列表控制"选项卡，显示图 7-74 所示的图形。单击图 7-74 所示的"顶级列表"单选按钮，只显示第一层的零件或子装配，子装配中的零件或部件不在明细栏中列出，设计中一般选择该项。对于子装配中的零部件，可在子装配图的明细栏中表达。

2）详细列表（列出全部零件）。在图 7-74 中单击"详细列表"单选按钮则显示全部的零件，不显示子装配的名称。比较简单的装配图，不再单独画出子装配的子装配图，可以采用这种形式。

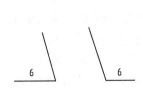
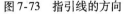

图 7-73　指引线的方向

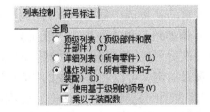

图 7-74　"零件明细栏属性"对话框中"列表控制"选项卡

3）爆炸列表（列出所有零件和子装配）。单击"爆炸列表"单选按钮则显示所有零件与子装配，如果再单击"使用基于级别的项号"复选框，子装配中的零件会根据子装配的项号，使用下一级的项号编写规则，如子装配的编号为5，则它下面零部件的项号为5.1、5.2等。使用乘以子装配数是指数量统计时零件的数量是所有该类型子装配的该零件总数，如使用了两个子装配，每个子装配使用了4个某零件，该零件总数量显示为8，不选择该项就是一个子装配中该零件的数量。采用详细列表时，每个零件的数量是该设备采用的总数量，不管用到了哪个子装配中；采用爆炸列表时，子装配中零件数量是该子装配中的数量。

（9）修改编号数字

Solid Edge编号的数字已经可以按照顺时针或逆时针进行排序，一般不需要进行修改，如果需要修改编号的话，可以选择编号，光标直接处于编号的数字处，直接修改编号数字，右击确认即可，如果修改后的编号与现在某个零件的编号重复，将弹出提示框，选择两个零件编号互换即可。编号修改以后需要单击功能区的"更新视图"按钮来更新明细栏中的数据。

编号数字的调整也可以右击已经生成的明细栏，在快捷菜单中选择"属性"选项，将弹出"零件明细栏属性"对话框，选择"项号"选项卡，左侧一栏显示的是项号数值，可以直接进行修改，修改以后如果与其他零件项号重复，将以红色显示，再修改重复的项号，在对话框中单击"应用"和"确定"按钮退出对话框，观察视图和明细栏中的数据，已经发生了变化。

（10）填写明细栏

明细栏中的项目包括序号、代号、名称、数量、质量、材料和备注。序号对应二维装配图中的编号，自动填写在明细栏中。代号对应零件属性中的标题项。名称对应零件的名称，零件比较少时建议零件存盘时直接使用零件名命名，如阀杆、小轴等，对于标准件使用名称加尺寸代号形式命名，如螺钉M6×35。代号名称一般不能实现自动填充，应用手工方式填写。数量对应该零件的数量，程序可以自动统计后填入标题栏中，不需要人工干预。材料需要在材料表中手工选择每个零件的材料代号。质量可以进行自动统计后填入明细栏中。备注填写图形中没有的技术参数，如该零件的生产厂家等。实际上需要填写的就是代号、名称、材料、备注四项。

明细栏中项目的填写一般使用装配环境或工程图环境中的"应用程序"按钮 ▼，在下拉菜单中选择"信息"选项，在弹出的"属性管理器"对话框中进行填写，如图7-75所示。对于第一次使用的属性管理器，显示的内容可能不是图7-75所示的内容，需要进行调整。调整的方法是在对话框内容区右击，在快捷菜单中选择"显示属性"选项，将弹出"显示属性"对话框（图7-76），对话框右侧项目就是显示在图7-75所示对话框中的内容。可以把不符合要求的项目选中后移除，再从左侧找到标题、主题、材料和注释（后两项在下面后面部分）添加到右侧的列表中，就可以显示选定的内容。单击"确定"按钮退出对话框。修改过一次后再使用"属性管理器"对话框填写其中的内容就不用再进行设置。

明细栏中项目的定义可以右击生成的明细栏，在快捷菜单中选择"属性"选项，弹出图7-77所示"零件明细栏属性"对话框，明细栏内容、尺寸等都可以在该对话框中定义，定义以后可以保存为预定义栏。该文件存放在c：\ program files \ Solid Edge ST10 \ template \ reports目录中，可以作为模板提供给其他用户使用，文件名为drftlist.txt，是一个纯文本文件。

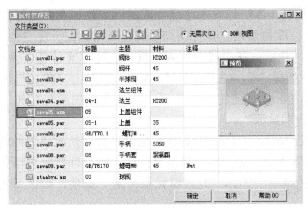

图 7-75　"属性管理器"对话框

代号一般使用零件的编号即可，如 4 - 2 - 2 表示第 4 个部件中的第 2 个子部件中的第 2 个零件。4 - 2 - 0 可表示第 4 个部件中的第 2 个子部件。对于标准件直接填写该标准件的标准编号。

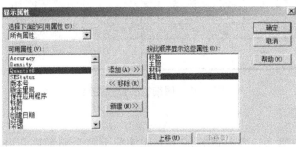

图 7-76　"显示属性"对话框

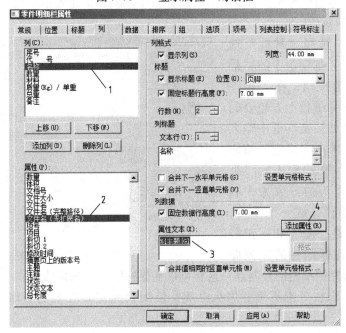

图 7-77　"零件明细栏属性"对话框

　　一般零件如果存盘时使用零件名称，标准件命名采用名称加尺寸代号，这样明细栏中的名称栏可以实现自动填写。方法是右击已经生成的明细栏，在弹出的快捷菜单中选择"属性"选项，弹出如图7-77所示的"零件明细栏属性"对话框，在"列"选项卡中的"列"列表框中选择"名称"选项，在"属性"列表框中选择"文件名（无扩展名）"选项，在"属性文本"列表框中选择"% {主题 | G}"选项，再单击"添加属性"按钮，最后单击"确定"按钮退出对话框。单击"主页"选项卡的"更新视图"按钮，此时二维装配图明细栏按照存盘的名称自动显示。

　　对于 Solid Edge 较高的版本（如 ST10 等）也可以直接修改明细栏的内容，双击生成的明细栏，显示如图7-78所示。如材料一列需要修改，将鼠标指针移动到该列最上面黄色区域，右击在弹出的快捷菜单中选择"允许单元格覆盖"选项，则该列变为白色，双击单元格即可输入内容。

序号	代　号	名称	数量	材料	单重 质量	总重 质量	备注
6	GB/T 6170—2015	螺母M8	1	Q235	0.006	0.006	
5	GB 93—1987	弹簧垫圈8	1	65Mn	0.001	0.001	
4	GB/T 97.1—2002	垫圈8	1	Q235	0.002	0.002	
3	GB/T 5782—2016	螺栓M8×35	1	Q235	0.013	0.013	
2	SK-1	上连接头	1	HT200	0.183	0.183	
1	XK-1	下连接头	1	HT200	0.078	0.078	

图7-78　明细栏的直接编辑

（11）分拆明细栏

　　有时产品的零部件太多，在标题栏的上方无法放下整个明细栏，可以将明细栏分成几个部分，依次放置在标题栏的左侧。可右击明细栏，在弹出的快捷菜单中选择"属性"选项，弹出图7-79所示的对话框。

　　在图7-79中，选择"常规"选项卡，单击"高度"选项组中的"最大数据行数"单选按钮，在"第一页"文本框中输入标题栏上方想要的数据行数，"其他页"文本框中输入想要的数据行数，单击"确定"按钮退出对话框。图7-79中输入的"第一页"和"其他页"的行数为5和10，那么将把标题栏分成一个5行，若干个10行的表格。按〈Alt〉键将其他的表格拖放到标题栏的左侧即

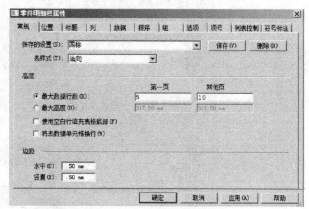

图7-79　分拆标题栏

可。拖放时最好选择明细栏的控制点，这样可以捕捉标题栏上的特殊点。

　　如果对以上明细栏分割不满意怎么办呢？使用快速工具栏上的撤回命令，重新分割即可。

　　如果想生成一张单独的零部件表格，而不是放在二维的装配工程图上，此时明细栏的表

头应当在上面。方法是右击明细栏，在弹出的快捷菜单中选择"属性"选项，再选择对话框中"列"选项卡，如图 7-77 所示，单击"标题"选项组中的"位置"下拉式菜单，将"页脚"选项改为"页眉"选项，单击"应用"按钮，就会发现明细栏中表头的位置已经发生了变化。也可以将数据复制到 Excel 文件，用 Excel 文件的格式进行保存。右击装配工程图明细栏，在快捷菜单中选择"复制"选项，在 Word 或 Excel 中复制即可。

7.5.5 制定技术要求、填写标题栏

二维装配图、编号与明细栏、尺寸标注都完成以后，还需要制定产品的技术要求。技术要求可使用工程图环境中的文字编辑工具进行编写。一般应当参照同类设备的技术要求进行编制。最后填写标题栏，装配图的标题栏与零件图基本相同，不同的是材料栏应当空缺，因为装配图不是一个零件，零件的材料已在明细栏中进行了表达。

7.6 装配分解图与拆装动画

装配分解图是产品组装中常用的一种图形，是按照装配顺序与位置拆开放置的图形，表达零件的安装顺序与相对位置关系。在三维设计软件中，设计好三维装配模型以后，就可以生成装配分解图，通过装配分解图就可以进一步生成装配或拆卸动画。

7.6.1 装配分解图

在装配环境中选择"工具"选项卡，在"环境"选项组中单击"爆炸渲染动画（ERA）"按钮，屏幕顶部功能区的内容就会发生很大变化，变成了动画、渲染和爆炸的有关工具，如图 7-80 所示。其中爆炸就是生成装配分解图的选项组，有自动爆炸和爆炸两个命令。

图 7-80 动画、渲染和爆炸的有关工具

（1）自动爆炸

生成装配分解图一般使用自动爆炸比较简便，对于同轴、面贴合和面对齐装配的部件可以生成很好的装配分解图。单击图 7-80 所示的"自动爆炸"按钮后，命令条如图 7-81 所示。

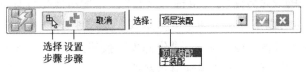

图 7-81 自动爆炸的命令条

在图 7-81 中一般先选择"顶层装配"选项，可以分解第一层装配，也可以分解子装配。如图 7-82a 所示，左右法兰组件和上阀盖组件没有分解。选择"子装配"选项时，仅分解指定的子装配。图 7-82b 是在前面分解的基础之上，再选择子装配，然后选择上述三个组件分解的结果。

选择顶层装配，确定以后，在命令条上还有一个选项，如图 7-83 所示。图 7-82a 所示

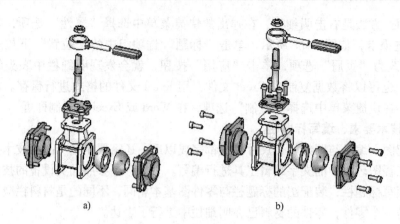

图 7-82　顶层装配与子装配的作用

a）选择顶层装配的装配分解图　b）在选择顶层装配基础上继续选择子装配的分解图

为选择"绑定所有子装配"复选框的结果，图 7-82b 所示为不选择"绑定所有子装配"复选框的结果。图 7-83 中爆炸方式的两个选项，使得到的结果中零件之间的距离和位置有所不同。

如果开始时在命令条上（图 7-81）直接选择"子装配"选项，再选择左右法兰组件，那么只分解左右法兰组件，其他的零件不分解，如图 7-84 所示。

图 7-83　自动爆炸选项

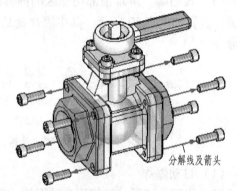

图 7-84　选择"子装配"选项时的分解图

图 7-84 中带箭头的线是分解线（也称为飞行线），指示该零件原来的位置和拆卸的方向。分解线可以显示也可以不显示，通过"分解线"选项组中的"分解线"按钮和"分解线"箭头按钮来进行显示或不显示，"分解线"按钮按下时，"分解线"箭头按钮才能被按下，可以单独显示分解线，不能单独显示箭头。

爆炸图零件位置的调整，可以使用"修改"选项组中的拖动零件命令。选择该命令，再选择需要移动的零件，右击或按〈Enter〉键确认，将在选定的零件上出现一个坐标系，如图 7-85 所示，选择坐标系的某个轴拖动鼠标就可以在该方向上移动该零件。

在图 7-85 上部的拖动零件命令的在命令条上有两个按钮，一个是"移动选定零件"按钮，单击该按钮只移动选定的零件；另一个是"移动相关零件"按钮，单击该按钮相关的零件会一起移动。

如果需要调整零部件分解的顺序，不能使用移动命令来实现，需要使用重新定位命令，操作时首先单击该命令按钮 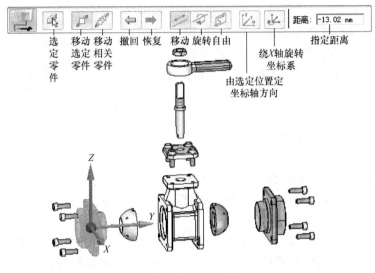，再选择重新定位的零件，然后选择移动到的相关零件，观察箭头的方向，箭头的方向指明重新定位零件的侧面，根据箭头的指示，单击即可。如图 7-86a 所示，想调整上阀盖组件与阀杆的位置，选择重新定位命令后，选择上阀盖组件，再选择手柄左侧，向下的箭头表明上阀盖组件将放在箭头所示方向。图 7-86b 所示为重新定位后的结果。

图 7-85　零件位置的移动

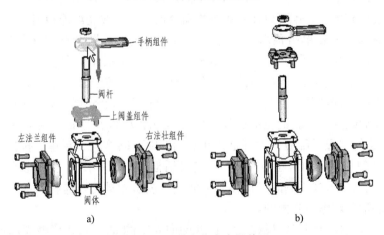

图 7-86　重新定位命令的使用

a）原装配分解图　b）重新定位后的结果

在"修改"选项组还有两个命令，即移除命令 与折叠命令 。这两个命令需要选定爆炸后的零部件，移除命令可以使选定的零部件隐藏起来，折叠命令可以使选定的零部件回到原装配分解前的位置。如图 7-87 所示，选定了两个螺钉，选择折叠命令，螺钉就可以回到子装配原来的位置上。选定零件以后也可以使用零件附近出现的编辑框，输入数值调整零件的位置，如图 7-87 所示。

通常自动爆炸不分解固定关系的零件，对于具有固定关系的零件，可以采用拖动零件的

方式，达到装配分解图的目的，也可以删除固
定关系改为其他的装配关系来进行装配。

（2）爆炸命令

爆炸命令是指分解指定的零部件，属于手
工爆炸的操作，一般用于采用自动爆炸不能完
成要求的情况下。尽量先用自动爆炸，再用手
工爆炸的工具。

图7-88a 所示为爆炸命令的命令条与操作步
骤。首先选择爆炸命令，再选择要爆炸的零件
（可多选），然后选择静止零件及基准面，最后
选择爆炸的方向，在弹出的对话框中选择爆炸方
式，单击命令条上的"爆炸"按钮即可。
图7-88b 所示为分解手柄、套及螺母，先选择爆
炸命令，再选择手柄、套及螺母，右击确认；选
择阀杆，再选择手柄与阀杆的结合面，最后选择

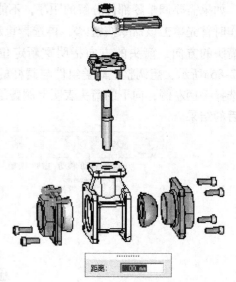

图7-87　折叠命令与使用编辑框调整零件位置

分解的方向，单击选择方向箭头即可。图7-88c 所示为采用相同方法分解上端螺母与手柄套的
结果。

分解完一个或一组零件以后，可以连续使用爆炸命令，不用再选择爆炸命令，继续下一
次分解操作，直接选择待爆炸零件等操作即可。不再继续分解操作时，右击或选择其他命令
结束爆炸命令。注意下一次爆炸操作的爆炸距离默认是上一次操作的数值，如果不满意可以
随时更改，即使没有更改，也可以在结束爆炸命令前，再次改变爆炸距离。

爆炸图生成以后需要单击顶部的"存盘"按钮，则爆炸图会存储在装配模型文件中，
以便后面应用。图7-89 所示为"配置"选项组与显示配置操作，左上角显示框中的内容为
屏幕显示的内容，单击该框，弹出当前配置列表框，从中可以选择原装配模型或爆炸模型。

一个装配生成了许许多多的分解图，那怎么能够保存几个分解图呢？可以先生成想要的
装配分解图，然后建立一个新的显示配置名称。单击图7-89 所示的"显示配置"按钮，将
弹出图7-89 所示的"显示配置"对话框，在对话框中可以单击"新建"按钮，输入名称后
单击"确定"按钮可以看到新建的名称，单击对话框中的"关闭"按钮退出对话框。单击
图7-89 所示左上角显示框右侧的"保存显示配置"按钮即可。这样从显示配置列表框中
可切换到不同装配分解图或装配图。

装配分解图可以投射到二维图样上，在视图向导中的 cfg、PMI 模型视图或区域的下拉
列表中选择前面存储的爆炸选项即可。

7.6.2　拆装动画

拆装动画是在生成装配分解图的基础上，生成装配动画或拆卸动画。单击功能区的
"动画编辑器"按钮，显示图7-90 所示的图形，考虑排版因素，只截取了屏幕的左上部分。
屏幕上部是装配分解图显示区域，屏幕底部是动画编辑区域，单击"最小化"按钮可以
将下部的动画编辑器区域压缩一小部分。再次单击该按钮恢复为原来的显示区域。

右击图7-90 所示左下角的"爆炸"选项，在弹出的快捷菜单中选择"编辑定义"选
项，弹出爆炸属性对话框，如图7-91 所示。

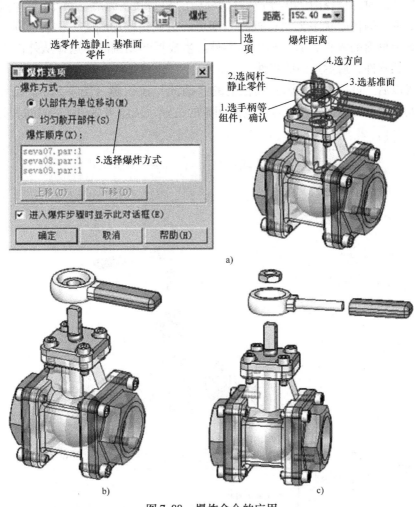

图 7-88　爆炸命令的应用

a）爆炸命令的命令条与操作步骤　b）分解手柄、套及螺母　c）分解上端螺母与手柄套

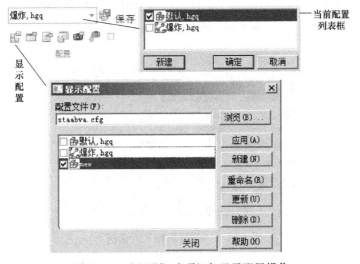

图 7-89　"配置"选项组与显示配置操作

　　生成安装动画时，选择图7-91所示对话框中的初始状态为"已爆炸"；生成拆卸动画时，选择对话框中的初始状态为"已折叠"即可。生成安装动画时，一般选择动画顺序为从内向外，先装里面的零件，后装外面的零件。生成拆卸动画时，选择从外向内的动画顺序，先拆外面的零件，后拆里面的零件。

　　动画生成以后，可以单击动画工具栏上的"播放"按钮 ▶（图7-90），检查动画的动作，必要时调整动画编辑区每一个零件的时间条的位置，从而调整动画的时间和先后顺序。

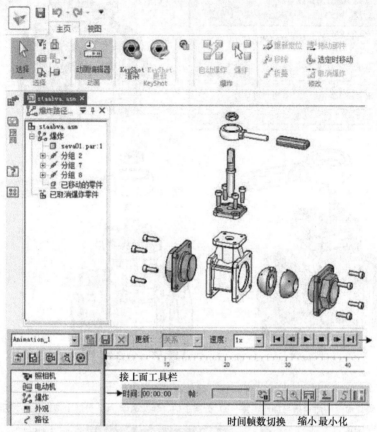

图7-90　动画编辑器命令界面

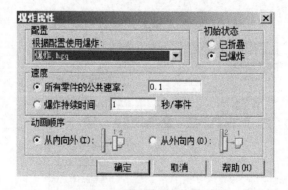

图7-91　"爆炸属性"对话框

保存动画需要单击动画工具栏上的"存盘"按钮，即可将动画保存起来，默认的动画名称为动画 1。新建动画可以单击动画工具栏上的"新建"按钮（），按照前面的方法建立新的装配或拆卸动画，或其他的运动仿真等动画。

动画的切换可以从动画工具栏左侧的列表框中选择动画名称来实现，如动画 1 或动画 2。

当前的动画也可以保存为脱离 Solid Edge 播放的文件，单击动画名称下面的"存盘"按钮即可保存为 WMV 格式的视频文档，在 Windows 下即可播放。

7.7　装配特征

零件上的有些结构是在装配过程中才加工的结构，如圆锥销联接的结构。一个销孔的尺寸规定的是销孔小端的直径，一个零件按标准尺寸加工，那另一个零件的尺寸是多少呢？这要通过计算才能知道，很有可能有很多位小数，造型就显得比较麻烦。那能不能在装配环境中直接完成这类结构的设计呢？当然是可以的，这就是装配特征。直接在装配环境中生成销孔，两个零件一次就可以生成这个孔的结构，尺寸该是多少也就不用设计者操心了。在装配环境中使用"特征"选项卡中"装配特征"选项组中的命令生成的零件特征就称为装配特征。

图 7-92 所示为"装配特征"选项组，从中可以看出，装配特征只能是除料特征，可以为拉伸、除料、旋转、旋转除料、打孔、倒圆或倒角。

图 7-92　"装配特征"选项组

选择图 7-92 中的打孔命令，将弹出图 7-93a 所示的"装配特征选项"对话框。在该对话框中上部有三个选项，第一个选项是"创建装配特征"，选择该选项创建的特征，仅在该装配中指定的位置有效，不影响其他位置上该零件的结构，对相关零件的文档结构没有影响，使用原来的文件建立的零件图不会有装配特征的结构。装配特征建立以后会在左侧的资源查找器顶部有所显示，如图 7-93b 所示的孔 1（销孔），在支座的零件结构中是没有孔 1 的结构的，仅在装配环境中存在。第二个选项是"创建装配驱动零件特征"，选择该选项时，将修改零件的结构。如图 7-93d 所示的台阶孔结构，左侧的零件建立以后，右侧相同的零件也会建立相同的结构。采用顺序建模方式，装配体具有链接关系，可以通过在装配中打开零件来进行观察，如图 7-93b 所示下部的台阶孔（孔 2），前面显示了链接的图标，同时在顶部也显示了装配驱动零件特征，如果还有其他的装配特征，都会列在下面。

图 7-93a 中装配特征的第三个选项是"创建零件特征"，采用这个选项会修改零件的文档结构。创建零件特征有些可以采用同步建模方式，可在图 7-93a 中进行选择是否采用同步建模方式。这样创建的零件特征与装配结构没有链接关系，如图 7-93b 所示的除料 1，就没有显示链接关系，这样建立的特征将直接显示在零件的特征中，与零件特征区别不大。

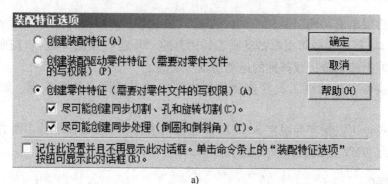

图 7-93　装配特征的使用

a）"装配特征选项"对话框　b）编辑支座时的资源查找器　c）原模型　d）装配特征、装配驱动零件特征与零件特征

7.8　装配焊接及其表达

焊接是将零件的连接处加热熔化或加热加压熔化（用或不用填充材料），使连接处熔合为一体的制造工艺。焊接属于不可拆连接。

焊接图是焊接加工时要求的一种图样。焊接图应将焊接件结构和焊接有关的技术参数表示清楚。国家标准中规定了焊缝种类、画法、符号、尺寸标注方法以及焊缝标注方法。

常用焊接方法有电弧焊、电阻焊、气焊和钎焊，以电弧焊应用最广。在工程图中，焊缝表达已标准化（GB/T 324—2008），各种焊缝用特定符号来表达，焊缝尺寸用数值表示。

在 Solid Edge 的装配设计中有焊接造型的部分，鉴于篇幅限制，本书不做过多介绍。读者朋友们可以参考 Solid Edge 的帮助文档进行学习。即使装配环境没有进行焊接造型，也可以在工程图中直接进行标注。在工程图中可以使用"注释"选项组中的"焊接符号"按钮 进行相关标注。图 7-94a 所示为焊接标注命令的命令条，单击右侧的"标注在几何体上"按钮时，可以直接选择投影中的焊缝进行标注。如果造型中就没有进行焊接造型，需要单击命令条上的"属性"按钮,弹出"焊接属性"对话框,在对话框中填写焊缝类型、焊缝尺寸和焊接方法符号等数据,确定标注在焊接位置即可。对于焊缝类型,常用的有角焊缝⊿、V形焊缝V、单边V形焊缝⊬、点焊缝○等。图7-94b所示为"焊接属性"对话框局部,需要时可以单击相应的按钮,从中选择需要的符号即可,白色的编辑框中需要输入数值化的数据,如焊缝高度、焊缝长度和间隔长度等。

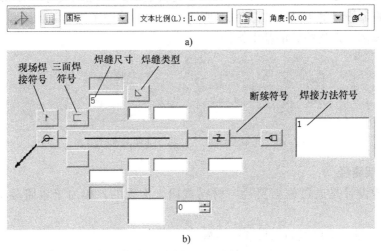

图 7-94 工程图中焊缝标注方法

a) 焊接标注命令的命令条 b) 焊接属性对话框局部

图7-95所示为由六个零件组成的焊接装配图,其中标注了两个焊缝符号。左侧销轴下面垫块处采用三面焊接的角焊缝,焊缝尺寸为6mm,采用装配时现场焊接。下面底板与左右两竖板采用双面角焊缝进行焊接,焊接方式为焊条电弧焊,焊缝尺寸为10mm。

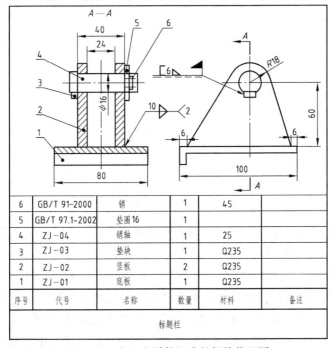

6	GB/T 91-2000	销	1	45	
5	GB/T 97.1-2002	垫圈16	1		
4	ZJ-04	销轴	1	25	
3	ZJ-03	垫块	1	Q235	
2	ZJ-02	竖板	2	Q235	
1	ZJ-01	底板	1	Q235	
序号	代号	名称	数量	材料	备注
标题栏					

图 7-95 由六个零件组成的焊接装配图

7.9 框架结构设计

框架是机械设计中常见的结构，就是金属的支架。框架在 Solid Edge 装配环境中可以比较方便地进行设计。本节介绍框架的设计方法。

单击装配环境"工具"选项卡中"环境"选项组中的"框架设计"按钮 ，"主页"选项卡变成了框架设计的工具，如图 7-96 所示。其中的草图工具与其他环境的草图工具一样，可以绘制草图，定义框架的基本结构。

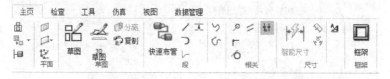

图 7-96 框架设计的"主页"选项卡部分内容

7.9.1 绘制框架路径

框架的结构设计是通过框架路径与材料截面来实现的，相当于单路径单截面的扫掠造型。

（1）通过"段"选项组的工具进行绘图

在 Solid Edge 的框架设计环境，可以使用"段"选项组中的绘图工具来建立空间的草图，从而构建空间框架路径。如图 7-97 所示，单击"线段"按钮 ，选择起点，命令条上可以输入长度和坐标。直接单击显示的坐标轴可以确定画线的方向，也可以使用捕捉。绘图时可以按〈Z〉键，锁定三个坐标轴之一，再按一次锁定另一个坐标轴，如图 7-97 所示；按〈X〉键可以锁定一个坐标平面，再按一次锁定另一个坐标平面，按〈C〉键可以解除锁定轴或平面。

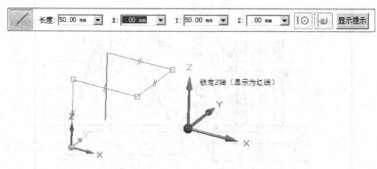

图 7-97 线段的画图

"段"选项组中的圆弧段命令 是绘制空间圆弧的命令，先确定圆弧的起点与终点，再输入半径或选择第三点来画圆弧。

"段"选项组中的移动段命令 用来手工移动已经画出的框架草图。

"段"选项组中的快速布管命令 用来在已知的空间两点间自动规划路径，设计者可以从可能的方案中选择一种比较满意的方案，该命令的命令条如图 7-98a 所示。该命令来源于管路设计中的路径规划，因此称为快速布管命令。例如：图 7-98b 中选择快速布管命令，再选择点 A 和点 B，将出现可能的路径 1，单击命令条上的箭头，将显示下一个可能的路径，如图 7-98c 所示。满意时单击命令条上的"完成"按钮即可。

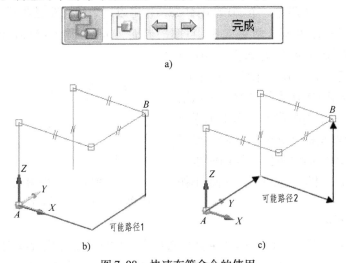

b)　可能路径1　　　　　　　　　　c)　可能路径2

图 7-98　快速布管命令的使用

a）快速布管命令的命令条　b）可能路径 1　c）可能路径 2

　　图 7-99a 所示为曲线段的命令条，该命令的功能是将直线段或圆弧段的图线转化为曲线段，构造空间曲线类型的路径。曲线拟合的方式有三种，第一种是中点方式，如图 7-99b 所示，曲线通过每段线段的中点；第二种是端点方式，如图 7-99c 所示，曲线通过每段线段的端点；第三种是所有点方式，如图 7-99d 所示，曲线通过每段线段的端点与中点，更接近与直线段的路径。从三种拟合方式来看，第一种可能更好一些。对于钢结构来说一般很少使用曲线路径。

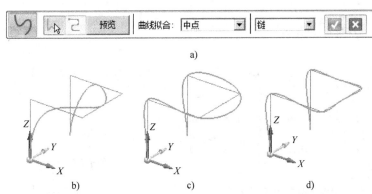

图 7-99　直线段转化为曲线段

a）曲线段的命令条　b）曲线拟合（中点）　c）曲线拟合（端点）　d）曲线拟合（所有点）

　　"段"选项组中还有一个曲线命令是直接绘制曲线的命令，适用于空间已知点较多的情况。

　　（2）使用草图工具画路径

　　如果框架结构的路径大部分是平面图形，可以直接使用草图工具进行绘图，单击功能区的"草图"按钮，再选择某个绘图平面就可以进入平面草图的绘图界面，这一部分前面讲了很多，就不再详述。

（3）使用3D草图绘图工具绘制路径

在"草图"选项组中还有一个3D草图命令，也可以用来绘制路径草图。

单击"3D草图"按钮，将进入3D草图的界面，可以直接绘制3D的直线、点、圆弧、矩形等。图7-100a所示为单击"3D草图"按钮后功能区的"3D绘图"选项组。图7-100b所示为绘制3D直线的过程，可以沿三个坐标轴的方向直接绘制草图，当出现平行的标志时，就是沿着坐标轴绘图的方向，鼠标指针就是三条坐标轴方向的直线。绘图时也可以锁定轴（按〈Z〉键）或坐标平面（按〈X〉键）。

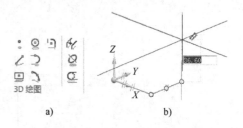

图7-100　3D直线的绘制

a）单击"3D草图"按钮后功能区的"3D绘图"
选项组　b）绘制3D直线的过程

7.9.2　生成框架结构

框架路径设计好以后，可以使用"主页"选项卡中的框架命令完成框架结构的设计。

单击"框架"按钮，将弹出"框架选项"对话框，主要有首选框架方位、拐角处理选项、框架部件位置选项，以及其他一些选项，如图7-101所示。

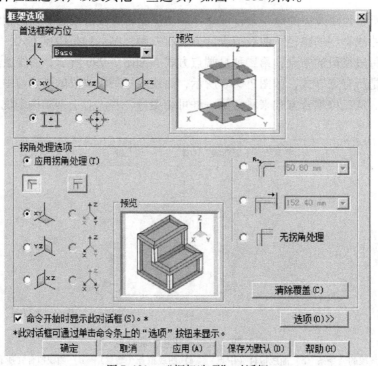

图7-101　"框架选项"对话框

单击图7-102a所示的"选项"按钮，弹出图7-101所示的对话框。图7-102b所示为草图。图7-102c所示为生成的框架。截面模型可以从命令条上选择。可以自定义模型，生成的模型必须使用草图拉伸完成，不能使用倒角、圆角等其他编辑工具修改模型。

选择截面以后再选择路径，单击命令条上右端的"确认"按钮，或右击确认，即可显示完成的框架造型，单击命令条上的"完成"按钮结束框架造型操作。从图7-102c中可以看出边框采用的是斜接的方式，中间的零件采用的是平头截面的方式。如图7-103所示，

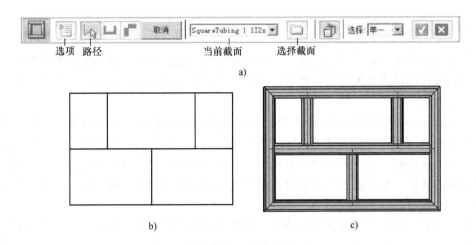

图 7-102　框架造型

a) 框架命令的命令条　b) 草图　c) 生成的框架

从屏幕左侧的资源查找器中可以看出，框架结构建立以后实际上插入了一个框架组件，其中包含了八个零件，这些零件均由截面文件派生而来，实际上并不建立这些文件，如果要建立这些零件的零件图，就需要将这些零件保存起来，方式是右击资源查找器中的零件，在弹出的快捷菜单中选择"另存为"选项，即可保存在指定的文件夹中，以便后面为零件图使用。

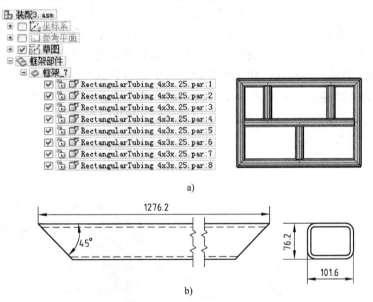

图 7-103　框架生成后的资源查找器

a) 框架模型与对应的资源查找器　b) 上边框另存为零件，然后投射后的零件图

　　总结：框架结构是一种装配焊接结构，焊接的技术参数可以在框架的焊接装配图中进行标注，零件图也需要画出进行焊接前的加工；框架结构设计的关键是路径草图，路径草图可以使用多种方法画出；截面可选择拉伸生成的零件，零件造型只能使用拉伸操作；Solid Edge 中的管路造型、线缆造型与框架造型的思路是一样的，具有类似的设计界面，读者需要的话可以自学相关的部分。

7.10　装配体运动仿真

产品使用过程中，各部分之间有时会有相对运动，运动的规律受到零部件结构与位置的影响。产品能否满足使用的要求，在制造以前需要进行运动分析的检验，本节就介绍装配体运动分析的方法。

在 Solid Edge 中有两种运动分析方法。一种是电机运动分析，通过设置主动件和装配建立的连接关系，带动其他零件进行运动。另一种是基于力学的运动分析，通过设置运动环境、主动件、运动副，然后进行仿真分析。第二种方法可以建立运动的模拟动画，同时可以得到设置点的速度、加速度与运动轨迹，是研究机构设计的一种重要方法。由于教育版不提供完整的运动分析，以下只介绍第一种方法。

装配设计后，将原动件设置为主动件，定义初始运动的有关参数，通过零件间的装配关系，带动其他零件进行运动，从而得到设备的运动情况。定义时，原动件的数量可以有若干个，分别去进行分析。通过动画编辑器调整它们之间的运动。

单击主页→"线型电机"按钮 ，命令条如图 7-104a 所示；再选择零件，如图 7-104b 所示的活塞杆，观察运动方向是否符合要求，不符合要求时单击命令条上的"改变运动方向"按钮 ，输入速度与距离限制，如 15mm，可改变电机名称，默认为线性电机 1，单击命令条上的"完成"按钮结束线性电机的定义。利用同样的方法再定义一个返回的线性电机，方向与第一个电机相反，速度与距离限制与第一个线性电机相同。单击主页→"模拟电机"按钮 ，在弹出的对话框中单击"确定"按钮，退出对话框即可生成运动的动画。图 7-104c 所示为屏幕底部的动画编辑器，可以用鼠标拖动每一段动画起始结束的时间。单击图 7-104c 所示的播放按钮 ▶，即可播放动画。单击图 7-104c 所示左侧的存盘按钮 ，即可将动画保存为 AVI 格式，在没有 Solid Edge 的计算机上播放。单击图 7-104c 所示上部的"存盘"按钮 可以将当前动画定义保存在 Solid Edge 装配文档中。

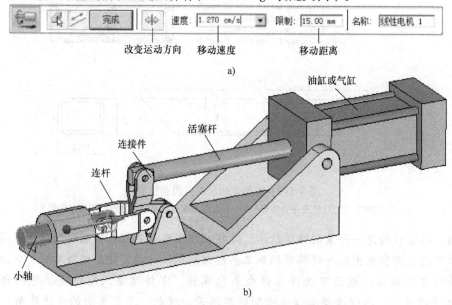

图 7-104　线性电机的定义与运动仿真

a）线性电机的定义命令条　b）线性电机的定义模型

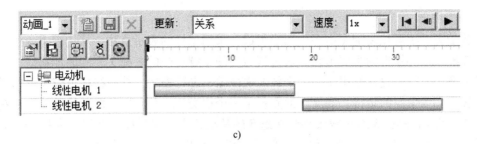

c)

图 7-104　线性电机的定义与运动仿真（续）

c）动画编辑器中的两段动画

旋转电机的定义与线性电机定义相似，旋转电机旋转整圈比较多，一般旋转范围不定义，数值为 0，表示没有限制，如图 7-105 所示。模拟的方法与线性电机相同。

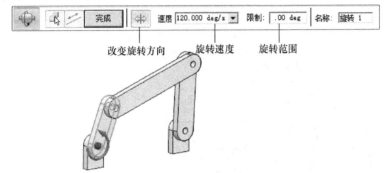

图 7-105　旋转电机的定义与运动仿真

总结：电机的定义与运动仿真是检查运动情况的一种模拟方法，可以根据设备的情况定义若干个电机，电机定义的顺序一般是运动的顺序，也可以在动画编辑器中进行调整；Solid Edge 的模型也可以导入到 ADAMS 等一些专门的运动分析软件去进行运动分析。

7.11　装配图读图

装配图读图包括了二维装配图和三维装配图。对于三维装配图来说，主要是观察设备的外观结构，拖动主要零件看看运动是否干涉等。一般装配图读图是指二维装配图的读图。二维装配图包含的信息量更大，如装配路线、密封结构、传动结构、安装方式、配合尺寸、总体尺寸、重要结构和工作原理等。

同零件图一样，装配图的读图也是一项重要的内容。下面通过举例说明读图的基本步骤与方法。

（1）读标题栏

通过读标题栏了解该装配图的名称、设计单位、使用的比例和图号等。如图 7-106 所示，从标题栏看到该装配图名称为千斤顶。千斤顶有许多种，螺旋千斤顶用得较多，还有液压式等。

（2）使编号与明细栏

通过读编号与明细栏了解该装配图中有多少种零件。从图 7-106 所示的编号与明细栏可知，该千斤顶共有七种零件。

（3）读图形

读装配图，了解该装配图由多少图形组成，采用怎样的表示方法。从主视图入手了解零件间的装配关系和零件的主要形状，通过其他视图了解另外的装配关系和装配路线。

对于图7-106来说，使用了一个全剖的主视图来进行表达，其中横杠1较长采用了断开画法。底座2为中空的结构。底座上部安装了一个螺套7，为了防止螺套的活动，在右侧添加了一个螺钉6，螺杆3通过螺纹旋合在螺套的螺纹孔中，在螺杆的上部安装有一个顶盖4，使用了双点画线表明了它的最高位置，但是并没有画出它的具体结构。在螺杆顶部有一个槽，通过紧定螺钉5将顶盖固定在螺杆上。

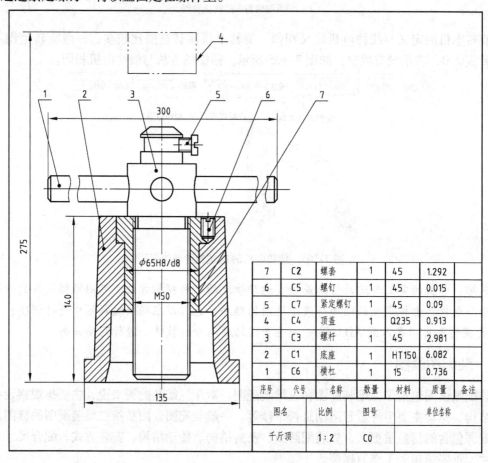

7	C2	螺套	1	45	1.292	
6	C5	螺钉	1	45	0.015	
5	C7	紧定螺钉	1	45	0.09	
4	C4	顶盖	1	Q235	0.913	
3	C3	螺杆	1	45	2.981	
2	C1	底座	1	HT150	6.082	
1	C6	横杠	1	15	0.736	
序号	代号	名称	数量	材料	质量	备注

图名	比例	图号	单位名称		
千斤顶	1：2	C0			

图7-106　千斤顶装配图

（4）读尺寸标注

从图7-106中可以看出，该千斤顶总长尺寸与总宽尺寸是一样的，都是300，总高尺寸是275。有 ϕ65H8/d8 一个配合尺寸，表明该处是间隙配合，装配应该是很容易的。螺纹尺寸是M50，属于重要尺寸。底座是该千斤顶最大的零件，标注出了长度与高度尺寸分别为135和140。底座上的尺寸135前没有加 ϕ，表明这部分结构不是圆的，可能为方形的结构。

（5）根据装配图设计零件具体结构，生成零件图

对于顶盖，内部应该有一个和螺杆顶部圆柱相同直径的孔，边缘开一个螺纹孔与上面的螺钉相旋合，顶部应为和螺杆结构相同的球面，球面之间应当相互接触，以便螺杆可以将顶

盖的受力传递到螺套和底座上。图 7-107 所示为顶盖的零件图。

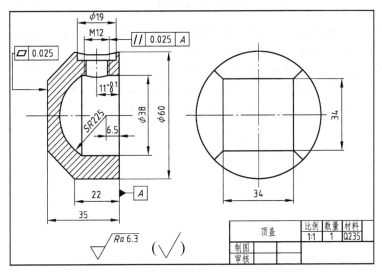

图 7-107　顶盖的零件图

图 7-108 所示为底座的零件图。上部 $\phi80$mm 孔给了较大的公差，$\phi65$mm 孔的公差按照装配图给定的 H8 标注，一般只标注极限偏差数值。最重要的表面是螺套与底座的配合圆柱面，给出了该孔相对于底面的垂直度，保证螺套轴线相对于底面的垂直性。紧定螺钉的螺纹孔是不完整的结构，俯视图中螺纹小径的细实线圆与轮廓线间留一些间隙。

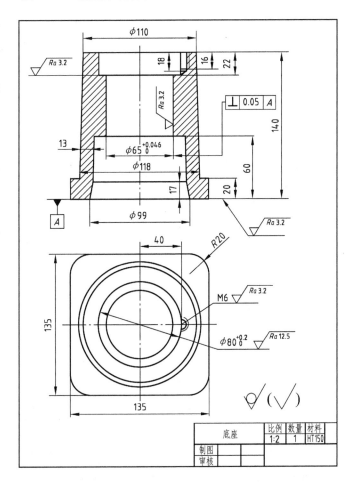

图 7-108　底座的零件图

参 考 文 献

[1] 霍光青，郑嫦娥，徐道春. 基于三维设计的工程制图 ［M］. 北京：机械工业出版社，2012.

[2] 丛伟. 工程制图 ［M］. 北京：机械工业出版社，2012.

[3] 窦忠强，续丹，陈锦昌. 工业产品设计与表达 ［M］. 北京：高等教育出版社，2006.

[4] 王伯平. 互换性与技术测量基础 ［M］. 4 版. 北京：机械工业出版社，2013.

[5] 沈莲. 机械工程材料 ［M］. 3 版. 北京：机械工业出版社，2011.